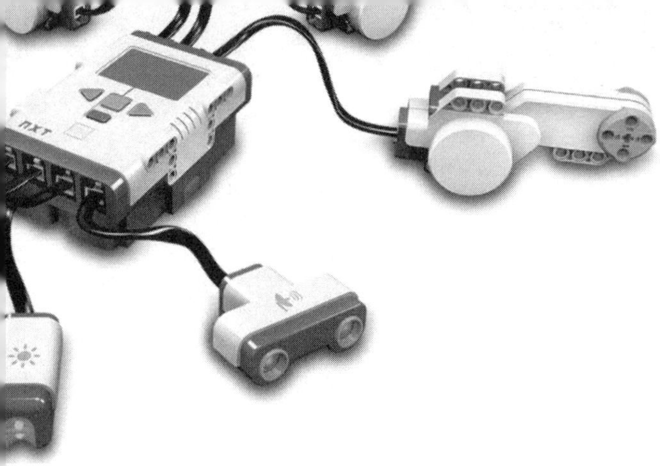

NATIONAL INSTRUMENTS
LabVIEW
Series 02

LEGO NXT로 완성하는

창의공학설계

ROBOLAB 활용

| 강필순 저 |

INFINITYBOOKS
인 피 니 티 북 스

본서는 한밭대학교 메카트로닉스 인력양성사업팀
교재개발사업의 지원을 받아 작성되었습니다.

머 리 말

최근 공학교육인증에 대한 관심과 더불어 공학설계교육에 대한 필요성 역시 크게 증가하고 있습니다. 공학설계는 주어진 시간과 환경을 최대한 이용하여 학생 스스로의 노력으로 지식, 정보, 기술을 획득하고 발전시키는 과정이 매우 중요합니다.

본 교재는 공학교육을 처음 접하는 저학년 학생들을 주요 대상으로 하여 공학과 공학자의 역할, 사회적 책임, 팀 활동의 중요성 등에 대한 기본적인 내용과 공학설계에 있어 중요한 체계적인 설계과정에 대하여 설명합니다. 우리 주변에는 공학 설계를 경험하기 위한 다양한 주제들이 있지만 본 교재는 어린 시절 한번쯤 만져보았을 LEGO를 공학설계도구로 이용함으로써 공학설계에 대한 부담감을 최소화하고 흥미를 유발하여 공학설계 과정을 자연스럽게 몸에 익히도록 하였습니다.

공학과 공학자의 역할 수행 등과 관련된 내용은 학습과제를 해결해 나가는 과정에 있어 교수자의 지시나 주입식 강의를 최소화하고, 학생의 사고를 중심으로 하는 과제발표와 토의를 통하여 학생 스스로 개념 파악, 문제 해결 방안을 찾아내도록 유도하였습니다.

LEGO의 구성과 소프트웨어로 사용되는 ROBOLAB 프로그램의 사용법은 교수자가 기본적인 운용법을 직접 컴퓨터로 구현하면서 설명해 주는 것이 바람직합니다. ROBOLAB은 이후 배우게 될 C 언어 등의 소프트웨어에 비해 매우 쉽게 배울 수 있고 빠른 응용이 가능합니다. 저학년 단계에서의 공학설계는 공학을 처음 접하는 학생에게 부담을 덜어주고 흥미 유발을 통해 하고자하는 마음, 할 수 있다는 자신감을 심어주어야 하겠습니다.

마지막으로 본 교재의 미션을 통해 공학설계의 전 과정을 경험할 수 있습니다. 또한 팀을 구성하고 팀의 일원으로 맡은바 임무와 책임을 다함으로써 팀과 팀웍의 중요성을 느끼도록 하였습니다. 미션은 팀별 경쟁을 통해 완성도를 높일 수 있고 팀의 결속력을 강화시킬 수 있습니다.

LEGO를 통해서 여러분의 무한한 상상력을 확인해 보십시오. 재미있게 놀다보면 어느새 체계적인 공학설계의 과정에 익숙해져 있는 스스로의 모습을 발견할 수 있을 것입니다.

본 교재를 집필할 수 있도록 지원을 해준 대전 메카트로닉스인력양성사업팀에 감사드리며, 출간할 수 있도록 도와주신 인피니티북스의 채희만 사장님께 감사드립니다. 마지막으로 내 사랑 인영과 규범, 가족들에게도 감사드립니다.

저자 강필순

차 례

Chapter 06 LEGO의 기구적 특성과 활용 66

Chapter 07 LEGO NXT 센서 종류와 특성 88

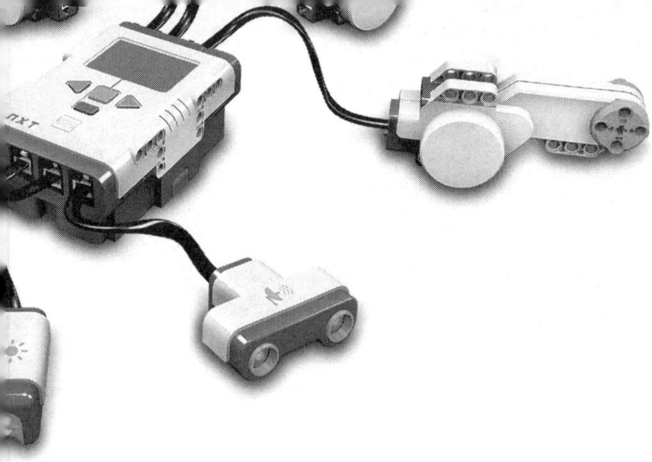

공학과 공학자

CHAPTER 01

CHAPTER 01 공학과 공학자

1. 공학과 공학자의 정의

교수님, 과학 · 공학 · 기술을 어떻게 정의하나요?

과학 · 공학 · 기술은 모두 사회 · 문화적 상황에 의하여 영향을 받기 때문에 이들을 명확히 구분하여 이해하거나 정의하는 것은 쉽지 않습니다.

공학(Engineering)은 약 2000년 전 로마군이 성벽을 파괴하기 위하여 사용했다는 [ingenium]에서 유래하였습니다. 과학적 지식과 기술적 수단을 활용하여 가장 경제적인 방법으로 인간의 욕구를 충족시키는 체계적인 학문이 공학입니다.

과학(Science)은 [무언가를 안다]는 뜻의 라틴어인 [scientia]에서 유래했습니다. 객관적이고 합리적인 방법으로 인간, 사회, 자연현상을 이해하고 통제하려는 학문을 과학이라고 정의할 수 있습니다. 다시 말하자면 기존에 존재하는 세계에 대한 정보를 수집하는 과정과 이 과정에서 획득된 정보를 종합하여 얻은 지식의 합리적인 체계를 의미합니다.

기술(Technology)은 희랍어에서 [숙련]과 [체계]를 의미하는 합성어입니다. 넓은 의미에서 인간의 요구나 욕망을 충족시키기 위해 대상을 변화시키는 인간의 모든 행위를 기술이라고 정의할 수 있습니다.

인간의 어떤 구조물보다도 견고하고 완성도가 높다고 평가되는 벌집과 아직까지 인간이 흉내 내지 못할 정도로 견고한 거미줄을 기술이라고 할 수 있을까요?

이와 같은 본능적인 활동은 기술이라고 말할 수 없습니다. 대상을 이용하거나 변화시킨다고 해서 이 모든 행위들이 기술은 아니라는 것입니다.

즉 기술은 과학으로부터 독립적이고 지적 호기심보다는 실질적 유용성을 중요시하며 자연, 인공물을 생산하거나 서비스를 개선하는 활동 또는 수단이라고 정의할 수 있습니다.

●●● 토론시간

여러분 그렇다면 [연애의 기술]은 기술일까요, 아닐까요? 여러분의 생각을 이야기해 봅시다.

과학과 공학을 정의해보았습니다. 그렇다면 과학자와 공학자는 어떻게 정의할 수 있을까요?

공학자(Engineer)는 로마시대에 부교나 공격탑과 같은 군사적인 용구나 시설을 설계 또는 사용하던 병사를 의미하는 [ingeniatot]에서 유래하였습니다. 엔진(Engine)과 창의성(Ingenuity)도 공학자와 비슷한 어원인 라틴어 [ingeniatorem]에서 유래하였습니다. 이로부터 공학자는 엔진 등과 같은 창의적 기술에 의해 만들어진 인공물을 다루는 사람 또는 창의성을 가지고 기술을 개발하는 사람을 의미하게 되었습니다.

현대적 의미의 공학자는 과학이 기술에 본격적으로 접목된 18세기 이후에 출현하였으며, 지금은 자연과학이 가미된 정규 공학 교육을 이수한 사람을 지칭합니다.

과학자(Scientist)란 과학의 정의로부터 자연물이나 자연현상에 대해 새로운 사실을 발견하고 귀납적 방법을 통하여 발견된 사실로부터 법칙을 도출하며, 도출된 법칙으로부터 결과를 예측하는 일을 하는 사람을 의미합니다.

교수님! 과학자와 공학자를 좀 더 쉽게 설명해 주세요.

공학자와 과학자의 역할과 의미를 살펴보면 과학적 지식을 활용한다는 측면에서 공학과 과학은 비슷하지만 추구하는 목표는 서로 다릅니다. 과학은 앎[to know]을 추구하지만 공학은 실행[to do]을 추구합니다.

첫째, 과학자에게 어떤 현상에 대해 [Why?]라고 물으면 이유나 원인에 대한 해답을 찾으려고 노력합니다. 하지만 공학자들은 문제를 해결하는 방법을 찾거나 현재의 해결책보다 좀 더 나은 방법을 찾기 위하여 노력하며, 그 해결방안을 [How?] 실행에 옮길 것인가를 고민하며 문제해결을 위한 구체적인 행위를 찾습니다.

둘째, 과학자는 자신의 연구가 윤리적으로 어떠한 문제도 발생시키지 않지만 공학자는 윤리적인 문제에서 결코 자유로울 수가 없습니다. 왜냐하면 과학자는 자연계 대상에 대한 탐구를 목적으로 하지만 공학자는 현실 사회에 적용을 목표로 하기 때문입니다. 따라서 공학자는 이러한 윤리적 문제와 함께 사회적, 법적 책임을 져야 하는 상황에 항상 노출되어 있습니다.

셋째, 과학자는 자신의 연구를 경제적 문제와 결부시킬 필요가 없지만 공학자는 경제적인 문제를 배제할 수 없습니다. 왜냐하면 과학자는 자연계 대상에 대한 앎을 목적으로 하지만 공학자는 현실 사회에 실행을 목표로 하며 경제적인 문제와 함께 이익 창출을 책임져야 하기 때문입니다.

대부분의 공학자들은 과거보다는 현재의 상황에 집중하며 그것을 발판으로 삼아 미래를 향해 매진합니다. 그러나 지금처럼 미래에 대한 불확실성과 미래의 기술에 대한 불안감이 팽배해 있는 상황에서는 공학자들도 지금까지 기술이 변화된 과정을 돌이켜보며 과거 기술이 당시의 어떤 어려움을 극복하며 발전해 나갔는가를 이해하려는 노력을 해야 할 것입니다.

••• 토론시간

인류 역사상 이름을 남긴 유명한 인물들 중에서 발명가들이 적지 않습니다(에디슨, 벨, 장영실 등). 그렇다면 현재 활동하고 있는 발명가 이름을 알고 있습니까? 개인적으로 활동하고 있는 발명가를 찾기 쉽지 않은 이유는 무엇이라고 생각합니까?

2. 공학자의 자질과 역할

현대사회가 요구하는 공학자가 되기 위해서는 문제 해결능력, 창의력, 경제의 중요성, 직업윤리, 도전정신을 갖추어야 합니다. 이를 위해서 학생들은 전문지식과 더불어 여러 덕목을 갖출 필요가 있습니다. 한국공학교육인증원에서는 공과대학을 졸업하는 학생들이 갖추어야 할 12가지 능력과 자질을 제시하고 있는데 기술적 자질 5가지와 비기술적 자질 7가지로 구분되며 내용은 다음과 같습니다.

■ 기술적 자질

(1) 수학, 기초과학, 공학의 지식과 정보기술을 응용할 수 있는 능력
(2) 자료를 이해하고 분석할 수 있는 능력 및 실험을 계획하고 수행할 수 있는 능력
(3) 현실적 제한조건을 반영하여 시스템 요소 공정을 설계할 수 있는 능력
(4) 공학 문제들을 인식하며, 이를 공식화하고 해결할 수 있는 능력
(5) 공학 실무에 필요한 기술, 방법, 도구들을 사용할 수 있는 능력

■ 비기술적 자질

(6) 복합 학제적 팀의 한 구성원의 역할을 해낼 수 있는 능력
(7) 효과적으로 의사를 전달할 수 있는 능력
(8) 평생교육의 필요성에 대한 인식과 이에 능동적으로 참여할 수 있는 능력
(9) 공학적 해결방안이 세계적 · 경제적 · 환경적 · 사회적 상황에 끼치는 영향을 이해할 수 있는 폭넓은 지식
(10) 시사적 논점들에 대한 기본 지식

(11) 직업적 책임과 윤리적 책임에 대한 인식
(12) 세계문화에 대한 이해와 국제적으로 협동할 수 있는 능력

더불어 현 시대의 공학자는 연구(research), 개발(development), 설계(design), 생산(production), 건설(construction), 운용(operation), 시험(testing), 판매(sales), 마케팅(marketing), 관리(management), 컨설팅(consulting), 교육(academe) 등의 다양한 역할 수행을 요구받고 있습니다.

공학을 한다고 하면 일반적으로 밤을 새워 발명을 하는 사람을 떠올리며, 유능한 엔지니어라고 하면 보통 발명왕을 생각하게 됩니다. 그렇다면 공학자는 모두 발명가일까요?

엔지니어가 수행하는 일은 발명이 전부는 아닙니다.

현 시대의 엔지니어는 기존의 기술, 공정, 제품을 개선해서 더 효율적인 기술, 공정, 제품을 만들고 자신이 발명한 것을 생산이나 시장과 결합시켜서 경제적 이익을 가져오는 일을 담당하는 경우가 더 많습니다. 이렇게 발명이나 기존의 기술을 개량해서 생산성을 향상시키고 시장을 더 확대하거나 새로운 시장을 만드는 작업을 혁신(innovation)이라고 합니다.

영웅적인 발명이 개별 발명가에 의해서 이루어지는 경우가 많음에 비해 혁신은 주로 소그룹의 협동(Team Work)에 의해 이루어집니다. 혁신은 발명을 포함하지만 혁신에는 개별 발명보다는 다양한 발명의 결합이 더욱 중요합니다.

혁신의 과정은 급격하기보다는 대부분 연속적이고 점진적인 경우가 많습니다. 혁신은 급진적 혁신(radical innovation)과 점진적 혁신(incremental innovation)으로 구별할 수 있습니다. 급진적 혁신은 새로운 기술을 개발해서 이를 통해 새로운 산업 영역을 만드는 것이며, 점진적 혁신은 기존의 생산에서 필요한 기술을 조금씩 개량, 개선해 나가는 것입니다. 혁신의 주체는 많은 경우 기업이며, 생산이나 마케팅과 밀접히 연결되어 있습니다.

••• 토론시간

당신은 혁신(innovation)을 무엇이라고 정의하며, 혁신은 무엇을 위해 필요한 것이라고 생각합니까?

3. 성공적인 발명과 혁신 사례

공학자들에 의해 이루어진 다양한 발명과 혁신 사례들을 조사해 봅시다. 인터넷 검색으로도 쉽게 정보를 얻을 수 있지만 도서관에서 책을 찾아보는 것이 더 큰 도움이 되겠죠?

■ 성공적인 발명과 혁신

- James Watt의 증기기관
- Guglielmo Marconi의 무선전신
- George Eastman의 사진기

제임스 와트, 굴리엘모 마르코니, 조지 이스트먼의 공통점을 찾았나요?

그렇습니다. 이들은 성공적인 발명을 기반으로 기술혁신을 이룬 대표적인 사례입니다. 이들 모두 혁신적인 발명을 이룬 뒤에 이에 대한 중요한 내용을 특허로 출원하였습니다. 증기기관에 대한 와트의 일련의 특허, 무선전신에 대한 마르코니의 첫 특허와 7777 특허, 롤필름 건판을 비롯한 휴대용 카메라에 대한 이스트먼의 특허를 생각해 보세요.

이들은 이들 특허를 기반으로 기존에 분리되어 있었던 기술과 산업 사이의 연관을 만들어내면서 틈새시장을 개척하거나 새로운 시장을 만들었습니다. 이 과정에서 이들은 실패에 굴복하지 않았으며 오히려 실패를 성공으로 뒤집어버리기도 하는 강한 추진력과 집념을 보여주었습니다. 이들은 유능한 기술자나 경영자들과 파트너십을 잘 활용하였으며, 특히 인재를 적재적소에 채용했습니다. 또한 이들은 사업을 확장하면서 한 번의 발명에 안주하지 않고 지속적인 연구를 통해 다른 중요한 발명과 특허를 계속 만들어내며 후발주자들의 추격을 뿌리쳐 선두자리를 유지하였습니다.

■ 성공적인 기술혁신과 미래

- 삼성전자의 DRAM
- CDMA에서 쇼를 하라~ 쇼! WCDMA까지

삼성전자의 DRAM과 CDMA의 경우는 개인이 이룩한 혁신이라기보다는 팀워크가 적중했던 경우입니다. 반도체 개발에 여러 번에 걸친 적절한 기술선택, 부단한 노력의 산물인 기술개발과 이를 달성하기 위한 실험적인 조직과 운영체계, 국내외 재원의 효율적 활용, 정부의 정책이 적중했습니다.

반도체 기술선택의 경우 초기에는 우리가 잘 알고 쉽게 접근할 수 있는 기술을 선택했지만 선진국을 추격하고 세계 정상에 서기 위해 신기술을 선택해서 이를 표준으로 만드는 전략을 펼쳤고, 이것이 적중했습니다.

CDMA의 경우에는 국산화와 표준의 채택에 대한 효과적인 정부의 정책, 산학연 협력 체계, 기술 수입과 자체개발의 상보적 관계, 이전 TDX 기술개발사업을 추진하면서 축적된 기술 관리 능력과 교환기술의 유입, 연구팀의 일체감 등이 중요한 요인으로 작용했습니다. CDMA의 경우도 처음에 GSM을 표준으로 채택하지 않고 아직 실험 단계에 있는 CDMA를 선택해서 이를 상용화하는데 재원을 집중한 것이 유효했습니다.

요즘 TV 광고는 참 재미있습니다. 특히 '쇼를 하라~ 쇼'는 기발한 아이디어로 고객들을 사로잡고 있는 듯합니다. 하지만 주변에 화상 폰을 이용하는 사람은 생각만큼 폭발적으로 증가하지는 않는 듯합니다. 왜 그럴까요? 자신의 일거수일투족을 누군가에게 실시간으로 보여주기에는 무리가 있는 듯합니다. WCDMA가 성공할지는 조금 더 지켜봐야 할 것 같습니다.

▪ 엔지니어의 성공적인 리더쉽

– Frederik Terman 스탠퍼드 대학

터먼의 예는 엔지니어의 리더십이 실험실 영역을 벗어나서 대학 전체로 미친 경우입니다. 터먼은 전자공학과 물리학의 협력연구를 통해서 스탠퍼드 대학의 전자공학-물리학과를 미국 최고의 학과로 성장시켰고 이 모델을 대학 전체는 물론 스탠퍼드 대학과 주변 산업의 관련으로 확장시켰습니다. 이를 통해 실리콘밸리에 자리 잡았던 기업들과 스탠퍼드 대학 사이에 긴밀한 관련이 맺어졌으며 산업과의 관계는 스탠퍼드 대학으로 유입되는 연구비를 획기적으로 증대시키면서 다시 스탠퍼드 대학의 성장에 기여했던 것입니다. 스탠퍼드 대학과 실리콘밸리는 상생관계를 가지며 함께 성장했는데 이것은 터먼의 강력한 리더십 덕분이였습니다.

우리나라의 기업인들이 왜 공학도들에게 전문지식과 더불어 문제 해결능력, 창의적 사고 능력, 경제의 중요성, 윤리, 팀워크 등을 겸비한 능력을 갖추어야 한다고 요구하는지 알 것 같죠?

토론시간

기술혁신이 실패한 경우의 예를 찾고 실패한 원인에 대하여 본인의 의견과 개선 방법에 대하여 논의해 봅시다.

4. 세계 일류가 되라.

삼성전자 기술총괄 임형규 사장의 '꿈을 가져라'는 강연이 기억에 남습니다.

한국 사회에서 성공하려면 쌍기역(ㄲ)으로 시작하는 여섯 가지 요소를 갖춰야 한다고들 합니다. 자기가 몸담고 있는 분야의 전문인으로 "어느 정도 성공했다."라는 평판이라도 받으려면 [꿈], [끼], [깡]을 갖춰야 하고, 사회의 지도층인사로 대성하려면 [끈], [꾀], [꼴]을 모두 갖춰야 한다는 것입니다. 앞의 세 단어는 수긍이 가지만 뒤의 세 단어는 받아들이기가 어렵습니다. [끈]은 학연, 지연 혈연으로 우리나라에서 반드시 사라져야 할 요소들입니다. [꾀]가 임기응변에 능한 잔머리를 의미한다면 바람직하지 않겠죠? [꼴]에서는 '환상의 커플'이 생각나네요. "꼬라지 하고는~~" 항상 스스로를 돌아보아 바람직한 공학자의 모습인지를 확인해 봅시다.

[꿈]은 삶의 원동력이며 성공을 위한 가장 중요한 덕목입니다. 자신이 선택한 분야에서 최고가 되겠다는 구체적인 꿈이 필요합니다. 이러한 꿈은 스스로에 대한 자신감과 스스로에 대한 존경심이 없이는 불가능합니다. '무한도전'의 '하하'를 본 받아봅시다. "난 날 사랑해~~"

[끼]는 공학도로서 갖추어야 할 인프라를 의미합니다. 전공지식은 물론이고 외국어와 함께 다양한 분야에 대한 관심이 필요합니다. 학교에서의 전공은 실제업무에서는 그다지 쓸모가 없다고 말하는 사람들이 많습니다. 그러나 본인의 경험에 비추어 볼 때 피상적으로만 알았던 전공지식이 실무에서의 응용을 가능하게 하는 토대가 되었습니다. 또 문화 분야에서도 퓨전이나 크로스오버가 주목 받고 있듯이 공학도도 다양한 분야에 대한 소양을 갖추어야 합니다. 인간과 세계에 대한 이해 없이 좋은 제품을 만든다는 것은 상상할 수 없는 일이기 때문입니다.

[깡]은 쉽게 말해 끈기와 용기를 의미합니다. 지금 당장에는 너무 어렵고 불가능하게 보이더라도 자신감을 갖고 일하다 보면 자신도 모르는 사이에 많은 문제들이 해결됩니다. 할 수 있다는 자신감과 능동적인 주인의식은 인생의 매 순간순간 훌륭한 버팀목이 되어 줄 것입니다.

우리나라는 지하자원이 많은 것도 아니고 넓은 소비 시장을 확보한 것도 아닙니다. 따라서 세계로 나가지 않으면 먹고 살 길이 없지요. 그렇다면 어떻게 해야 하겠습니까?

임형규 사장님!

삼성전자의 반도체 기술은 어떻게 세계 1위를 하게 되었나요?

이에 대한 대답은 너무도 간단하고 명료하였습니다.

잘 하는 것은 더욱 잘 하게 하고 잘못하는 것도 잘 하게 해서 잘할 수 있는 영역을 넓혀 나갔기 때문이라는 답이였습니다.

아날로그에서 디지털로, 또 디지털 컨버전스 시대로 넘어가는 트랜드를 먼저 읽어내고 남보다 빨리 시장을 발견하며 남들보다 빨리 제품을 선보이는 Speed 위주로 사업을 운영했던 것이 이런 발전을 가능하게 했을 것입니다. 물론 이와 함께 삼성전자는 앞으로의 기술혁신에서 리더십을 발휘해야 한다는 과제를 여전히 안고 있습니다.

삼성전자에는 핵심적인 역할을 맞고 있는 총괄부서와 기술 분야별로 몇 개의 사업부가 있으며, 그 안에 수백 개의 팀들이 있습니다. 삼성전자가 세계일류 기업이 될 수 있었던 것은 그 팀들이 세계일류가 되고, 그 팀을 구성하는 팀원들이 세계일류가 되었기에 가능하였습니다.

삼성전자에서는 누구나 신입사원으로 입사하면 자신의 분야에 적응하기까지 거의 3년 정도의 집중훈련기간을 거치게 되는데, 이 시간은 상당히 힘들고 고달프지만 여기까지는 누구나 참고 견뎌냅니다. 그런데 이 시기에 새로운 업무나 생소한 분야의 지식을 습득하라고 요구하면 두 부류의 사람은 완전히 다른 반응을 보이게 됩니다.

세계일류 팀의 구성원이 될 만한 사람은 새로운 업무를 반기며 그 일에 적극적으로 매진하는 경향을 보입니다. 그러나 그렇지 못한 부류의 사람은 새로운 일에 대해 거부감을 드러내고 불만을 토로하게 되지요. 전자의 경우는 일에 대한 적응력이 빠를 뿐만 아니라 성취도도 훨씬 높습니다. 도전정신과 적극성으로 무장한 사람만이 세계 일류제품을 만들어 낼 수 있으며, 그러한 기업을 이끌 수 있습니다.

대기업이냐 중소기업이냐를 떠나 자신이 몸담고 있는 분야에서 세계일류가 될 것인가, 아니면 그저 그런 상태에 머물 것인가를 선택하는 것은 각자의 몫입니다. 결국 이 작은 차이가 개인과 기업 모두의 성패를 좌우하게 되는 것임을 명심하십시오.

토론시간

많은 주요 산업들은 소수의 대기업에 의해 지배되고 있는 경향이 있습니다. 특히 최근에는 개별 기업들이 대기업에 합병되면서 이러한 추세가 더욱 심화되고 있는데 이러한 추세가 기술혁신에는 어떠한 영향을 주리라 예상합니까?

寸鐵活人

한 치의 혀로 사람을 살린다.

멀리 보는 사람들이 성공한다.

하버드 대학교 에드워드 밴 필드 박사는 50여 년간의 연구결과를 통해 성공, 행복, 성격을 결정짓는 핵심 요인은 시간 전망(time perspective)이라고 밝혔습니다. 시간 전망이란 현재 어떤 행동을 할 때 얼마나 먼 미래까지 영향을 고려하는 가를 말합니다. 에드워드 밴 필드 박사에 의하면 훌륭한 사람들, 성공한 사람들은 멀리까지 시간 전망을 한다고 합니다.

멀리 보게 되면 행동 하나하나에 보다 신중하게 됩니다. 장기적 관점에서 사물을 보게 되면 감정의 기복도 심하지 않게 됩니다. 또한 가까이 보면 잘 안 보이는 것도 멀리 보면 보이는 경우가 많습니다. 오랜 기간 동안 일관성을 유지해야 좋은 평판이 쌓이게 됩니다.

〈행복한 경영이야기, 제56호 중에서〉

▌개인과제 1▐

나는 대전 3/4 공단에서 자동차에 들어가는 전자부품을 생산하는 중소기업의 사장입니다. FTA 등과 관련된 변화의 바람에 이기기 위해서는 무언가 새로운 시도가 필요합니다. 혁신에 필요한 요소들과 혁신에서 가장 중요한 요소는 무엇일까요? 또한 기술혁신의 속도를 높이기 위해서 어떤 방식의 변화를 추구하고 이를 어떻게 정착시켜야 할까요? 고민스럽습니다. 나를 도와주세요.

■ 평가기준

영역	평가기준 및 점수		점수
보고서 내용	내용이 매우 명확하고 합리적이며, 자기의 의견을 충분히 잘 표현했다.	60	
	내용이 매우 합리적이나 자기의 의견이 부족하며 전달력이 다소 떨어진다.	50	
	내용이 합리적이나 자기의 의견이 매우 부족하다.	40	
	내용이 비합리적이고 자기의 의견도 부족하다.	30	
	내용이 비합리적이고 자기의 의견도 없다.	20	
보고서 형식	깔끔하고 명료하며 보고서형식을 잘 갖추고 있다.	20	
	보고서형식을 갖추고 있지만 다소부족하다.	15	
	보고서형식을 전혀 갖추지 못했다.	5	
포트폴리오	독창적이고 창의적인 아이디어가 발휘되었다.	20	
	다른 사람의 것을 모방하였다.	5	
	아이디어가 전혀 없다.	5	
합계			

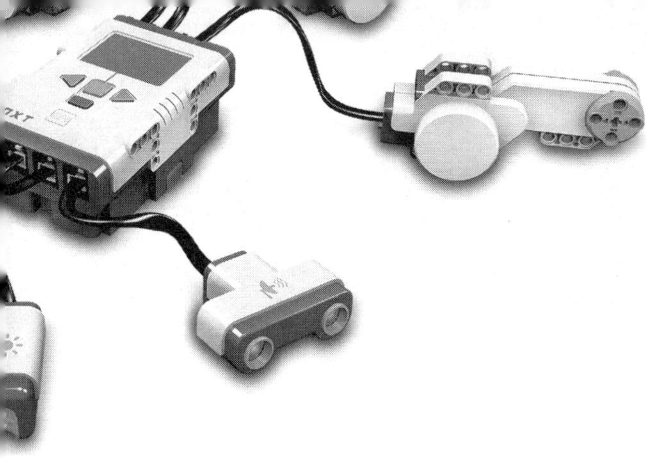

공학설계
(Engineering Design)

CHAPTER 02

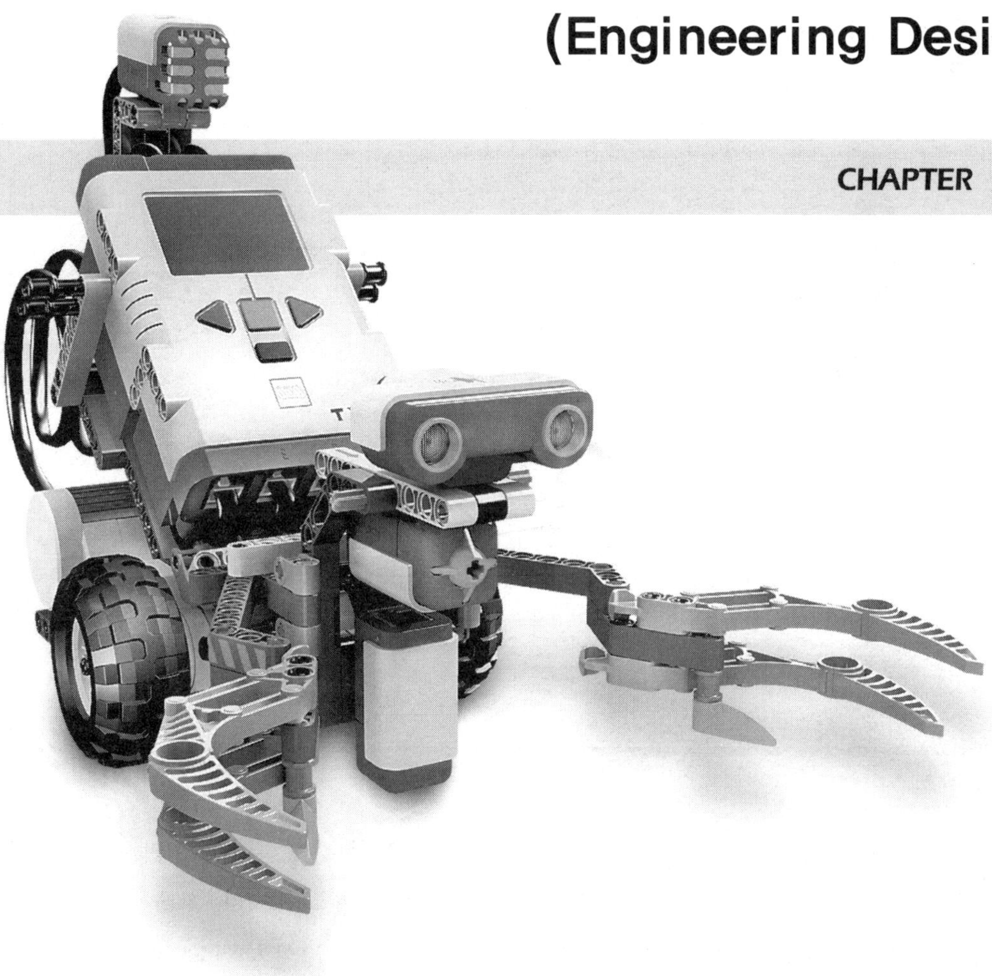

CHAPTER 02 공학설계(Engineering Design)

교수님, 공학설계가 무언지 가르쳐 주세요.

공학설계란?

목적에 맞고 주어진 제한조건을 만족하는 형태와 기능을 가진 가공물의 명세에 대한 시스템적이고 지적인 생성이며 평가라고 할 수 있습니다. 즉 설계는 설계명세(Engineering Specification)가 시스템적이고 지적인 생성의 결과물임을 의미합니다. 이것은 설계가 창의적인 절차일 뿐만 아니라 사고를 명확하게 하는데 도움이 되며 보다 우수한 의사결정을 하게 해주는 도구나 기법임을 의미합니다.

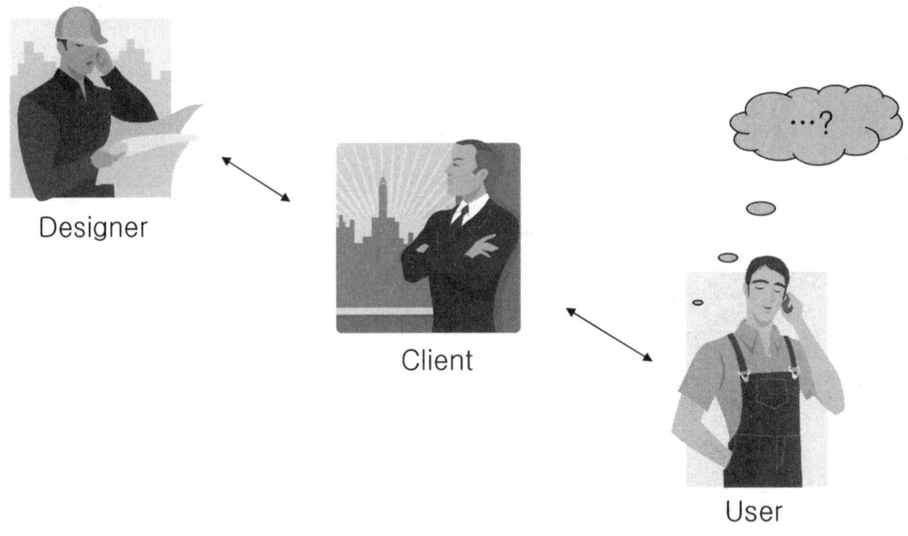

공학설계를 시작하기 전에 설계를 위한 역할 인식이 선행되어야 합니다. 우리는 공학설계와 관련된 Designer/Client/User의 역할에 대하여 생각해 보아야 합니다. 모든 설계는 User 또는 Client의 필요성에 따라 시작되는 경우가 대부분입니다. 따라서 Designer는 Client가 필요로 하는 것을 이해해야 하며, Client도 User가 원하는 것이 무엇인가를 이해하고 그것을 Designer와 의사소통해야 합니다. 다음으로 Client가 진심으로 무엇을 원하는지를 명백하게 하며 그것을 공학설계자로서 어떤 유용한 형태로 변환할 것인가를 충분히 고민하여야 공학설계를 성공적으로 수행할 수 있습니다.

1. 형태와 기능

설계의 창의적인 면을 이해하는 데 있어서 형태(form)와 기능(function)이 독립적인 본질로서 연관된다는 사실은 매우 중요합니다. 우리는 설계 프로세스가 설계 시점에서 전형적인 시작점을 구성하는 무언가를 그리거나 도면화하는 초기 절차라고 종종 생각합니다. 그러나 설계에 있어 기능은 형태나 모양과는 확실히 관계가 없는 상이한 면이 있다는 것을 인지하고 있어야 합니다.

망치 모양의 그림을 보고 우리는 이 도구가 "못을 박는 기능을 가진 망치일 것이다."라는 추측이 가능합니다. 하지만 100명의 학생에게 망치를 설계해 보라고 지시할 경우 100명 모두의 생각은 틀리며 이에 따른 망치의 형태 역시 예측할 수 없게 됩니다. 이와 같이 우리는 종종 형태나 구조로부터 사물이나 가공물의 목적을 추측할 수 있는 반면에 반대로는 추측할 수가 없는 경우가 대부분입니다. 즉 기능 자체만으로 이루어져야 할 가공물의 형태를 자동으로 추론할 수 없다는 것이지요.

2. 설계명세

만일 공학이 수행해야 할 모든 기능을 시스템적으로 명확하게 표현할 수 있다면 그러한 기능이 현실화 될 수 있는 범위 내에서 형태를 개발한다는 점이 창의적일 수 있습니다. 따라서 시스템적으로 기능을 명확히 하는 명세화 작업은 설계에서 가장 중요한 작업이라 할 수 있습니다.

설계명세는 설계자가 표현하길 원하는 요구사항의 성격에 따라 그 표현이 다양하지만 설계명세는 기본적으로 아래의 내용을 포함하여야 합니다.

A. 특정한 설계특징의 가치
B. 속성/성능의 측정 가능한 절차
C. 설계에 의해 획득되어야 할 성능수준

설계의 수행 정도(설계요구사항)를 상세하게 명시해주는 데에는 벤치마킹이 사용되며 또한 이는 설계에 대한 우리의 점진적인 발전을 평가하는 데에도 사용됩니다.

3. 제조명세

성공한 설계의 마지막은 설계된 가공물을 만들기 위한 계획입니다. 제조명세(fabrication specification)라 불리는 이러한 계획의 집단은 명료/완전/투명해야 합니다. 즉 제조명세는 설계자나 설계 프로세스를 전혀 모르는 사람이 접했을 때에 설계자가 의도하는 대로 수행할 수 있도록 되어 있어야 합니다. 이는 현대 산업의 발전으로 인해 생겨난 산업현장의 변화를 보여주는 것입니다. 대부분의 생산현장에서 연구/개발과 생산은 별도의 시스템으로 관리되는 경우가 대부분입니다. 시작품의 개발이 완료되면 생산 라인의 관리는 다른 팀에 의해 진행되는 경우가 많기 때문이지요. 설계하고자 하는 것을 스스로 만들었던 예전과는 다른 시대적 흐름이며 변화입니다.

4. 공학설계 문제의 특징

공학설계와 관련된 문제는 일반적으로 비구조화 되고 개방형이기 때문에 어렵습니다. 이는 해결방안이 일정하거나 구조화된 방법에서 수학적인 공식이나 알고리즘을 이용해서 얻을 수 있는 것이 아니기 때문입니다. 수학은 공학설계에서 유용하고 필수적이기는 하나 공식들을 이용할 수 없거나 지원 불가능한 초기 단계에서는 사용이 곤란합니다.

설계문제를 해결하는데 제한을 두지 않는 이유는 무엇보다도 여러 가지 허용되는 해결방안이 존재하기 때문입니다. 사다리를 설계하는 과정을 떠올려 봅시다. 우리는 사다리의 특별한 용도를 알지 못하거나 혹은 알 때까지는 사다리의 형태를 확신할 수 없습니다. 또한 특별한 형태가 적정하다고 판단하더라도 다른 질문들이 나타나게 됩니다. 다음과 같은 질문들을 떠올릴 수 있지요.

- 나무, 알루미늄, 플라스틱 혹은 복합 재료 중에 무엇을 만들 것인가?
- 비용은 얼마나 들까?
- 어느 사다리의 설계가 최선일까?
- 우리가 과연 최선의 사다리 설계와 최적의 설계를 인지할 수 있을까? 그 대답은 "아니요" 입니다. 우리는 유일하거나 보편적인 최적의 사다리 설계를 규정할 수 없습니다.
- 목적, 의도하는 용도, 원자재, 비용, 가능한 다른 사항과 같은 여러 가지 설계 쟁점에 대한 토의는 어떻게 할 것인가? 다시 말해 사다리의 형태와 기능을 위한 선택과 제약을 어떻게 말로 표현할 것인가? 이러한 상이한 특성을 다양한 언어나 표현을 사용함으로써 나타낼 수 있는 다양한 방법이 존재합니다.

5. 설계 절차의 필요성

공학은 우리가 사용하는 모든 제품의 안전성, 편의성, 효율성, 경제성, 쾌적성 등을 개선하는 활동이라고 볼 수 있습니다. 제품을 개발하는데 있어서 직면하게 되는 문제와 과제가 다양하기 때문에 설계활동은 여러 가지 특성을 지니게 됩니다. 무엇보다도 먼저 기초과학과 공학지식에 의존해야 하며 특수한 제품분야의 경험도 요구하게 됩니다. 따라서 설계 활동이 딱딱한 조직에만 의존하거나 정해진 순서만 따르기만 하는 고정된 작업이어서는 안됩니다. 제품의 기술적, 경제적 특성에 대하여 설계자가 중심적인 책임을 지고, 시기적절하고 효과적인 제품

개발이 상업적으로 중요하기 때문에 좋은 해결안을 찾기 위한 정의된 설계과정을 보유하는 것은 매우 중요한 일입니다. 이 설계과정은 유연하여야 하고 동시에 기획화 및 최적화도 가능하며 검증된 것이어야 합니다. 이런 과정은 설계자가 관련 영역에 관한 필요한 지식을 보유하고 체계적인 방식으로 작업을 할 때만 실현될 수 있음을 명심하십시오.

6. 설계과학과 설계방법론

설계과학은 시스템의 구조나 그 구조와 환경 사이의 관계를 분석하기 위해 과학적 방법을 사용합니다. 설계과학의 목표는 시스템 구성요소와 그들 사이의 관계로부터 시스템을 개발하기 위한 규칙을 유도하는 것입니다.

설계방법론은 설계과학과 인지심리학 및 상이한 분야들에서의 실질적인 경험으로부터 얻어지는 지식에 의해 시스템을 설계하는 구체적인 활동과정이라고 볼 수 있습니다. 따라서 내용과 조직에 따라 작업순서와 설계단계들을 연결시키기 위한 활동계획, 일반적인 목표와 특수한 목표들을 달성하기 위한 방법이 포함되어야 합니다.

설계방법론과 같은 접근법은 설계자가 가능한 해결안에 빨리 도달할 수 있도록 합니다. 다른 원칙들도 과학화되고 컴퓨터의 사용이 점점 논리적인 자료처리를 요구하는 것과 병행하여 설계 작업도 논리적이고 체계적이며 보다 명확하고 개선에 개방적이어야 합니다. 체계적인 과정은 재능 있는 설계자의 업적과 창조성을 증진시키기 위해 보조적으로 이용될 수 있을 뿐입니다. 논리적이고 체계적인 방법은 아무리 정확하다고 할지라도 종합적 해결안을 암시해주는 직관을 이용하게 됩니다. 설계방법론은 설계자의 능력을 촉진하고 지도하며 창조성을 증진시키고 설계결과를 객관적으로 평가할 수 있도록 하여야 합니다.

체계적인 설계는 설계과정과 생산과정을 합리화하는 효과적인 방법을 제공합니다. 고유설계에 있어서 순서적이고 단계적인 방법은 약간 추상적이라 할지라도 반복해서 이용 가능한 해결방법을 제공하게 됩니다. 문제와 과제를 구조화하면 과거의 설계프로젝트에서 세워놓은 해결안을 응용 가능한지 판단하기도 쉽습니다. 확립된 해결원리들을 단계별로 구체화 해 놓으면 적은 노력으로도 초기단계에서 결정하고 최적화하는 일이 가능하기 때문입니다.

7. 설계 절차

필요한 사항들을 명료화하는 문제의 서술로부터 설계가 시작된다고 할 수 있습니다. 문제의 서술로부터 가능성 있는 해결방법을 창안하여 분석하고 개선하여 최종적인 해결방법을 구할 수 있습니다. 이는 설계방법론(design methodology), 즉 개념설계(conceptual design)와 제품설계(product design)라는 두 단계로 구성된 복합과정을 통하여 완성됩니다. 개념설계는 창의적 사고에 상당히 좌우되며 문제에 대한 가능성이 많은 해결방법의 창안으로 특정 지어질 수 있습니다. 이 개념들을 분석하고 평가하여 가장 적합한 해결방법을 정하게 됩니다. 가장 적합한 해결방법은 설계과정의 제품설계 단계에 자료를 제공합니다. 이 단계에서 가장 적합한 해결방법의 개념과 스케치와 도면은 개선되어 실제의 제품에 관한 계획으로 변환되게 됩니다. 이 변환은 창의성과 수학적 모델 및 컴퓨터 시뮬레이션 과정을 포함하는 분석의 유기적인 결합에 의하여 결정됩니다. 이러한 설계는 적응설계(adaptive design), 개발설계(development design), 새로운 설계(new design)로 구분하기도 합니다.

적응설계는 기존설계를 이용하여 설계 작업을 하는 것을 의미하며 많은 경우가 해당됩니다. 설계자는 약간의 변형만 가하고 실질적인 발전은 없는 경우입니다. 이런 종류의 설계는 특별한 지식이나 기술이 요구되지는 않습니다. 이러한 설계에서는 문제가 발생되더라도 일상적인 기술훈련으로 손쉽게 해결할 수 있습니다.

개발설계는 적응설계보다 발전된 설계를 위하여 좀 더 과학적인 훈련과 설계능력이 필요한 단계입니다. 설계자는 기존설계에서 출발하지만 결과물은 매우 다르게 됩니다.

새로운 설계는 적응설계와 개발설계와는 현저히 다른 극소수의 설계만이 속하는 범주에 해당되는 설계입니다. 일반적으로 체계적인 설계절차(systematic design procedure)는 문제의 정의, 가능성 있는 해결방법의 창안, 각 개념의 분석 및 평가, 가장 좋은 개념의 선정, 가장 좋은 개념의 반복적인 개선, 이 개념의 제품 계획으로의 변환과 같은 단계를 포함하고 있습니다.

8. 체계적인 설계 과정

체계적인 설계과정이 요구하는 단계들은 1997년 Brian S. Thomson에 의해 정립된 방법이 대표적이라고 할 수 있습니다. 설계과정의 특성은 비교적 명확하지만 정확한 순서는 불확실하거나 문제에 따라 달라질 수 있습니다. 지속적인 피드백, 개선은 모든 창의적인 설계활동의 핵심요소임을 기억하십시오.

체계적인 설계 과정

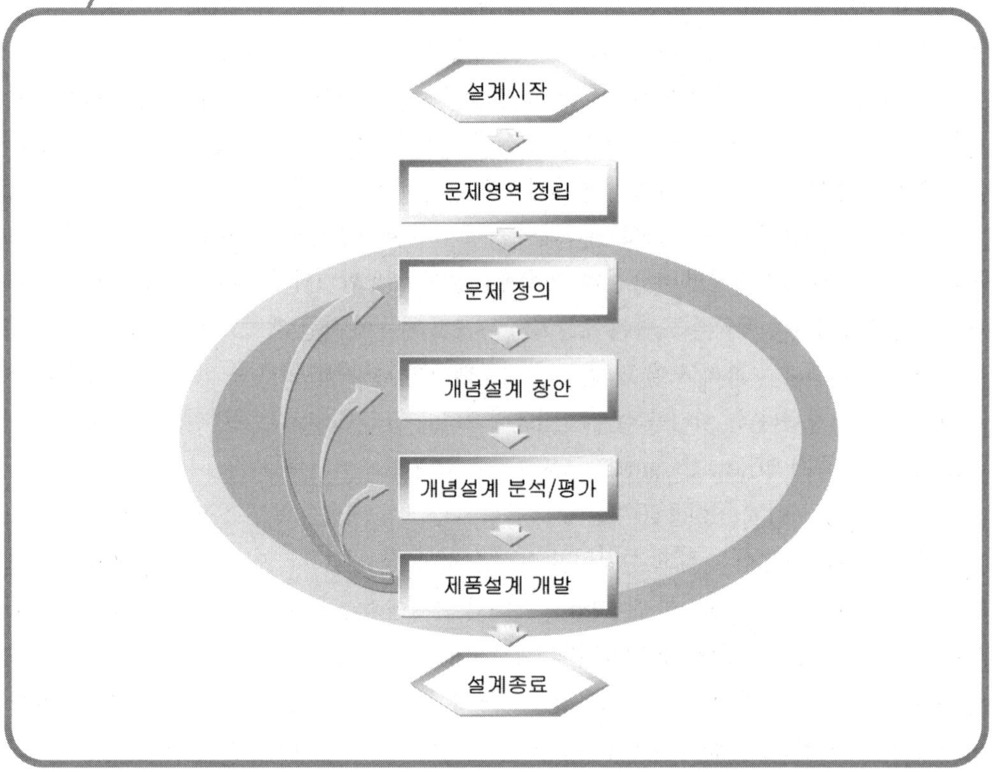

8.1 문제영역의 정립

일반적으로 해결해야 할 문제를 처음으로 제기하는 사람은 문제를 해결할 엔지니어 자신이 아니고 물건이나 도구를 사용하는 과정에서 불만스러운 점을 발견하거나 특정한 목적을 위한 물건을 찾지 못한 일반인(수요자)들입니다. 그러나 이들이 제기하는 최초의 요구는 매우 추상적이거나 포괄적이며 다양한 형태로 나타나는 경우가 대부분입니다. 사용 과정에서 생겨난 불만이나 요구 사항일 수도 있고 새로운 제품에 대한 요구일 수도 있지요. 유통에 관련한 요구도 있을 것이며 생산 공정상의 요구 사항일 수도 있습니다. 그리고 이러한 요구사항들은 각자가 처한 입장이나 성향에 따라서 달라지기 때문에 우선 다양한 곳에서 요구사항들을 수집하고 수집된 자료들 중에서 중요한 것을 선택하는 것이 필요합니다. 이를 위해서는 자료를 수집하는 것이 첫 번째 단계이며 자료수집 방법으로는 의견조사와 자료조사가 많이 사용됩니다.

제품의 문제점을 찾아내거나 새로운 제품의 필요성을 알아내기 위해 가장 널리 사용되는 것이 의견조사입니다. 의견조사는 전체적인 요구를 반영하며 각 요구의 경중이 비교 가능한 수치로 나타나기 때문에 매우 유용한 방법입니다. 의견조사를 행할 때 올바른 조사대상 모집단의 선정, 합리적인 표본추출, 그리고 객관적인 데이터처리 등의 원칙을 잘 지키지 않으면 잘못된 결론에 도달할 수 있기 때문에 주의해야 합니다.

자료조사는 현황을 분석하거나 미래 시장의 규모를 예측하는데 사용할 수 있으며 숫자로 표현되는 모든 지표가 잠재적인 자료의 대상이 될 수 있습니다. 그 중에서도 판매동향분석과 유사제품분석은 대부분의 제품개발과정에서 필요한 자료조사입니다. 판매 동향에 대한 통계자료분석 시에는 다양한 자료를 사용해서 입체적으로 분석해야 하며 특별한 이상요인에 의한 영향에 편향되지 않도록 주의해야 합니다. 또한 유사한 제품과 특성을 비교 평가할 때에는 엄밀하고 객관적인 조사가 행해져야 하며 자신의 제품에 대한 편향은 피해야 합니다.

문제의 영역을 정립하기 위해서는 시장을 조사하고 고객의 요구를 파악해야 합니다. 만들어질 제품의 특성을 확인하고 주요경쟁사들의 제품을 벤치마킹합니다. 제품에 영향을 주는 법규, 산업표준 및 환경규제 같은 제한 조건을 고려하여야 합니다. 정보 획득을 위한 방법으로는 고전적인 방법인 문헌 참조(literature review), 사용자의 의견조사(user survey), 질문서(questionnaires), 초점그룹(focus group), 비형식적인 면담(informal interview), 구조적 면담(structured interview)이 있으며, 통찰력을 좀 더 획득할 수 있는 브레인스토밍(brainstorming) 등이 있습니다.

8.2 문제정의

수집된 자료들이 모두 같은 중요성을 갖는 것은 아니며 매우 중요한 요구부터 별로 중요하지 않은 요구, 심지어는 잘못된 방향의 요구들까지도 포함되어 있는 경우가 많습니다. 예를 들어 휴대전화에 대한 개선의견의 조사를 통해서 다음과 같은 의견목록을 얻었다고 가정해 봅시다.

- 통화가 잘 되어야 한다.
- 크기가 작아야 한다.
- 문자 입력이 쉬워야 한다.
- 다양한 신호음을 선택할 수 있었으면 좋겠다.
- 휴대하기 편해야 한다.
- 손에 들고 작업하기 편해야 한다.
- 자주 충전하지 않았으면 좋겠다.
- 사용하다 떨어져도 고장 나지 않아야 한다.
- 밟아도 깨지지 않아야 한다.
- 방수가 되었으면 좋겠다.
- 잊어버리지 않았으면 좋겠다.
- 표면에 흠집이 잘 나지 않았으면 좋겠다.
- 가격이 저렴했으면 좋겠다.

위의 요구 사항들을 보면 디자인에서 기능, 내구성에 이르는 다양한 종류의 요구들이 혼란스럽게 나열되어 있음을 확인할 수 있습니다. 더구나 전화기 자체 기능과는 관계없어 보이는 요구나 서로 모순 되는 요구도 있는 것을 알 수 있습니다. 따라서 모인 자료들 중에서 필요한 것을 골라내는 작업이 매우 중요합니다. 이러한 자료 분류 방법은 여러 가지가 있으며 대표적인 방법은 고고학자인 카타키와 지로(Katakiwa Jiro)가 제안한 K-J방법입니다. 이 방법을 조금만 변형하면 혼자서도 자료의 체계적인 분류가 가능할 것입니다. 집단작업에서는 각 참여자가 자신이 얻은 자료에 대한 주관적 집착을 보이기 때문에 그룹 구성원들의 합리적인 의견이 반영될 수 있도록 하는 것이 중요합니다. K-J방법은 먼저 논의의 목적을 정확히 설정합니다. 다음으로 사실들을 나열하며, 항목들을 공유합니다. 2~3개의 항목들로 그룹을 구성하고 제목을 붙이며 마지막으로 항목의 중요도를 결정합니다.

K-J 방법

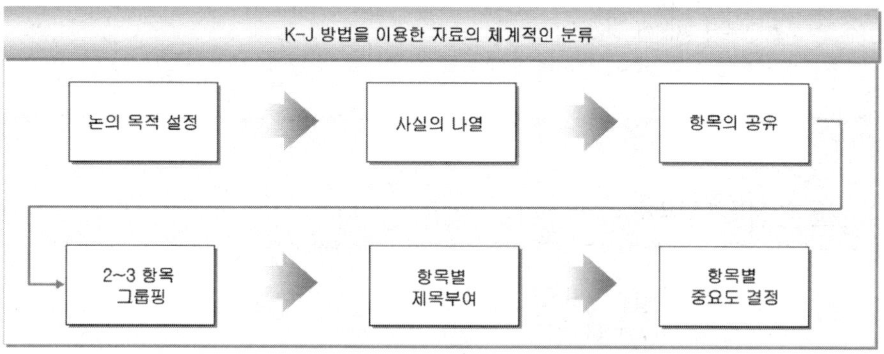

논의의 목적

휴대전화 개선

사실 나열 및 항목 공유

· 크기가 작아야 한다.
· 휴대하기 편해야 한다.
· 손에 들고 작업하기 편해야 한다.

· 문자 입력이 쉬워야 한다.
· 다양한 신호음을 선택할 수 있었으면 좋겠다.

· 사용하다 떨어져도 고장 나지 않아야 한다.
· 밟아도 깨지지 않아야 한다.
· 표면에 흠집이 잘 나지 않았으면 좋겠다.

· 통화가 잘 되어야 한다.
· 자주 충전하지 않았으면 좋겠다.
· 방수가 되었으면 좋겠다.
· 가격이 저렴했으면 좋겠다.

· 잊어버리지 않았으면 좋겠다.

그룹 1: 제품의 크기

· 크기가 작아야 한다.
· 휴대하기 편해야 한다.
· 손에 들고 작업하기 편해야 한다.

그룹 2: 제품의 견고성

· 사용하다 떨어져도 고장 나지 않아야 한다.
· 밟아도 깨지지 않아야 한다.
· 표면에 흠집이 잘 나지 않았으면 좋겠다.

그룹 3: 제품의 편의성

· 문자 입력이 쉬워야 한다.
· 다양한 신호음을 선택할 수 있었으면 좋겠다.

항목들의 분류가 끝나면 이를 바탕으로 각 항목들의 중요도를 평가하여 중요한 해결과제를 선정하는 것이 필요합니다. 제시된 자료들의 대부분은 그 항목의 중요도에 대한 정량적이고 객관적인 지표를 가지고 있지 않습니다. 예외적으로 많은 표본을 대상으로 한 설문조사에서 얻어진 항목들이 있다면 이들은 이 항목들을 선택한 숫자가 같이 제시될 수 있을 것입니다. 그러나 이러한 설문응답이라 하더라도 기계적으로 응답 수와 중요도가 비례한다고 판단하는 것은 많은 위험이 따르며 응답숫자는 참고자료로 삼는 것이 바람직합니다. 중요도 판단은 문제해결을 하기 위해서 구성된 그룹에서 활발한 논의를 거친 후에 각 구성원의 판단을 종합하여 결정해야 합니다.

한 개인이 전적으로 판단할 수도 있으며 그 반대로 개인의사의 반영율 결정에 따라 전체가 균등한 비율로 판단에 참여할 수도 있습니다. 어느 것이 더 좋은 결과가 나오게 될지는 문제에 따라서 다르기 때문에 상황과 문제에 따라 팀 내에서 적절한 방법을 선택하는 것이 타당하다고 할 수 있습니다. 다만 한 개인에게 맡기지 않고 전원이 의사 결정에 참여할 때 논쟁을 잘하거나 자신의 의견만 강력하게 주장하는 일부 구성원의 의사가 너무 많이 반영되지 않도록 할 수 있습니다. 여러 가지 방법 중 하나를 사용해서 각 항목의 점수를 얻고 그 순위에 기초하여 중요도를 결정하여 문장으로 표현된 형태로 만들어 보세요.

8.3 개념 설계의 창안

설계 프로세스의 다음 부분은 고객의 요구사항을 사용자의 요구사항으로 변환하는 것입니다. 사용자의 요구사항은 고객과 잠재적인 사용자에 의한 설계로부터 무엇을 원하는지 아주 상세하게 기술되어 있어야 합니다. 이러한 사용자의 요구사항은 설계된 목적의 바람직한 기능성 및 속성에 대해 상세한 표현을 보여주어야 합니다. 이러한 요구사항은 설계된 가공물 성능의 측정 기준이 되고 벤치마킹으로 표현되는 설계명세를 설정하는 데 도움이 되는 근거가 되기도 합니다.

설계명세는 전형적으로 설계된 사물의 속성 가치를 명문화하고 속성이나 행위의 계산을 위한 특별한 절차를 확인하여 목표하는 행위를 특성화하는 것이라고 할 수 있습니다. 따라서 성공적인 설계란 주어진 설계명세를 만족하거나 초과하는 것입니다.

여기서 설계자는 설계진화를 위한 방대한 선택배열에 직면하게 될 것입니다. 설계자가 주목해야 할 것은 이러한 단계를 통해 작업을 하는 동안에도 설계자는 다양한 특징에 대해 다른 이들과 꾸준히 의사소통을 해야 한다는 것입니다. 이렇듯 단순한 설계문제도 우리가 하는 설계과업을 명확하게 만들기 위해 어떻게 설계 프로세스를 공식화하는지 보여줍니다. 또한 다른 사람과 의사소통 할 뿐만 아니라 나중을 위해서 머리 속에서 나온 생각을 인지할 수 있는 언어로 변환해 주는 프로세스를 구체화하여야 합니다.

공학설계프로세스에서 가장 중요한 것은 바로 고객의 목적을 명확하게 하는 것으로부터 출발합니다. 설계자는 고객이 원하는 것과 산출된 설계에서 사용자가 필요로 하는 것이 무엇인지를 충분히 이해해야만 합니다. 설계자-고객-사용자 삼각관계에서 좋은 의사소통은 반드시 필요하며 진심으로 고객이 원하는 것이 무엇인지를 상세하게 명시하는 일에 매우 주의를 기울여야만 합니다. 설계프로세스에서 그 이후에 남은 과업은 설계될 사물과 그 특성을 묘사하고 특성화할 수 있는 단어, 그림, 숫자, 규칙, 특성 등과 같은 것으로 고객의 목적을 변환하는 것입니다. 분석과 모형화, 시험과 평가, 그리고 정제와 최적화의 과업은 구두 상으로는 수행될 수 없습니다. 최종설계의 기록 역시 단어로만 이루어질 수는 없고 그림과 숫자, 그리고 아마도 원하는 설계를 나타내기 위한 다른 방법이 필요할 것입니다. 따라서 설계자는 고객의 구두상의 기술문을 다양한 설계를 쉽게 하기 위한 적절한 어떠한 형태로든 변환해야 합니다. 이런 기술적 모형의 시작점은 설계의 필요사항을 종종 확인하는 고객의 기술문이며 종점은 최종설계 혹은 제조명세를 설정하는 작업입니다.

첫 단계는 개념설계(conceptual design)입니다. 고객의 목적을 성취하기 위해 사용될 수 있는 기획(schema)이라고도 불리는 개념(concept)과는 다른 의미입니다. 개념이나 기획은 설계 문제의 개괄적인 해결방안입니다. 주요한 기능을 성취하기 위한 수단은 주요 구성요소의 부분적이고 구조적인 관계를 갖는 것으로 확인되었고 그것에 관한 충분히 상세한 연구가 진행되었습니다. 따라서 비용, 가중치 및 전반적인 측정치를 산정할 수 있습니다.

상위계층 목적의 상호관계(trade-off)에 중점을 두면 개념설계는 명백하게 가장 추상적이며 설계프로세스의 개방된 부분입니다. 개념단계에서의 산출물은 한두 개 혹은 여러 개의 가능한 개념일 수 있습니다. 혹자는 개념설계는 두 개 이상의 기획을 산출해야만 한다고 하는데 그것은 단 하나의 설계에서 이른 선택은 실수를 유발할 수 있기 때문입니다. 이러한 경향은 설계자들 사이에 너무도 잘 알려진 것이며 "첫 설계 아이디어에 고집하지 말라."는 충고를 심어줍니다.

설계프로세스 모형에서 두 번째 단계는 예비설계(preliminary design)이며 특히 유럽에서는 기획의 구체화(embodiment of schema)라고 합니다. 여기서 일컫는 기획이란 개념설계의 추상적인 골격부분에 있던 예비선택의 필요 없는 살을 빼는 것과 같습니다. 가장 중요한 속성을 가진 설계개념을 구체화하거나 부여하는 것입니다.

성능명세와 운용 요구사항을 고려한 하위계층의 관심사에 의거해서 주요 하부조직의 크기를 정하고 선택함으로써 시작하게 됩니다. 예비설계는 그 성격상 확실히 기술적이라서 쉽게 산출할 수 있는 다양한 계산방법을 이용할 수 있습니다. 크기, 효율성 등에 대해 나름대로 설계자의 경험을 다방면에 반영하는 방법을 사용하며 이런 설계 프로세스의 단계에 있어 제안된 개념 중에서 최종 선택을 하는 것입니다.

이 모형의 마지막 단계는 상세설계(detailed design)입니다. 예비설계에서 선택된 것을 좀 더 상세하게 표현하고 부품의 형태와 크기를 상세하게 함으로써 정제됩니다. 이 단계는 전형적으로 경험이 많은 공학자에 의해 이해가 잘 된 설계 절차를 따르게 됩니다. 이와 관련된 지식은 설계 코드(예를 들면, ASME Pressure Vessel and Piping Code와 Universal Building Code)에서 찾아볼 수 있습니다.

설계지식은 종종 특별한 규칙, 공식 및 알고리즘으로 표현됩니다. 이 설계단계는 전형적으로 표준 자료를 사용하는 구성요소 전문가에 의해 수행됩니다. 이미 설명된 전형적인 모형은 세 단계 모형의 순서 전후에 두 개의 부가적인 활동을 서술함으로써 다섯 단계 모형으로 확장할 수 있습니다.

8.4 개념 설계의 분석 및 평가

앞에서 언급한 모든 방법은 선형적이거나 연속성이 있었으나 설계 프로세스는 그렇지 않습니다. 설계 사고에 있어서 매우 중요한 두 가지 요소를 의도적으로 언급하지 않았습니다. 그 첫 번째가 피드백(feedback)이며 그것은 프로세스의 결과물에 대한 정보를 다시 프로세스로 되돌려서 더 향상된 결과를 성취할 수 있게 사용하는 것입니다. 피드백은 설계 프로세스에서 두 개의 명료한 방법으로 발생됩니다.

첫 번째 피드백 구조는 내적인 피드백 순환입니다. 설계가 의도한 대로 되었는지를 검증하기 위해서 과업의 시험과 평가에 대한 결과가 예비설계 단계로 되돌려지는 것입니다. 제품을 만들 수 있을까를 고려하는 제조업자와 고정이 될 수 있을까를 고려하는 보전 수리업자와 같은 내적 고객으로부터의 피드백이라고 할 수 있습니다.

두 번째 피드백 구조는 외적인 순환입니다. 시장에서 사용되고 있고 의도한 대로 설계된 최종제품 후에 발생됩니다. 사용자 피드백은 그것이 성공적인 설계라는 것을 간주하고 설계에 대한 확신을 부여합니다. 프로세스 모형에서 남겨두었던 두 번째 요소는 반복(iteration)입니다. 설계 프로세스나 분석에 있어서 공통적인 방법이나 기법들을 상이한 점에서 반복적으로 응용할 때, 비록 그 반복되는 응용이 상이한 추상적 수준이나 척도에서 발생된다 할지라도 그것을 반복하는 것이 필요합니다. 이러한 반복성은 전형적으로 더 정제되고 덜 추상적인 점과 또한 더 확실하고 상세한 분석측정에서 발생됩니다. 선형적인 다섯 단계 모형에 의거하여 설계자는 개념, 예비 및 상세설계에서 처음 네 개의 과업이 반복될 것을 예상해야 합니다. 왜냐하면 최종설계를 더 깊이 있고 상세하게 하기 위해 각 단계에서 반복을 지속해야 하는 것은 원래의 목적을 늘 마음속에서 잊지 말아야 하기 때문입니다. 물론 이것은 재설계를 할 필요가 있을 경우를 의미하며 그 경우에는 설계 분석과 설계 시험 및 평가를 반복해야 합니다.

피드백 순환과 과업의 반복이 있다면 선형적 순서의 프로세스 모형을 왜 제시하였을까요? 왜냐하면 설계는 인간에 의해 수행되는 목표 지향적 활동이라고 언급했기 때문입니다. 설계의 피드백과 반복 요소가 중요한 것만큼 설계를 처음 시작할 때 이렇게 적응되는 특성들을 전반적으로 엇갈리지 않게 하는 것도 매우 중요합니다. 어떤 의미에서는 피드백 순환과 설계과업의 반복은 설계 프로젝트가 시작되면서 자연적으로 발생할 것입니다. 고객을 위한 설계를 할 때 최초의 프로젝트 기술문이 적절하게 수정된다면 고객에게 되돌아가서 질문을 하는 것은 당연한 일입니다. 피드백에 반응하고 목적, 요구사항 및 명세를 반복함으로써 새로운 설계개념이 나타나고 이러한 기획들이 정제되는 것은 극히 당연한 일입니다.

고객과 사용자들로부터 피드백을 얻을 수 있는 가장 효과적인 방법은 설계 프로세스의 다양한 단계를 포함한 설계 프로젝트의 진보가 추적되고 토의되는 정기적인 회의일 것입니다. 회의를 통해서 설계팀은 언제나 고객과 사용자와 의사소통을 하고 있다고 간주하며 우리는 종종 다양한 형식적인 설계결과를 그들로 하여금 검토할 수 있도록 제안하게 됩니다. 설계 프로세스의 어느 단계에서는 현재의 설계가 고객, 선택된 사용자 그리고 다른 관련자들에게 제출된 후 형식적인 설계 검토를 하는 것이 표준적인 연습이 됩니다. 이러한 발표들은 전형적으로 설계의 함축된 의미가 공정하게 연구되고 평가될 수 있는 충분한 기술적인 상세를 포함하고 있습니다. 이것은 특히 경험이 없는 젊은 설계자들에게는 종종 서로 의견을 교환하면서 검토를 편안하게 수행할 수 있다는 점에서 중요합니다. 때론 고객과 다른 이들에게 다양한 기술적인 상세함을 정당화하기 위해 질문을 하는 것이 거칠어 보일 수도 있지만 설계 검토프로세스는 암시적으로 보증되지 않은 가정과 실수 혹은 실패가 종종 드러나지 않기 때문에 일반적으로 유익합니다. 어떤 설계환경에서는 민법이나 혹은 공공정책과 관련된 사람이 공청회를 요구하는데 이는 공공의 검토와 제안을 위해 설계를 발표하는 목적으로 개최됩니다.

설계를 고려한 선택을 하는 내적인 조직 구조가 점차적으로 팀들이라는 것과 마찬가지로 공청회와 회의 또한 고객이 개인적 기업이라 할지라도 주요한 설계프로젝트를 고려하는 데 있어 일반 표준이 되고 있다는 것을 설계자들이 이해하는 것은 유용합니다.

8.5 제품설계의 개발

조립품 및 개별 부품의 설계에 의하여 개념설계가 점차적으로 공학적인 하드웨어로 변환하는 과정을 의미하며 제품설계단계라고 하는 이 과정에서는 분석 및 종합(analysis and synthesis)과정을 수반하게 됩니다.

설계팀들은 초기에는 관련이 없어 보이는 해법과 아이디어 간의 유사성과 관계성을 발견하고 연구함으로써 그들 자신의 능력을 그려볼 수 있습니다.

자유스럽게 비평하고 평가하는 환경 속에서 팀은 브레인스토밍과 유사하게 어느 한 형태의 문제와 다른 형태의 문제나 현상 간에 유추를 발견하고 개발하는 창조공학 활동을 수행합니다.

예를 들면 초기에 팀에 의해 해결되었던 다른 사건의 용어로써 현재의 문제를 재정의하려고 노력하거나 혹은 가장 터무니없는 해법을 초기에 구하고 나중에 이런 해법이 유용할 수 있는 방법을 찾을 수도 있습니다.

설계팀들은 새로운 제품을 개발할 때 과연 거기에 무엇이 있는지 살펴보기 위한 두 개의 서로 관련이 없는 활동들을 종종 사용합니다. 그 하나의 경우가 경쟁력 있는 제품은 벤치마킹해야 한다는 것인데 그것은 설계자들이 글자 그대로 기존에 만들어져 가용한 유사한 제품을 보고 과연 이러한 제품들이 얼마나 어떤 기능을 잘 수행하는지나 또는 어떤 특징을 보여주는가를 평가하는 것입니다. 이러한 경쟁력 있는 제품들은 제안된 새로운 설계들이 기존 소비자의 마음을 끄는 제품과 비교할 수 있기 때문에 더 나은 신제품을 만들기 위한 표준으로 정해집니다.

두 번째 활동인 역 공학(reverse engineering) 혹은 분류(dissection)는 경쟁력이 있거나 유사하거나 혹은 기존의 제품들을 글자 그대로 분류하는 과정을 구성하고 있는데 그 아이디어는 주어진 제품이나 고안이 지금 이대로 왜 설계되었는지를 알아보고 동일하거나 혹은 유사한 하위기능을 수행하기에 더 좋은 방법을 찾아내기 위한 의도를 갖고 있습니다. 정보 분석 및 결과 시험을 위한 방법으로는 결과가 측정될 수 있는 것을 대비한 측정기준을 정의하는 것이 있습니다. 여기서 특별히 흥미로운 사실은 설계명세에서 설계를 명시한 목적과 제안의 표현과 수용할 수 있고 바라는 설계 결과에 대한 기술문의 관계입니다. 대부분의 경우 실험을 통해 잠재력이 있는 설계해법에 대한 자료를 수집하고 평가가 가능하다는 것을 알 수 있습니다. 예를 들면 만일 해법 중에 구조가 포함된다면 실험을 통해 설계의 주요 부문의 강도나 내구성 관계를 측정할 수 있습니다. 설계가 그것의 기능들을 수행할 수 있는지 여부를 결정하는 가장 중요한 방법은 바로 원형 개발(prototype development)입니다. 여기서 원형이나 시험 단위는 비록 그것이 기대되는 최종 제품처럼은 보이지 않을지라도 최종설계의 주요한 기능적 특성을 구체적으로 구현할 수 있을 것입니다. 사실상 초기 원형은 전형적으로 개발시간의 단축과 비용 감소를 위해 요구되는 기능성의 한 집합만을 갖고 있으며 원형은 실험실 혹은 다른 시험들을 지원하는 기구로 사용될 수 있습니다.

비용, 크기, 위험성 혹은 다른 이유로 원형의 개발 혹은 시험을 할 수가 없는 경우 종종 모의실험을 하는데 그것은 기술된 조건 집합 아래서 성능을 모의실험하기 위해 제안된 설계의 분석, 컴퓨터, 혹은 물리적인 모형을 연습하는 것입니다. 또한 모의실험은 실험을 하기 위한 고안이나 방법이 주어진 조건에 맞고 그 운용이나 영향이 충분히 이해되어서 나중에 모형을 사용할 수 있다고 간주합니다. 이러한 모의실험의 훌륭한 예로는 바로 고층빌딩과 길고 나약한 금문교에 미칠 바람의 영향을 평가하기 위해서 풍동과 그에 연관된 컴퓨터분석을 사용하는 것입니다. 모의실험과 밀접하게 컴퓨터 분석(computer analysis)은 설계와 다양하고 분석적인 훈련기준의 기법을 기술적으로 표현하는 공식을 구성하는 컴퓨터 지원 모형의 개발을 포함합니다. 이것은 제한요소 분석, 통합회로 모형, 고장모형 분석, 임계 분석 등을 포함합니다.

寸鐵活人

한 치의 혀로 사람을 살린다.

문제가 아니라 해법에 초점을 맞춰라.

나는 문제가 아니라 해법에 초점을 맞추어야 한다는 진리를 깨달았다. 이것은 내가 리더십을 발휘하는데 매우 중요한 원칙이 되었다. 누구든지 언제 어디서나 문제를 발견할 수 있다. 그렇지만 나는 초점을 해법에 100% 맞추려고 한다. 문제는 부정적이지만 해법은 긍정적이다. 회사가 성장하기 위해서는 문제가 아닌 해법이 필요하다. 그러므로 나는 해법 지향적인 사람을 원한다.

〈프린스 스포츠 그룹 CEO, 찰스, L. 파이퍼〉

비평가가 세상을 바꾸지는 못합니다. 세상을 바꾸는 사람들은 파괴와 함께 창조를 하는 사람들입니다. 어느 집단이든 인정받는 사람이 되고 싶으면 반드시 문제의식과 더불어 해법을 함께 제시할 줄 알아야 합니다.

〈행복한 경영이야기 제849호 중에서〉

Using ROBOLAB

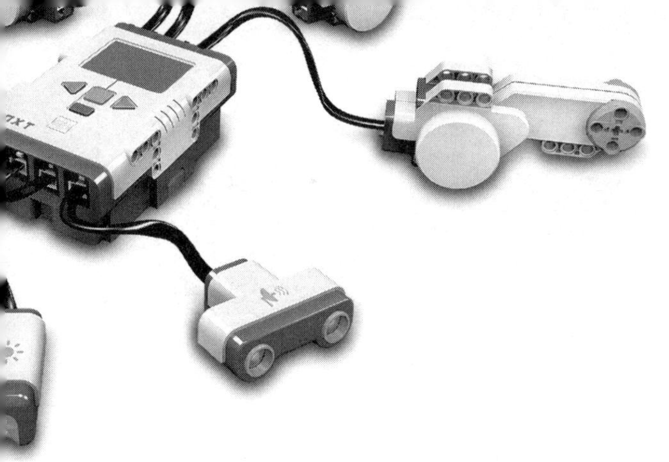

팀과 팀워크

CHAPTER 03

CHAPTER 03

팀과 팀워크

1. 팀 (TEAM)

아프리카 속담 중 “빨리 가려면 혼자가고, 멀리 가려면 같이 가라.”는 말이 있습니다. 혼자 판단하고 실행하면 목표를 빨리 달성할 수 있긴 하지만 여러 명이 함께 참여하여 판단하고 실행하면 큰 성취를 이룰 수 있다는 말입니다. 이를 TEAM 영어 단어로 해석해 보면 아래와 같겠죠.

TEAM: Together Everyone Accomplishes More

팀은 조직 속에 있는 사회적인 그룹이라고 할 수 있습니다. 조직의 목표에 기여하는 임무들을 수행하며 팀이 하는 일은 조직의 내외적으로 서로 영향을 미치게 됩니다. 팀 구성원들은 일을 하는데 상당히 의존적이며 그들 스스로를 하나의 그룹으로 인식하고, 팀의 목표를 달성하기 위하여 서로 의존하고 도우며 임무를 수행해 가야 합니다.

즉 팀은 상호 보완적인 기능을 가진 소수의 사람들이 공동의 목표를 위해 상호 책임을 공유하고 문제해결을 위해 공동의 접근 방법을 사용하는 조직단위를 의미한다고 할 수 있습니다.

여러 조사를 통해 효율적인 팀의 경우 다음과 같은 특성을 가지고 있다는 사실을 알 수 있습니다.

- 적극적인 참가
- 팀원에 대한 존경심
- 주의 깊은 청취
- 리더십
- 충돌의 구조적인 관리 시스템
- 참여에서 느끼는 재미와 즐거움
- 공통된 목표인식 및 목적의식

- 좋은 미팅을 위한 환경
- 구성원의 책임의식
- 효율적인 의사결정 시스템

2. 팀 운영의 장점과 단점

서로 다른 전문성과 사고능력을 갖춘 팀 구성원들로부터 문제해결을 위해 더 많은 종류의 지식을 이용할 수 있습니다. 구성원들 간에 서로 긴밀히 협조하게 하여 아이디어는 더욱 창의적이고 더 나은 해결책에 도달하도록 합니다. 어느 특별한 문제에 최선의 해결책이 있다면 팀을 통해 그 해결책을 발견할 가능성이 높습니다. 팀은 기회포착과 더 큰 모험을 감행할 수 있는 힘을 가집니다. 일반적으로 문제해결과 결정과정에 참여한 구성원들의 해결책은 어느 개인이 도출한 해결책보다 거부감이 적기 때문에 구성원들이 더 흔쾌히 받아들일 수 있습니다. 그리고 팀 구성원들 간에 서로 배울 수 있다는 장점을 가집니다.

팀 운영시 문제해결뿐만 아니라 팀 개발을 위한 노력과 전체 팀원의 참여 시간이 필요하기 때문에 많은 투자가 요구되는 단점을 가집니다. 일반적으로 팀에 의한 처리방식은 많은 아이디어를 창출하기는 하지만 그것들 중 몇 개만이 정말로 좋은 해결책이므로 효율이 낮습니다. 해결되지 않는 분쟁, 부정적 감정, 때로는 적대감 등으로 인해 팀 구성원들이 다양성에 대한 가치를 인정하지 않거나 창의적인 윈-윈(win-win)결과를 개발하지 않는 한 팀의 창의적 아이디어를 감소시킬 수 있습니다. 만약 팀이 그룹사고 현상에 빠질 경우 그룹은 극도의 동질감을 보이거나 동료 간의 압박감을 느낄 수 있습니다. 이 경우 독립적인 아이디어가 용납되지 않고 그룹 구성원들은 리더나 지시자들을 두려워하게 될 수 있습니다. 그리고 그룹이나 팀을 형성하는 구성원이 다른 구성원과 잘 어울리지 못하는 문제도 발생할 수 있습니다.

3. 팀 구성원의 역할 및 임무

팀에서 구성원들은 팀의 임무와 책임을 나누어서 맡아야 합니다. 일반적으로 팀은 팀장, 기록자, 팀원 등으로 구성되는데 각 역할 담당자의 임무와 책임을 인식하고 행동하여야 합니다.

팀의 규모에 따라서 임무의 적절한 역할 분담이 달라질 수 있지만 보통은 구성원 개인이 하나 이상의 임무를 맡거나 또는 어느 한 가지 임무를 시간대 별로 여러 명의 구성원들이 순차적으로 나누어서 수행하는 것이 좋습니다. 이때 구성원들의 책임 소재를 명확히 할 수 있도록 책임과 임무를 잘 정의해야 합니다.

3.1 팀장의 임무

팀의 리더로서 회의를 소집하거나 결과를 보고하고 회의를 주재하는 역할을 수행해야 합니다. 팀장은 팀원과 논의를 통해 팀 규칙과 지침을 작성하며 팀 구성원들의 역할과 책임을 명확하게 해야 합니다. 필요한 일이 제대로 실행되도록 각각의 팀원에게 책임을 부여하는 권한을 가집니다.

회의를 정시에 시작해서 의사일정에 따라 회의를 진행하는 역할을 수행합니다. 팀 회의에서 팀원의 한 사람으로 의견을 제시할 수도 있습니다. 결정된 주요 사항과 행동조치들을 팀 구성원에게 이해시키고 올바른 방향으로 진행되도록 노력해야 합니다. 또한 회의 진행방법을 바꿀 수 있는 권한을 가집니다. 회의 진행시 참가자 전원이 참여할 수 있도록 유도해야 하며 토론이 격화될 때 이를 적절히 조절해야합니다. 무엇보다도 구성원들과 그들의 아이디어가 공격받지 않도록 보호해 주는 역할도 수행하여야 합니다.

3.2 기록자의 임무

팀 구성원의 임무 보고서를 요약하거나 팀의 결정사항을 기록하고 할당된 임무를 열거하며 요약된 문서를 다음 회의의 의제와 함께 모든 팀 구성원들에게 보내는 일을 수행합니다.

기록자(recorder)는 회의에서 논의 또는 결정된 사항을 회의록에 정확히 기록하며 이를 수시로 확인 점검하는 역할을 맡습니다.

기록자에게 권장되는 지침은 다음과 같습니다.

- 올바른 정보 파악이 필요할 경우에는 좀 더 분명하게 이야기하도록 요구합니다.
- 임의대로 해석하지 말고 표현된 단어 중 핵심 단어와 문구만을 기록합니다. 모든 단어를 기록할 필요는 없습니다.
- 회의 참가자 모두가 쉽게 볼 수 있도록 큰 글자로 플립차트나 화이트보드에 기록합니다.
- 자신이 동의하지 않더라도 다른 팀원의 아이디어나 문구를 삭제하지 않습니다.
- 중요 아이디어, 문구, 결정내용, 행동조치에 대해서는 원을 그리거나 밑줄 표시를 합니다.

3.3 팀원의 임무

팀의 구성원으로서 촉진자와 과정관찰자의 역할을 수행합니다. 촉진자는 회의 안건에 대한 팀의 초점을 유지시키고 전원의 참여를 유도합니다. 토론이 격화될 때 이를 조절하며 구성원들의 의견이 침해되지 않도록 노력해야 합니다. 의견이 일치되지 않을 때에는 중립적인 입장을 유지하도록 합니다.

4명 이상이 참여하는 회의에서 특히 효율적인 촉진자는 교통경찰, 심판, 시간기록자의 세 가지 역할을 함께 수행해야 합니다.

과정관찰자는 팀 회의의 진행상황에 따라 피드백을 제공합니다. 팀 회의 과정과 임무할당 과정이 얼마나 잘 진행되는지 관찰하거나 개선점을 제안함으로써 내부 감사와 같은 역할을 수행합니다. 경험이 부족한 팀에게 이 임무가 매우 중요할 수 있습니다. 가능하다면 모든 팀 구성원이 과정 관찰자(process observer) 임무를 경험하면 의사소통 능력과 창의성 배양 등 개인 잠재능력 개발뿐만 아니라 팀 개발에 도움이 될 수 있습니다.

팀원의 기본적인 역할은 다음과 같습니다.

- 참가자 전원이 참여할 수 있도록 유도합니다.
- 토론이 격화될 때 이를 조절합니다.
- 구성원들과 그들의 아이디어가 공격 받지 않도록 보호합니다.
- 의사일정 항목 각각에 배정된 시간 사용 실태를 점검합니다.
- 의사일정에 제시된 절차가 제대로 작동하지 않을 경우 방법과 절차를 바꾸어서 사용하도록 제안합니다.

4. 팀 활동 규칙

팀이 구성되면 제일 먼저 팀의 활동 규칙을 정하는 것이 필요합니다. 왜냐하면 팀에게는 구성원 간에 결속력이나 협동심 등 좋은 관계를 맺기보다도 훨씬 더 중요한 요건이 바로 규율(discipline)이기 때문입니다.

팀 전원이 동의하는 활동규칙들을 작성하고 팀 구성원들이 이 규칙을 따름으로써 팀원 간의 효율적이고 만족스러운 상호 관계를 유지하는데 도움이 될 수 있도록 하여야 합니다.

팀에서 목표를 달성하기 위한 활동을 할 때에는 갈등이 생기는 것이 보통입니다. 팀에서 갈등이 생기는 이유는 팀 구성원들 간의 견해 차이, 자원 부족, 책임의 불확실성, 의사소통 단절, 인격적 충돌, 권한과 지위의 차이, 목표의 차이 등 여러 가지 다양한 원인에 의해서 갈등이 생기기 때문입니다.

다음과 같은 팀 활동 규칙을 생각해 볼 수 있습니다.

- 이해가 되지 않는 부분에 대해서는 여러 측면에서 충분하게 설명해야 합니다.
- 브레인스토밍을 하는 도중에는 비판적이거나 부정적인 생각을 하지 않습니다.
- 심각한 갈등이 생길 경우에는 합리적인 협상을 시도합니다.
- 주제에 대한 토론을 종결시키고 문제를 창의적으로 해결하고자 할 때에는 발산적 사고와 수렴적 사고를 사용하도록 합니다.

팀의 성과를 높일 수 있는 효율적인 팀 운영을 위하여 구성원 임무와 활동 규칙을 잘 정의한 규정문, 작업 일정 계획, 회의록, 결과보고서가 요구됩니다.

구성원 임무와 활동 규칙에는 올바른 목표로 팀이 집중할 수 있도록 팀의 책임과 임무에 관해서 간결하고 명료하게 규정문을 작성합니다. 포함시킬 내용을 예시하면 다음과 같습니다.

- 팀의 전반적인 목적과 해결해야 할 과제를 서술
- 팀 제약조건의 목록과 범위를 서술
- 시간 일정을 서술
- 예산 또는 비용과 관련된 제약이 있으면 제시
- 팀이 성취할 수 있는 내용 및 일정을 서술(예 : 활동 계획, 진행 보고서, 개념 설정, 최상의 해결방안, 최종 보고서 등)

작업 일정 계획에는 팀 활동계획을 작성하며 해야 할 일은 무엇이고 앞으로의 일정 중에 어떻게 일을 완수할 것인가를 다루게 됩니다. 이때 간트(Gant)차트 등을 사용하면 효과적입니다. 간트 차트는 과업마다 시작일자와 완료일자까지를 알기 쉽게 직선으로 표시하는데 차트에서 상단은 시간경과를 나타내며 차트의 왼쪽 열은 완료해야 할 과업을 나타냅니다.

| 간트 차트의 활용 예 |

번호	수행내용	담당자	9월3일	9월4일	9월5일	9월6일	9월7일
1	계획	팀장					
2	자료수집	김태희					
3	보고서작성	이나영					
4	발표	장동건					

회의록에는 팀 활동의 내역을 기록하며 포함시킬 내용은 다음과 같습니다.

- 회의안건
- 회의 날짜, 시간, 참석자
- 지난 회의에서 할당된 팀 구성원들의 진행과정 보고 요약문
- 팀 결정사항, 팀 구성원들이 새로 맡은 임무 완성 날짜
- 과정 관찰자 관련된 내용(이름, 논평과 제안, 관찰 사항에 기초한 팀 활동 내역 등)
- 다음 회의와 관련된 결정 사항(날짜, 시간, 안건, 회의 진행자, 기록자 등)

팀 회의 보고서는 팀이 수행할 과제의 규모와 임무에 대한 목록으로 팀 구성원들이 이해한 사항이 되어야 합니다. 팀의 기록자는 팀 회의를 맡은 직후 팀 회의 보고서를 작성하여 팀의 운영 상태를 알 수 있도록 하여야 합니다.

5. 팀워크의 평가

팀이 효율적으로 운영이 되면 팀의 목표 성취여부는 팀워크에 달려 있습니다. 팀워크를 평가하는 방법으로 지도교수가 평소에 팀 활동을 관찰하여 평가하는 방법과 팀원들이 스스로 소속팀 또는 팀 구성원을 평가하는 방법이 있습니다. 또한 팀원들이 팀 구성원으로서 자기를 자체 평가할 때 사용하는 설문을 이용합니다. 각 팀원들이 설문에 답한 후 결과를 비교하여 팀원별 공헌도를 평가합니다.

아래의 표는 팀원들이 자기를 포함한 다른 구성원을 상대적으로 관찰하여 팀원의 공헌도를 평가할 때 사용하는 설문항의 사례입니다. 각 팀원들이 이 설문에 답한 후 결과를 종합하여 팀원별 공헌도를 평가할 수 있습니다.

❙ 자신의 참여도 평가 설문 ❙

팀	성명				
팀 내에서 자기 자신의 참여도에 대하여	**매우 잘됨**	**잘됨**	**보통**	**안됨**	**매우 안됨**
토론참여와 같은 임무수행 등 팀 활동에 적극적으로 참여했다.					
최선을 다해서 나의 능력과 사고기술을 팀에 투입했다.					
의사소통에 능숙하며 다른 팀원이 하는 말을 경청했다.					
협동심이 풍부하며 팀내 갈등을 해소하려고 애썼다.					
팀에 보탬이 되도록 노력하였으며 내 고집만 주장하지 않았다.					
나보다 능력이 부족한 다른 팀원을 도와주는데 앞장섰다.					
모든 행사에 참여하였으며 상대방의 의견이 나와 다른 경우도 이해하려고 노력하였다.					

❙ 팀워크의 성공도 평가 설문 ❙

팀	성명				
팀의 성공도 평가에 대하여	**매우 잘됨**	**잘됨**	**보통**	**안됨**	**매우 안됨**
의사소통이 잘 되었다.					
팀에서 필요한 팀 역할요소를 팀이 전부 보유하였다.					
팀 구성원 모두가 동등하게 존중되었다.					
팀 구성원 모두 공통목표에 합의하였다.					
상호작용을 위한 기본규칙을 명확하게 세웠다.					
팀에서 나온 해결방안은 신중하게 다루어졌다.					
모든 아이디어가 검토되었다.					
팀 구성원이 기여한 바를 서로 존중하였다.					
끈기있게 노력하였다.					
미래 지향적이었다.					

창의적 능력을 개발하는데 도움이 되는 분위기였다.					
신속한 대응력을 가졌다.					
팀장은 리더십을 원활히 발휘하였다.					
팀원들은 각자 자기역할을 충실히 하였다.					
만일 팀워크에 문제가 있었다면 그것이 무엇이며 원인은 무엇이라고 생각하는가?					

寸鐵活人

한 치의 혀로 사람을 살린다.

팀이 가장 뛰어난 선수다.

팀 내의 선수들이 하나로 움직일 때 그 팀은 성공한다. 세계에서 가장 우수한 스타들이 모여 있는 팀이라 하더라도 그들이 하나의 팀으로 움직이지 않는다면 그 팀은 10센트의 가치도 없다.

〈홈런타자 Babe Ruth〉

최고 선수들로 구성되어 있는데 우승을 못하는 팀이 많고, 선수들 개개인은 약간 떨어지더라도 우승을 잘하는 팀도 있습니다.

팀웍이 열쇠입니다.

삼성라이온즈 선동열 감독은 취임일성으로 "개인별 실력보다는 팀 승리를 위해 자신을 희생하고 책임을 질 수 있는 사람을 1군에 남기겠다."고 공언함으로써 팀 중심 문화를 만들었다고 전해집니다. 그 결과는 취임 후 2년 연속 우승으로 나타났습니다.

〈행복한 경영이야기 제888호 중에서〉

Using ROBOLAB •••

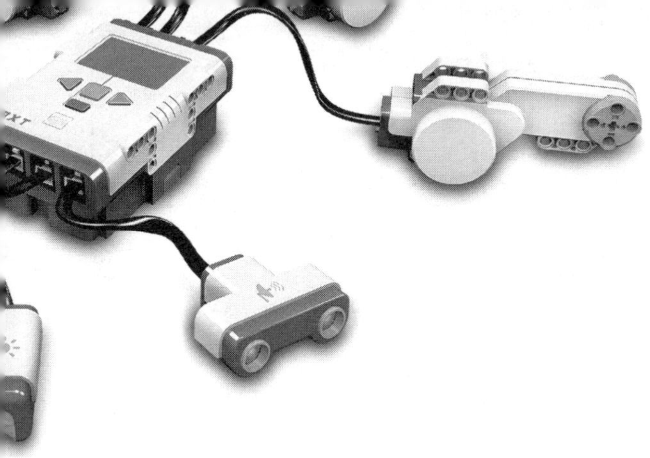

창의적 사고

CHAPTER 04

CHAPTER 04 창의적 사고

급속한 환경변화와 예측할 수 없는 문제가 끊임없이 일어나는 미래사회에 대처할 수 있는 인재양성을 위해서는 창의적으로 사고할 수 있는 능력개발이 필요합니다. 최근 대부분의 산업체에도 가장 필요한 것은 '창의적 능력을 통해 문제를 해결할 수 있는 인재'라고 이야기하고 있습니다.

자신의 무한한 에너지를 끌어올릴 때에 창의성이 발현될 수 있습니다. 사람에게는 누구나 무한한 에너지가 있고 그 에너지가 표출될 때 창의적인 아이디어가 된다고 생각합니다. 한마디로 아이디어를 내는 일은 문제에 대한 대안을 제시하는 것이라고 할 수 있습니다.

문제가 무엇인지 잘 알기만 하면 결국 해답은 문제 속에 있다고들 합니다. 과학자들도 어떤 문제든지 그 속에 답이 있다고 생각하고 문제를 풀면 해답을 찾기 쉽다고 합니다. 이와 같이 태도를 바꾸는 순간 이미 해답을 반 이상은 푼 것이나 다름없습니다. 결국 자신 안에 아이디어가 있다고 믿는 순간 해답을 구하기 쉬운 것입니다. 한 번에 풀기 어려운 거대한 문제를 자신의 능력으로 소화하는 것이 매우 중요합니다.

창의적인 사고를 키우기 위해서는 자유로운 상상력을 필요로 합니다. 아이디어나 아이템이 생기는 토대는 상상력이며 상상력은 자유롭게 퍼져 나가는 매력이 있습니다.

창의적 사고의 강력한 힘은 바로 상상력에 있는 것입니다. 창의력이란 여러 요소들이 복합적인 작용으로 나타나 단순히 정의하기는 어렵습니다.

Guilford(1967년)는 창의적 사고의 기저에는 문제에 대한 민감성, 유창성, 독창성, 융통성, 종합력, 분석력, 복합성, 평가력 등과 같이 8개의 요소가 있다고 가정하고 있습니다. 그 중에서 유창성, 융통성 및 독창성을 창의적 사고를 결정하는 주요인이라고 강조하고 있습니다.

Torrance(1976년)는 유창성, 독창성, 융통성, 정교성을 창의적 사고를 결정하는 주요인이라고 강조합니다. Lubart(1994년)는 창의력을 새로우면서도 유용한 산출물을 생성해낼 수 있는 능력이라고 정의합니다. 김영채(1999) 박사는 창의적 사고 능력은 일반적으로 두 가지 종류의 사고 과정으로 도출된다고 말합니다.

아이디어를 도출해내는 역할을 담당하는 발산적 사고과정과 도출된 아이디어를 분석하고 평가하여 최적의 해를 선택하는 수렴적 사고과정으로 분류할 수 있습니다. 창의적 사고기법 중 발산적 사고기법으로는 브레인스토밍(brainstorming), 브레인라이팅(brainwriting) 등의 기법이 있습니다.

1. 브레인스토밍

1939년 알렉스 오스번(A. F. Osbon)이 개발한 브레인스토밍(brainstorming)은 누구라도 어디서든지 간단히 응용할 수 있다는 장점 때문에 급속도로 많은 사람에게 알려졌습니다.

브레인스토밍이란 일정한 테마에 관해 구성원들이 테이블 둘레에 앉아 문제의 해결을 위한 아이디어를 찾아내려는 발상과정을 의미합니다. 짧은 시간에 많은 아이디어의 생성이 목적이고 주로 집단토의에서 가능한 많은 아이디어를 생각하고 자유롭게 얘기하도록 하며, 상대방의 아이디어에 대한 평가를 금하고 다른 사람들의 아이디어를 단서로 하여 새로운 아이디어를 산출하여도 무방하며 가능한 한 상상력을 발휘하는 황당한 아이디어일수록 더 좋습니다.

브레인스토밍의 기본적 4가지 규칙

1. Support : 제시한 아이디어에 대한 평가(판단)는 유보합니다.
2. Silly : 아이디어는 거칠고 자유분방한 것일수록 더 좋습니다.
3. Speed : 아이디어의 수가 많을수록 더 좋습니다.
4. Synergy : 남들이 제안한 아이디어들을 조합시켜 또 다른 것을 만들 수 있습니다.

Qsborn은 창의적 문제해결은 일상의 분석적인 문제 해결과는 다르다고 주장하며 회의시간 중간 부분에서 제일 많은 수의 아이디어들이 생성되고 또한 후반부의 것일수록 내용이 독창적이고 혁신적임을 말하고 있습니다. 그래서 그는 질에 대한 판단은 나중까지 유보하고 가능한 많은 대안들을 생성토록 하면 훨씬 더 창의적인 결과를 얻는다고 말합니다.

다시 말해 이 기법은 아이디어들이 많이 있으면 그 속에 적어도 몇 개의 좋은 아이디어가 포함되어 있을 것이라는 가설에 기초하고 있습니다. 그러나 이 가설을 단정적으로 증명하기는 어렵습니다.

앞 단계에서 생성해낸 아이디어를 심사하고 분류하고 평가해야 합니다. 이를 통해 하나 또는 몇 개의 가장 그럴듯한 아이디어를 선택해야 합니다. 그리고 많은 경우 이러한 최초의 아이디어들을 다듬고 개발시킴으로서 더 나은 아이디어로 발전시켜 나갈 수 있습니다. 또한 보고서 작성은 팀 회의록에 사전 준비 단계와 수정 및 평가 단계를 모두 거쳐 최종 대안을 가지고 그 동안의 진행과정과 아이디어의 결과물에 대한 평가를 작성합니다.

예를 들면 다음에 대한 평가를 의미합니다.

- 브레인스토밍의 연습 결과는 어떠했는가?
- 과정은 어떻게 진행되었는가?
- 제시된 아이디어의 다양성과 결과물에 대하여 만족하는가?
- 여러분은 스스로 그 모든 것들을 생각해 낼 수 있었는가?
- 창의적인 아이디어를 갖기 위해 그 문제 분야에서 전문가이어야 할 필요가 있는가?
- 팀장, 기록자와 팀원의 역할을 충분히 발휘하였는가?
- 회의 중에 문제점을 발견하거나 단점을 경험했는가?
- 팀원들이 내성적이거나 거만하다면 어떻게 하겠는가?
- 팀원들 사이에 공공연한 갈등이 있다면 어떻게 하겠는가?

2. 브레인라이팅

브레인라이팅은 브레인스토밍의 변형으로 떠오르는 생각을 쓰는 방식입니다. 독일인 홀리겔이 개발한 635법(6명이 둘러앉아 3개 아이디어를 5분 내에 기입하고 옆으로 돌리는 방법)은 프랑크푸르트에 있는 Battelle Institute의 호스트 게쉬카와 그의 동료들이 개량한 기법입니다.

브레인스토밍과 마찬가지로 문제해결을 위한 아이디어에 참가자들이 자유분방하게 참여하게 됩니다. 각 참가자들이 아이디어를 기록하기 위하여 비언어적 접근 방법을 사용하는 아이디어 창출방법입니다.

브레인스토밍과 비슷하게 참가자들은 문제를 해결하거나 공정을 개선하기 위한 아이디어를 생각해 냅니다.

카드나 종이쪽지를 사용하여 아이디어를 기록하고 한데 모아서 다른 사람 것과 교환하여 검토를 합니다. 이런 과정을 거치면서 부수적으로 관련된 아이디어나 개선된 아이디어가 나오게 됩니다. 각자 침묵 속에서 진행하기 때문에 개인 사고의 특징을 최고도로 살릴 수 있는 집단 발상법입니다.

브레인라이팅은 가능한 많은 아이디어를 생성하기 위하여 사용됩니다. 또한 문제의 근본원인을 찾으려 할 때, 문제에 대한 해결책을 찾으려 할 때 더욱 초점이 맞춰지고 발전된 아이디어를 수집하려 할 때, 참가자가 각자 서로의 아이디어를 수정 및 개선하려고 할 때 쟁점이 되는 주제와 관련된 아이디어를 창출하도록 하며 아이디어를 낸 사람의 익명성을 유지하려고 할 때, 지배적인 참가자에 의해 마찰이나 위협이 생기는 것을 피하려 할 때 적용하는 것이 좋습니다.

- **브레인라이팅의 절차 예**

1. 4~6명의 팀 참가자들이 테이블 주위에 앉습니다.
2. 주제나 문제를 플립차트로 보여줍니다.
3. 팀 구성원이 각각 말없이 카드 위에 자기 아이디어를 적습니다.
4. 각자의 카드를 테이블위에 올려놓습니다.
5. 다른 사람의 카드를 집어서 읽고 아이디어가 떠오르면 그 카드에 적습니다.
6. 충분한 양의 아이디어가 나올 때까지 계속 반복합니다.
7. 나중의 평가를 위해 모든 아이디어를 플립차트에 적습니다.

브레인스토밍과 다른 점이 있다면 자기 생각을 말이 아니라 글로 표현하는 것입니다. 남 앞에서 발언하기를 꺼려하는 사람에게는 아주 유용한 방법입니다. 소극적인 사람, 체면을 걱정하는 사람, 이야기하는 것이 서투른 사람 등이 효과를 볼 수 있는 방법입니다.

寸鐵活人

한 치의 혀로 사람을 살린다.

타인의 의사결정권을 빼앗는 것은 죄다.

위임은 효과적인 의사결정을 할 수 있는 열쇠다.

리더는 아랫사람들에게 의사결정을 위임해야 하며, 결정을 윗사람에게 미루려는 아랫사람들의 자연스러운 성향을 거부해야 한다. 우리는 상호보완의 원칙을 따라야 하며, 다른 사람의 의사결정 권리 혹은 그 능력을 빼앗는 것은 죄라는 사실을 알아야 한다.

〈윌리엄 폴라드, 서비스마스터 전 회장 '크리스천 경영의 달인'에서〉

너무 많은 결정을 내리는 리더는 그가 이끄는 사람들, 곧 그 결정을 실행해야 할 사람들을 제대로 관리하고 성장시킬 수 없습니다. 당장의 성과 창출도 중요하지만 제대로 의사결정하고 성과를 책임질 수 있는 사람들을 보다 많이 길러내는 것이 더욱 중요합니다. 커민스 코리아 김종식 사장은 75%라는 룰을 통해 모든 사안의 75%는 직원들이 스스로 의사결정 할 수 있도록 하는 원칙을 지켜가고 있다고 합니다.

〈행복한 경영이야기 제902호 중에서〉

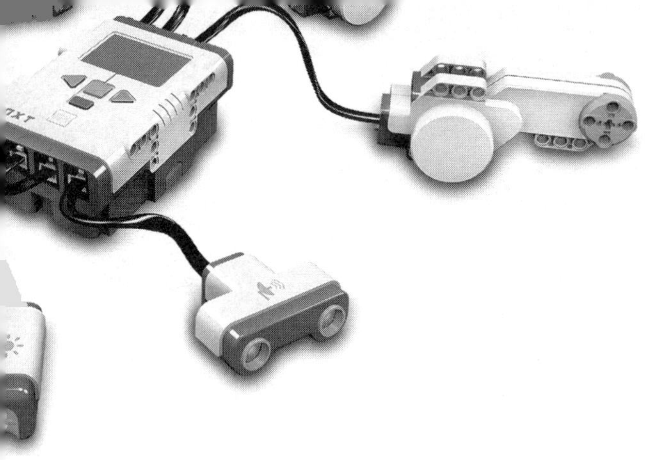

공학윤리

CHAPTER 05

CHAPTER 05 공학윤리

과학기술은 인간사회의 어려운 문제를 해결해주는 면도 있지만 동시에 환경파괴, 대량살상무기 생산, 기계화/자동화로 인한 인간성 파괴 등과 같은 위기상황을 초래하기도 합니다. 기술이 지니는 이러한 총체적 역기능의 주원인은 여러 요소로 나눌 수 있는데 그 중 하나가 공학자의 잘못된 윤리적 판단입니다.

공학자는 기술을 생산하고 적용하며 운용하는 역할을 수행합니다. 여기에는 기술의 적용과 운용에 대한 타당성이라는 가치 평가가 항상 개입되어 있습니다.

과학과 기술은 과학자나 기술자에 의해 주도되는 것 같지만 실제로는 사회적, 정치적, 경제적 제도를 통하여 생산되고 통제되며 운용됩니다. 이때 공학자나 과학자가 그러한 제도를 반성하지 못하고 제도에 종속되어 그릇된 판단을 할 경우가 많습니다. 이는 결국 엄청난 비극을 초래하게 됩니다. 비록 이러한 제도화된 구조 하에서 기업주나 경영진이 최종 판단을 내릴지라도 기술적으로 안전과 위험의 문제가 개입되어 있으며 그 책임을 전문가가 아닌 사람에게 돌리기는 힘듭니다. 따라서 자연히 엔지니어가 그 책임을 떠안게 됩니다.

1. 엔지니어의 딜레마

엔지니어는 기술적인 전문지식을 가진 자입니다. 현대의 기술적 지식은 복잡하고 거대하여 전문가가 아닌 사람은 이해하기 힘듭니다. 따라서 그 지식의 생산과 운용과 적용은 전문가의 판단에 의해 이루어지지 않으면 안 됩니다.

동시에 우리의 삶 대부분은 이러한 기술에 크게 의존하고 있습니다. 기술에 문제가 생기면 삶이 불편한 정도가 아니라 생존이 크게 위험에 처하기도 합니다. 그러므로 우리는 전문가들이 전문적 지식을 양심껏 사용하도록 윤리훈련을 쌓도록 해야 하고 동시에 그들의 판단에 일반인들이 승복하도록 그들에게 어떤 독립적 권위와 지위를 주어야 합니다. 그러나 오늘날 엔지니어는 그러한 위치에 있지 못합니다.

거의 대다수의 엔지니어는 연구소나 기업 혹은 대학 등에 고용되어 있습니다. 그리고 이들

엔지니어는 상사의 지시를 받습니다. 엔지니어가 보기에 상사의 지시가 공공의 안전에 해를 주는 비윤리적인 것이라고 생각될 때 문제가 발생하기도 합니다. 이러한 상황에서 정상적인 논의로 문제가 해결되지 못할 때 엔지니어는 어려운 상황에 처하게 됩니다. 원칙에 충실할 것인가 아니면 자신이 속한 조직의 지시에 충실히 따를 것인가라는 선택의 문제에 직면하게 되는 것이지요.

엔지니어의 기술적 원칙은 전문영역에 속하기 때문에 상사가 이해하기 힘든 경우도 많습니다. 또 기술사회에서 이러한 기술의 문제는 직접적으로 그리고 당장은 아니더라도 차후에 엄청난 문제를 야기할 수 있는 경우가 많기 때문에 엔지니어의 딜레마는 다른 경우보다 훨씬 심각합니다.

기술은 가치중립적이고 엔지니어 자신은 기술만 생산하고 운용하며 가치와 관련된 판단은 공학자, 기술자, 과학자의 영역 바깥에서 이루어진다고 생각하는 경향 때문이 아닌가 여겨집니다. 대부분의 사람들은 상사의 지시에 따라 기술적 문제만 해결하는 것이 엔지니어의 몫이고 그 이상은 다른 영역에 종사하는 사람들의 몫이라고 생각하는 경우가 많습니다.

기술은 가치가 내재해 있는 것이 아니라 외부에서 주어지므로 기술은 외부적으로 주어진 가치판단에 충실해야 한다는 이분법을 기술의 가치중립적 입장이라 부릅니다. 이 입장은 이미 여러 학자들에 의해 잘못되었다고 비판 받아왔습니다. 실제 현장에서 기술적 판단을 할 경우, 윤리적 판단이 내재해 있는 경우가 허다합니다. 이 윤리적 판단은 전문지식을 가진 자가 전문적 판단을 내려야만 하는 복잡한 기술적 판단인 것입니다.

2. 엔지니어와 의사결정

기술적 영역에서 현실 세계의 의사결정은 종종 모호하고 부정확한 자료, 불완전한 지식, 불확실한 확률 평가 그리고 논쟁적인 가치판단에 의존하게 됩니다.

기술의 운용을 결정하는 의사결정에는 다양한 부류의 사람들이 영향력을 행사하게 됩니다. 그러나 사실상 언제나 중추적 역할은 엔지니어가 담당합니다. 기술이 기초가 되는 기업에 종사하는 엔지니어들은 매우 특수한 부담을 지게 됩니다. 무엇보다도 그들은 작업 과정에서 최종생산품의 중요한 측면을 결정하는 사람들에게 영향을 줍니다. 나아가 무엇이 잘못되어 가는지 제일 먼저 인식하는 사람이 바로 현장에 있는 엔지니어들입니다. 바로 이 현장성은 종종 매우 결정적입니다. 왜냐하면 시간이 갈수록 중요한 실수를 고치는 비용은 급격히 증가하는 반면에 올바른 대책이 취해질 수 있는 기회는 그만큼 줄어들기 때문입니다.

현대기술의 힘은 워낙 커서 약간 잘못된 선택이나 실수라도 엄청난 파괴와 손실을 가져올 수 있습니다. 따라서 엔지니어의 책임 있는 활동은 이러한 치명적 잘못을 예방하는데 중요한 요소이고 기술의 운용에 절대적으로 필요한 조건입니다. 그러나 엔지니어들은 고용되어 있기 때문에 올바르게 일한다는 것이 개인 경력에 손해가 될 수 있습니다. 그렇다고 전문가로서의 양심을 포기하면 사회에 막대한 피해를 줄 수 있습니다. 법적 체계의 개선점을 다루기 위해 고용조직 내부에 여러 과정을 도입하는 등의 메커니즘이 형성되어 윤리적 엔지니어가 일할 수 있도록 해야 합니다. 엔지니어의 윤리적 행동은 기술개발의 본성과 방향에 심각한 영향을 주기 때문입니다.

3. 공학윤리

우리는 무엇이 옳고 그른지 알고 있으며 사실상 그냥 느낀다고 해도 과언이 아닙니다. 윤리란 결국 더불어 살기 때문에 발생하는 것이므로 공유하는 질서와 편의를 위해 신뢰를 기초로 하는 규약이 생기게 마련입니다. 그렇지만 다 알면서도 아는 대로 행하지 못하는 것이 현실이고 보면 인간은 이성적 동물이면서 동시에 감성적 동물임에 틀림없습니다. 옳지만 하기 싫은 것이 있는 반면에 뻔히 잘못인 줄 알면서도 하고 싶어 못 견디는 것이 있으니 지행합일(知行合一 : 앎과 행함이 일치하다.)이 그렇게 말처럼 쉬운 것이 아니지요.

어떤 때는 무엇이 더 중요한지 무엇을 먼저 해야 하는지 헷갈릴 때도 있으며 어떤 사람에게는 중요한 것이 다른 사람에게는 전혀 그렇지 않아 서로 이해가 충돌할 때가 많습니다.

우리는 옳고 그른 것을 잘 안다고 하면서도 타인과의 이해관계가 엇갈리면 타협이나 협상으로 나아가지 못하고 충돌로 비화되기가 십상이고 그 충돌조차도 제대로 풀지 못해 제삼자인 재판관에게 떠넘기는 일이 다반사이고 보면 과연 우리가 옳고 그름을 안다고 말할 수 있는지 궁금합니다.

공식이나 원리를 안다고 해서 실제로 다 아는 것이 아니지요. 매시간 달라지는 상황 그 공식과 원리가 잘 적용되도록 적절하게 분석하여 그것을 풀어내는 힘이 있어야 진정 안다고 말할 수 있을 것입니다.

4. 전문가

전문가란 한마디로 전문직에 종사하는 사람을 일컫습니다. 그렇다면 전문직이란 무엇입니까?

오늘날 우리가 사용하는 전문가라는 용어는 프로페셔널(professional), 즉 소위 프로인데 프로라면 프로 레슬링 선수도 전문가의 범주에 드는 셈이 될 것입니다. 그러나 전문직(profession)의 원래 사전적 의미는 공언하는 행위나 사실이란 의미입니다. 즉 학문의 어떤 분야에 관해 공언한 지식이 다른 사람의 일에 적용되어 사용되거나 또는 그 지식에 기초한 기술의 실천에서 사용되는 직업을 의미합니다.

■ **전문직의 특성**

- 전문직에 입문하기 위해서는 상당한 시간의 훈련이 필요합니다.
- 전문직의 지식과 기술은 사회복지에 핵심적입니다.
- 전문직은 전문적인 서비스를 제공하는 데 있어 대개 독점성이 짙습니다.
- 전문 직업인은 직장에서 종종 보기 힘들 정도의 자율성을 누립니다.
- 전문직은 윤리헌장에 구현된 윤리적 표준에 의해 규제되어야 합니다.

우리의 목적에 필요한 전문직이라는 용어는 공공의 선을 도모하는 전문적 지식을 이수하여 소정의 자격을 획득한 직업을 의미합니다. 이 같은 정의에 따르면 엔지니어야말로 이러한 기준에 일순위로 해당되는 사람입니다. 대중에 대한 책임감은 전문인이기 위해 본질적인 것입니다.

■ **전문직의 특성 - 독립성**

독립적인 전문직 정신은 강제에서 벗어나 독립과 자유를 전문직 정신으로 여깁니다. 이 견해는 독립을 전문직 정신의 본질로 여기는데 이것은 고용주에 대한 관료적인 복종과 분명히 대비됩니다. 이러한 독립의식과 피고용인이라는 지위는 양립 불가능합니다. 한마디로 개인을 자유로운 숙련공이 아니라 피고용인으로 간주하는 한 전문가적 지위는 존재하지 않는다는 것입니다.

이 견해에 따르면 오직 자문 엔지니어만이 전문가로서 자격이 있습니다. 이러한 자유는 비윤리적인 활동들을 거부할 수 있는 권리라고 하겠습니다. 따라서 공공선과 관련된 문제를 단지 고용주가 명령한다고 해서 무조건 복종한다면 그는 전문엔지니어가 아닙니다.

전문직 정신은 자기 판단에 따라 업무를 수행할 수 있는 자유를 포함합니다. 이는 경영권의

권위에 의해 과도히 억압당하고 있는 엔지니어들의 현실에 대한 반발적인 견해라고 할 수 있습니다.

■ **전문직의 특성 – 복종성**

복종적인 전문직 정신은 고용주나 의뢰인들에 대한 복종을 전문직정신의 핵심으로 봅니다. 전문가는 자신의 의뢰인이나 고용주의 기대를 충족시켜야 합니다. 따라서 직업적 금기는 개인의 양심이라기보다는 법률이나 정부의 규제들입니다. 엔지니어는 자신이 무엇을 수행하든지 성실과 역량을 보여야 합니다. 이 견해는 엔지니어링 전문직 정신에 있어서 경영자 측의 견해를 대변하는 것으로 보입니다. 이 두 극단적 견해는 각각 중요한 입장을 대변하고 있습니다. 아마도 우리는 이 두 입장 가운데 어디선가 적정 지점인 중도적 입장을 찾는 지혜가 필요할 것 같습니다.

고용된 엔지니어는 고용주와 대중 양쪽 모두에 도덕적 책임을 지니며 어느 한쪽의 책임만을 전문직 정신의 본질로 여겨서는 안 된다는 것입니다.

5. 윤리규정

공학자로서 갖추어야 할 윤리규정은 과학기술인 헌장에 잘 나타나 있습니다. 과학기술인 헌장의 내용은 다음과 같습니다.

과학기술은 인류공동의 소중한 문화유산이며 합리성과 보편성을 바탕으로 인간의 삶에 큰 영향을 미치는 지식체계이다. 이에 우리 과학기술인은 탐구심과 창의력으로 삶의 질을 향상시키고 밝은 미래를 여는 주체로서 긍지와 사명을 갖는다.

1) 우리는 과학지식을 증진시키고 기술혁신을 추구하여 인류의 행복과 평화를 위해 노력한다.
2) 우리는 지속가능한 과학기술 발전을 통하여 깨끗하고 안전한 자연 환경을 만든다.
3) 우리는 탐구의 자율성을 소중히 여기며 과학기술에 대한 사회적 책임과 윤리를 갖는다.
4) 우리는 과학기술의 발전을 위해 미래세대를 육성하는 데 힘을 기울인다.
5) 우리는 과학기술에 대한 국민의 관심과 이해를 높이는데 앞장선다.
6) 우리는 과학기술을 통해 자랑스러운 전통문화의 발전과 민족화합에 이바지한다.

寸鐵活人

한 치의 혀로 사람을 살린다.

전문가와 기술자의 차이

그 사람이 가진 기술적인 역량만으로 고객에게 훌륭하다는 소리를 듣는 전문가는 극히 드물다.
전문가의 반대말은 기술자라 불린다.
전문가는 능력이 아니라 대부분 태도에 달려 있다.
진정한 전문가는 열정을 가진 기술자다.
사람들은 당신이 얼마나 열정이 있는지 알기 전에는 당신이 얼마나 아는지에 관심 없다.

〈David H. Maister〉

전문가는 존경을 받지만, 기술자라고 다 존경받지는 못합니다.
모든 핵심인재는 재능과 더불어 반드시 열정을 포함한 바람직한 태도를 보유한 사람들입니다.
특히 조직과 일, 목표에 헌신할 수 없는 사람은 더 높은 직위에 올라가는 것을 스스로 거부할 수 있어야 합니다.

〈행복한 경영이야기 제897호 중에서〉

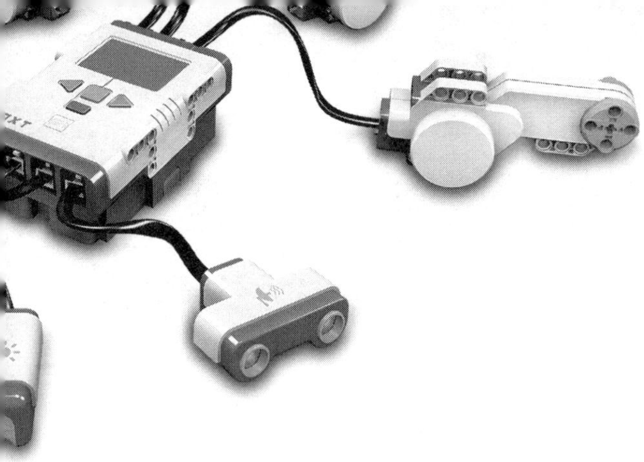

LEGO의 기구적 특성과 활용

CHAPTER 06

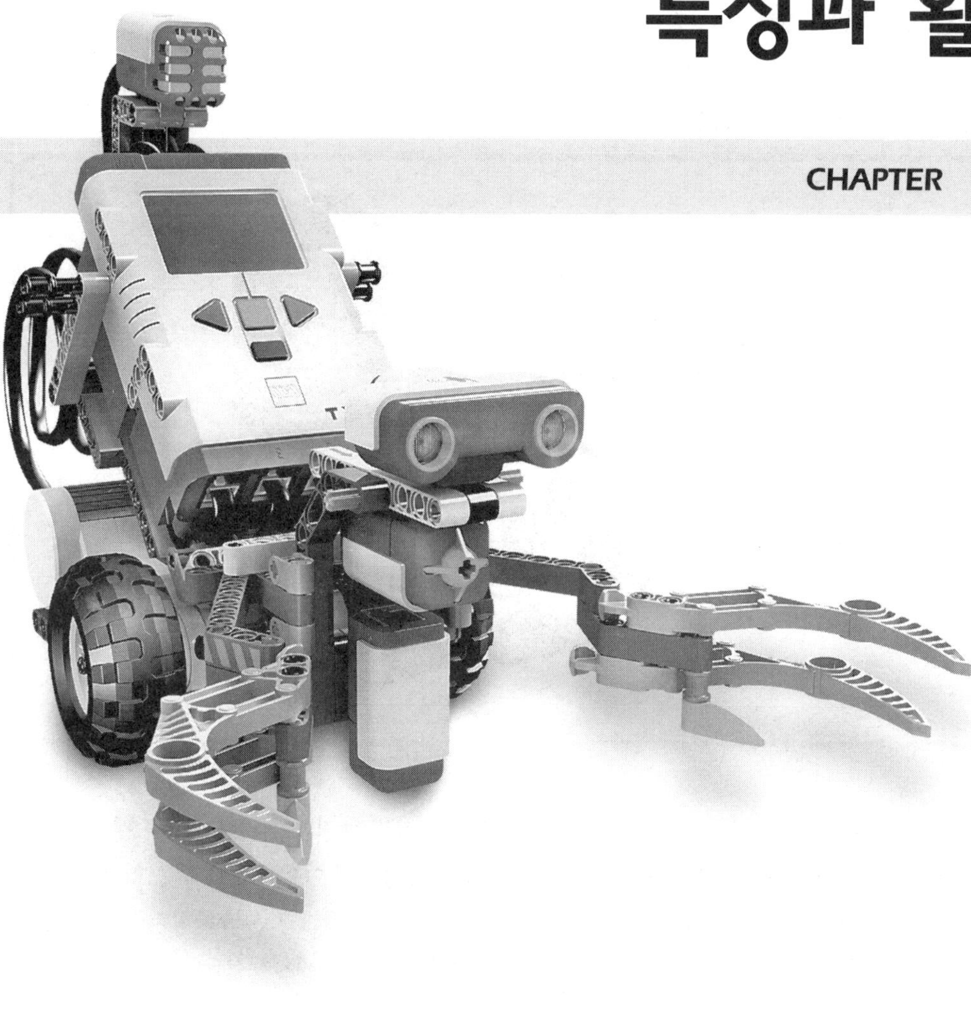

CHAPTER 06 LEGO의 기구적 특성과 활용

지금까지 학습한 체계적인 공학설계의 절차에 따라 공학설계를 경험해 보도록 하겠습니다.

누구나 손쉽게 접할 수 있고 손쉽게 창조할 수 있는 도구인 레고를 이용하여 공학설계를 보다 효과적으로 학습할 수 있도록 합니다. 무엇보다도 체험을 통한 학습 과정으로 능동적인 학습이 이루어지기 때문에 학습 효과가 매우 높습니다.

1. LEGO의 부품

LEGO의 다양한 부품들

1957년에 이미 현재 사용되고 있는 스터드(서로 다른 브릭의 결합을 위해서 브릭 상단에 볼록 튀어나온 머리)를 이용한 상하 결합 방식을 채용한 브릭이 출시된 이후 꾸준한 부품 업그레이드를 통해 다양한 기계적 구조 조립용 특수부품들이 출시되었으며 현재는 기존 스타일의 빔 부품과 새로운 스타일의 리프트암 부품을 섞어 보다 자유로운 창의적 설계가 가능해졌습니다.

LEGO NXT의 다양한 센서들

(a) 엔코더 내장형 모터

(b) 초음파센서

(c) 터치센서

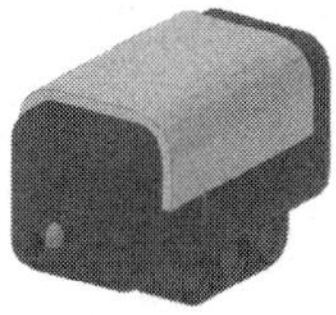

(d) 라이트센서

전자적인 동작을 위해서 DC모터, 전구 등의 출력장치와, 레고 부품들과 호환되는 형태의 각종 센서류 사용이 가능하며 NXT를 이용하여 손쉽게 로봇을 프로그래밍하고 제어하는 과정까지도 실습이 가능합니다.

1.1 브릭(Brick)

브릭의 종류

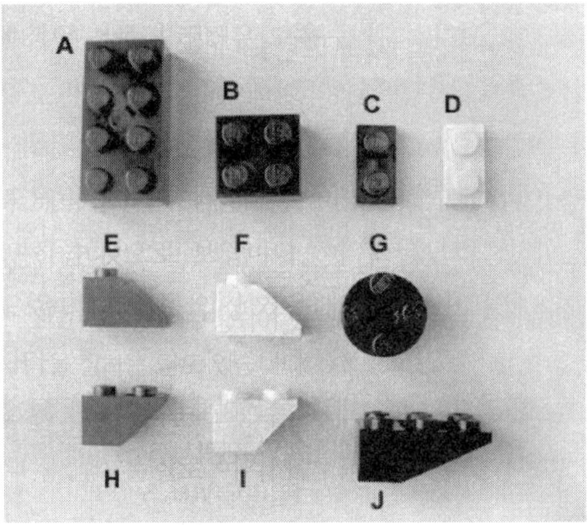

Bricks Index	
A.	2x4 Black Brick
B.	2x2 Black Brick
C.	1x2 Black Brick
D.	1x2 Yellow Brick
E.	1x2 Black Wedge
F.	1x2 Yellow Wedge
G.	2x2 Black Round Brick
H.	1x2 Black Reverse Wedge
I.	1x2 Yellow Reverse Wedge
J.	2x3 Black Reverse Wedge

1.2 플레이트(Plate)

플레이트의 종류

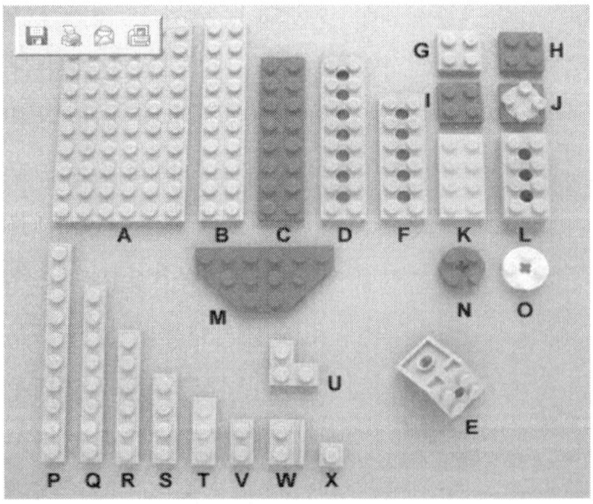

Plates Index	
A.	6x10 Grey Plate
B.	2x10 Grey Plate
C.	2x8 Green Plate
D.	2x8 Grey Plate (W / holes)
E.	2x2 Grey Angle Bracket
F.	2x6 Grey Plate (W / holes)
G.	2x2 Grey Plate
H.	2x2 Green Plate
I.	2x2 Blue Plate
J.	2x2 Rotating Plate
K.	2x4 Yellow Plate
L.	2x4 Grey Plate (W / holes)
M.	3x6 Green Triangular Plate
N.	2x2 Blue Round Plate
O.	2x2 White Round Plate
P.	1x10 Grey Plate
Q.	1x8 Grey Plate
R.	1x6 Grey Plate
S.	1x4 Grey Plate
T.	1x3 Yellow Plate
U.	Grey Corner Plate
V.	1x2 Grey Plate
W.	1x2 Motor Mount
X.	1x1 Grey Plate

1.3 빔(Beam)

빔의 종류

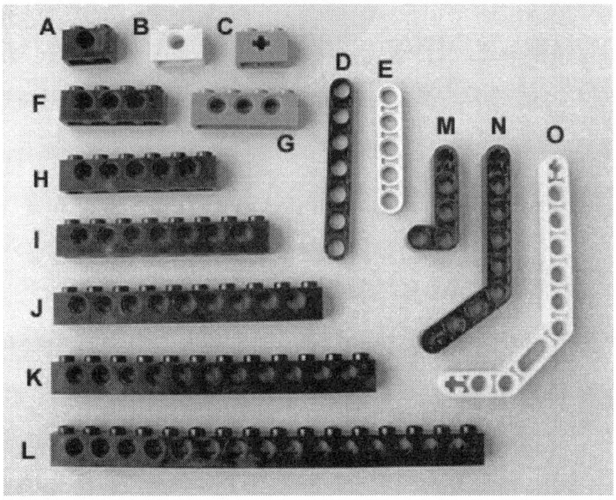

Beams Index

- **A.** 1x2 Black Beam
- **B.** 1x2 Yellow Beam
- **C.** 1x2 Green X-hole Beam
- **D.** 7 Hole Black Flat Beam
- **E.** 5 Hole Grey Flat Beam
- **F.** 1x4 Black Beam
- **G.** 1x4 Green Beam
- **H.** 1x6 Black Beam
- **I.** 1x8 Black Beam
- **J.** 1x10 Black Beam
- **K.** 1x12 Black Beam
- **L.** 1x16 Black Beam
- **M.** Black "L" Beam
- **N.** Black Angle Beam
- **O.** Yellow Angle Beam

1.4 연결핀(Peg)

연결핀의 종류

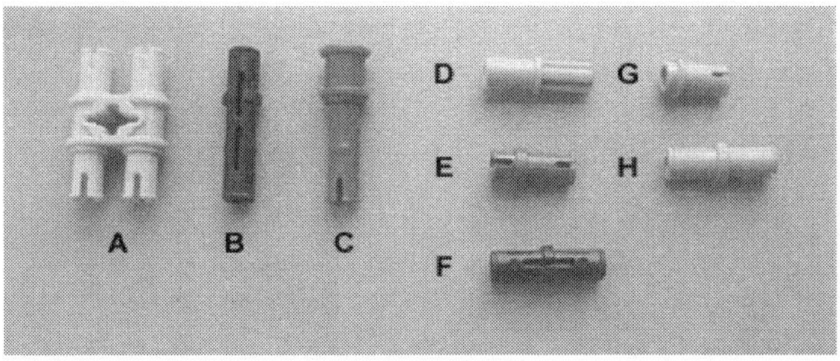

Pegs Index

- **A.** Yellow Double Peg
- **B.** Black Long Peg
- **C.** Blue Long Peg
- **D.** Grey Axle End Peg
- **E.** Brown Short Peg
- **F.** Black Peg
- **G.** Button-end Peg
- **H.** Grey Peg

1.5 다양한 축(Axles)

축의 종류

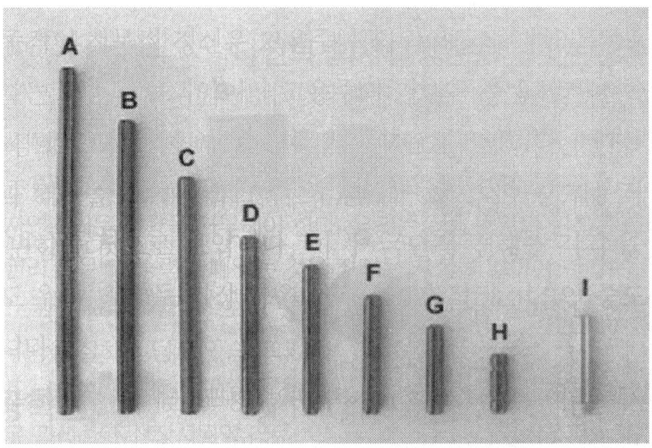

Axles Index	
A.	#12 Axle
B.	#10 Axle
C.	#8 Axle
D.	#6 Axle
E.	#5 Axle
F.	#4 Axle
G.	#3 Axle
H.	#2 Axle
I.	Cap-End Axle

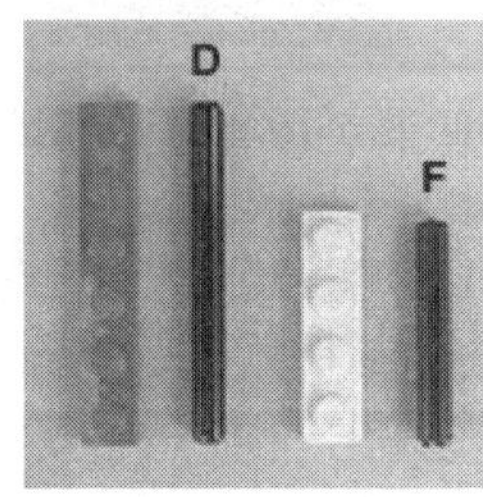

1.6 축 고정용 부품

축 고정용 부품의 종류

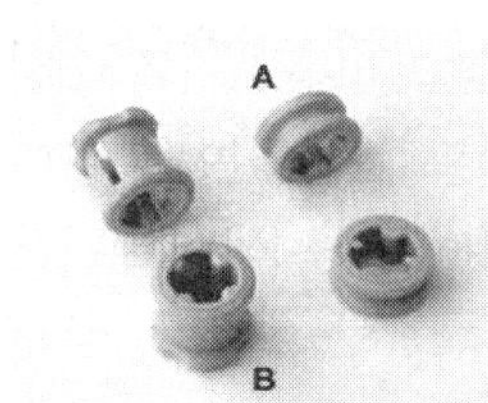

Bushings Index	
A.	Half Bushing
B.	Full Bushing

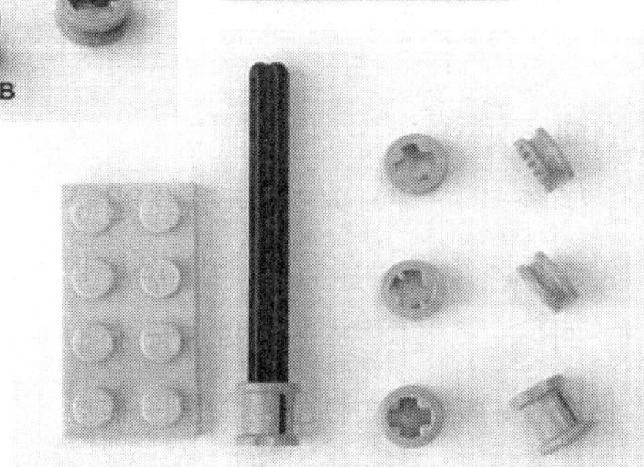

1.7 커넥터류

커넥터의 종류

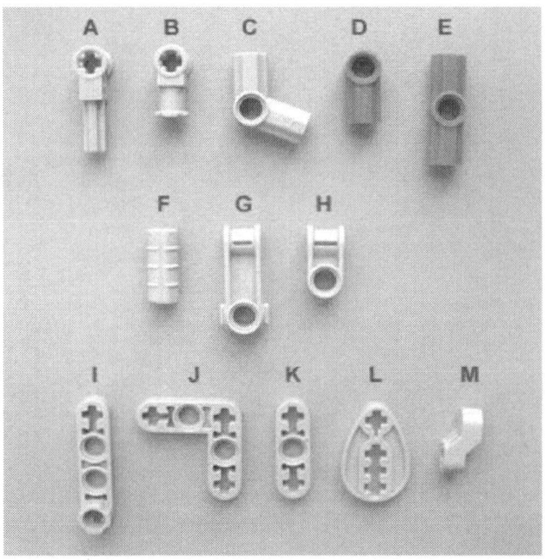

Connectors Index	
A.	Grey Axle Tip Tee
B.	Grey End Axle Tee
C.	Grey Elbow Connector
D.	Blue Peg-End Tee
E.	Blue Straight Connector
F.	Axle Coupler
G.	Long Mid-Axle Tee
H.	Short Mid-Axle Tee
I.	Grey 4 Hole Flat Connector
J.	Grey "L" Connector
K.	Grey 3 Hole Flat Connector
L.	Grey Cam
M.	Compound Half-Gear Piece

1.8 기어(Gear)

기어의 종류

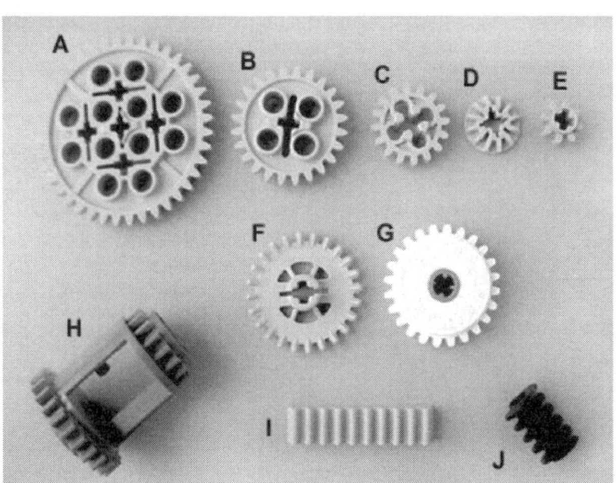

Gears Index	
A.	40 Tooth Spur Gear
B.	24 Tooth Spur Gear
C.	16 Tooth Spur Gear
D.	12 Tooth Bevel Gear
E.	8 Tooth Spur Gear
F.	24 Tooth Crown Gear
G.	24 Tooth Slip Clutch
H.	Differential
I.	Rack
J.	Worm Gear

1.9 벨트풀리

벨트풀리의 종류

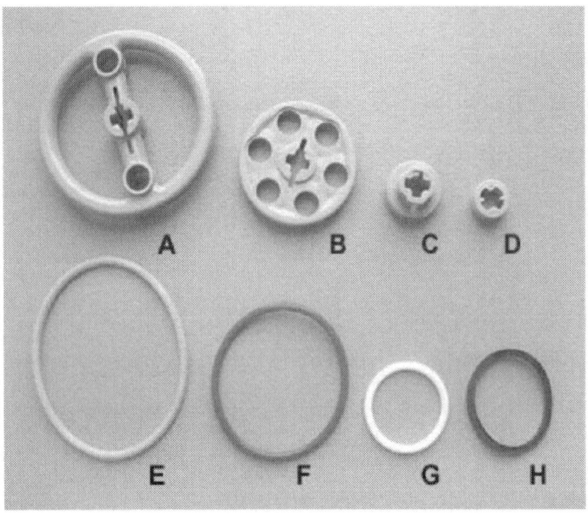

Pulleys Index	
A.	Large Pulley
B.	6 Hole Pulley
C.	Small Pulley
D.	Half Bushing Pulley
E.	Yellow Belt
F.	Blue Belt
G.	White Belt
H.	Black Belt

1.10 바퀴

바퀴의 종류

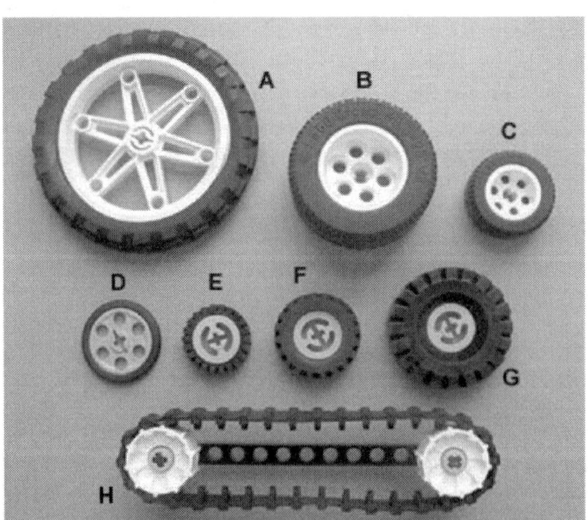

Wheels Index	
A.	Large White Hub & Tire
B.	Medium White Hub & Tire
C.	Small White Hub & Tire
D.	Pulley Wheel
E.	Small Yellow Hub & Tire
F.	Medium Yellow Hub & Tire
G.	Large Yellow Hub & Tire
H.	Treads & Hubs

2. LEGO의 NXT

NXT는 LEGO 마인드스톰 NXT 시스템의 두뇌입니다. NXT의 모터포트(A~C)와 각종 센서를 연결시킬 수 있는 네 개의 포터(1~4)를 이용해 프로그램 하거나 다운로드하여 제어할 수 있습니다.

NXT 기능 버튼

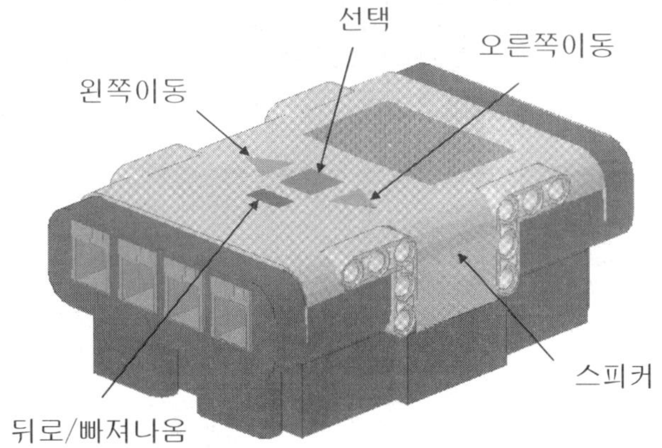

NXT 하단 포트

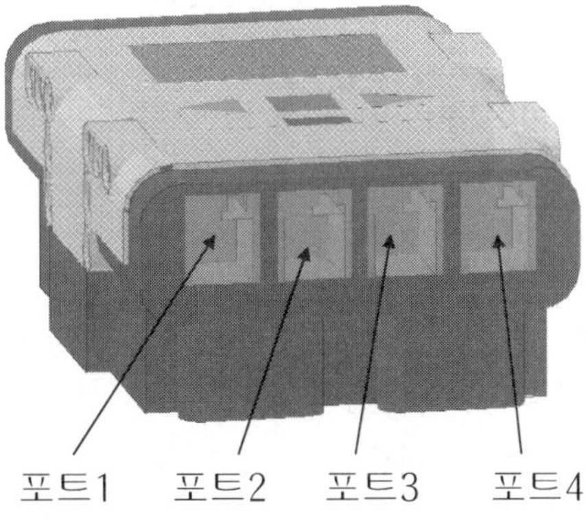

NXT 상단 포트

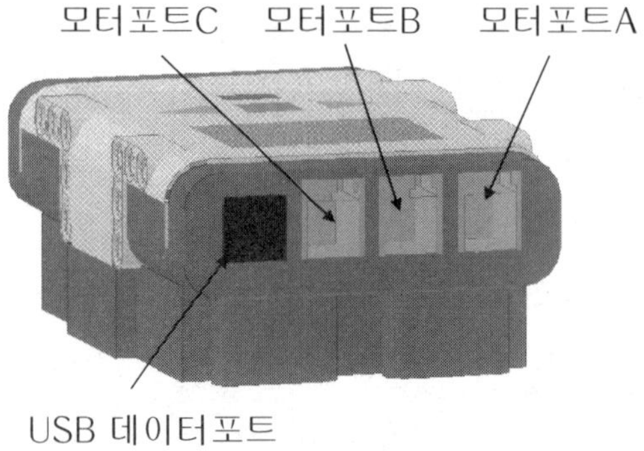

NXT와 센서들

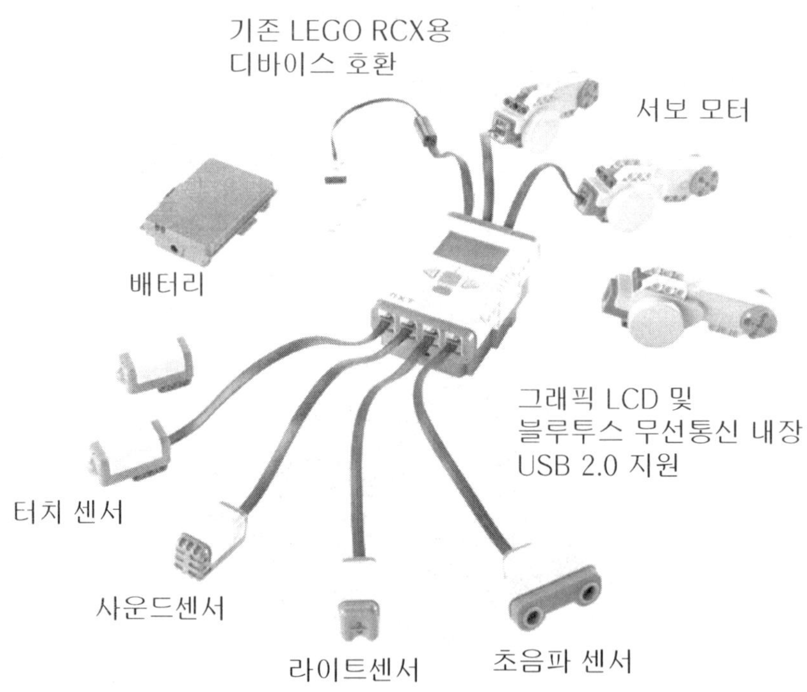

3. ROBOLAB 환경

ROBOLAB은 원하는 동작을 NXT에 프로그래밍하고 전송하는 소프트웨어입니다. ROBOLAB은 PILOT과 INVENTOR의 두 가지 단계로 구분됩니다.

PILOT은 NXT 프로그래밍의 아주 기초적인 단계이며 주어진 형식에 따라 단순히 명령 아이콘을 선택하기만 하면 되는 프로그래밍 방식입니다.

INVENTOR는 직접 명령 아이콘을 배치하고 연결선으로 연결하여 프로그래밍하는 단계이고 PILOT 단계보다 더 많은 아이콘을 사용할 수 있으며 4단계로 레벨이 구성되어 있습니다. 단계가 높아질수록 사용가능한 아이콘이 많아지며 NXT의 기능을 보다 더 많이 사용할 수가 있습니다.

ROBOLAB 2.9 시작화면

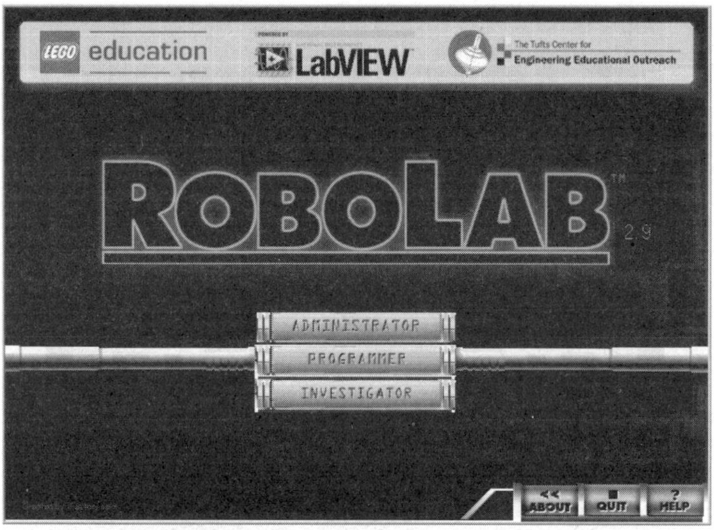

- **ROBOLAB 2.9 시작화면**

– Administrator : 환경설정 (F5를 이용하여 화면에 ON/OFF)

– Programer : 프로그래밍 (PILOT와 INVENTOR)

– Investigator : DAQ 측정/분석 등의 부가기능 활용

3.1 Administrator

Administrator

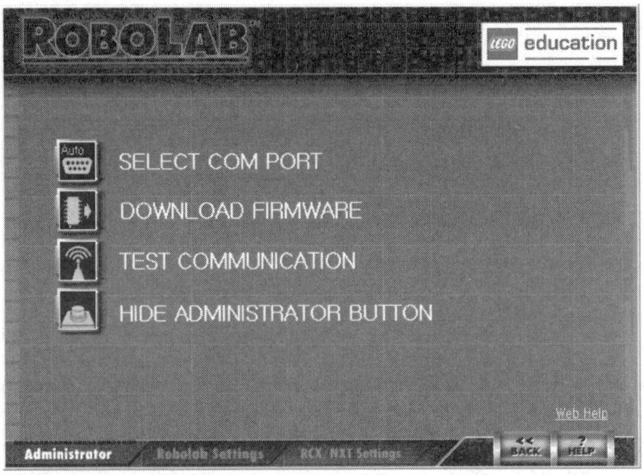

COM 포트 선택

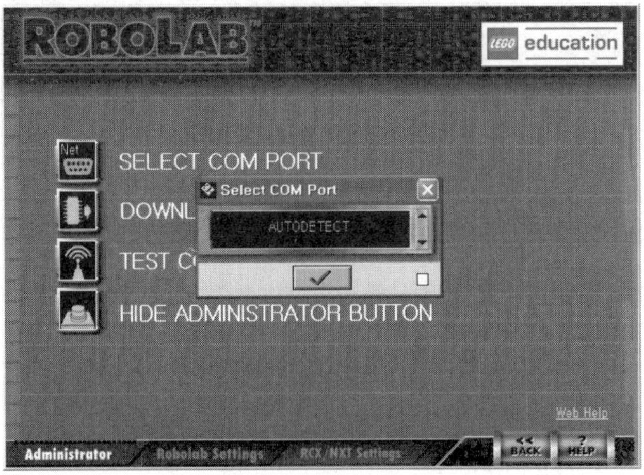

펌웨어 다운로드

접속이 안 될 경우

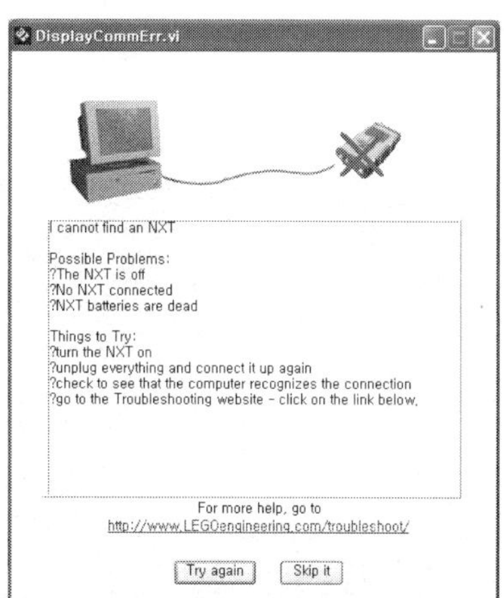

최초 접속시 다운로드

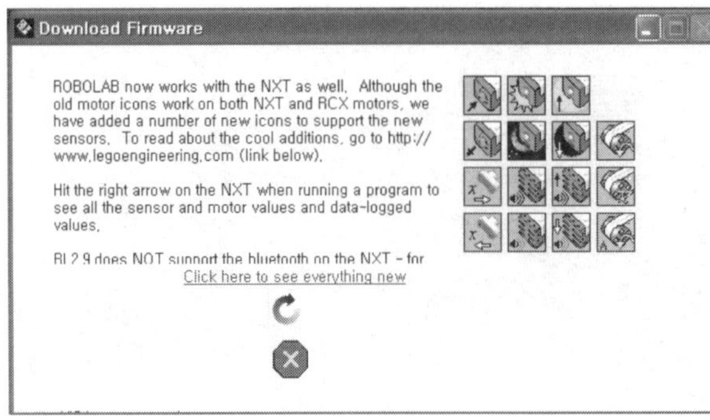

다운로드가 완료되면 Communication Successful 메시지가 뜹니다. 접속이 된 상태에서 Test Communication 버튼을 눌러도 Communication Successful 팝업창이 뜨게 됩니다.

Show Administration Button

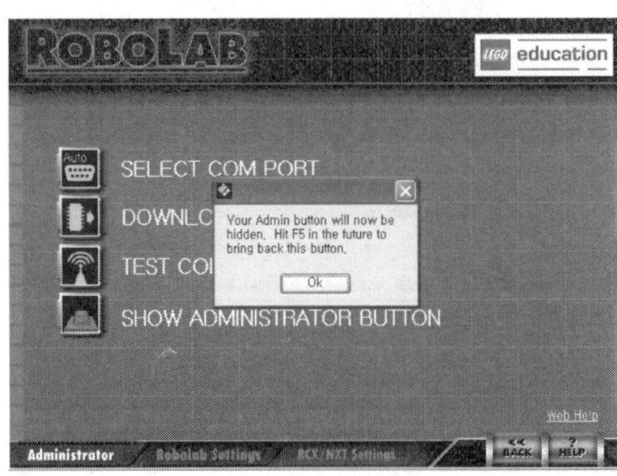

Show Administration Button을 클릭하면 시작창의 Administration 버튼이 숨겨집니다. 다시 보고자 하는 경우에는 F5를 누르십시오.

3.2 Programer

Programmer 환경

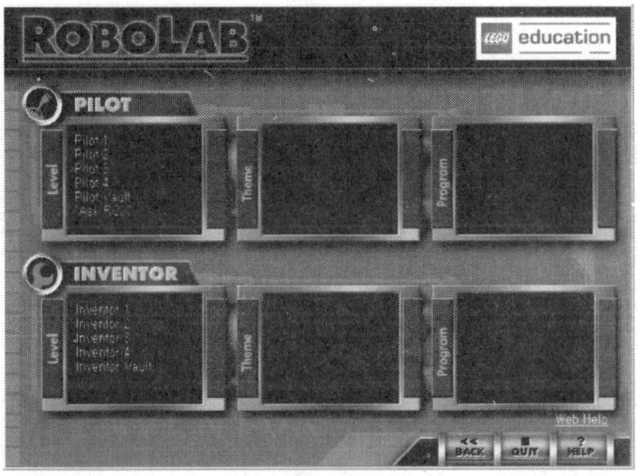

프로그래머는 PILOT와 INVENTOR의 프로그래밍이 가능한 두 단계의 환경을 가집니다. PILOT는 단순한 프로그래밍이 가능한 단계로서 간단하게 NXT의 동작을 확인하기에 편리합니다.

PILOT 1 프로그램 구성

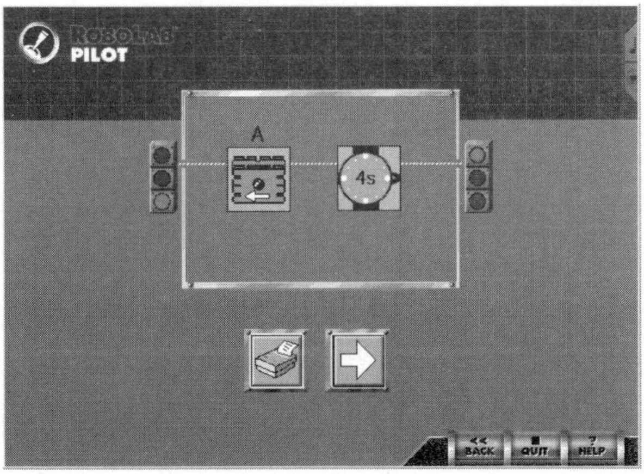

PILOT 1을 실행시킨 경우의 화면을 보여줍니다. 기본적으로 프로그래밍의 시작은 파란색 신호

등, 끝은 빨간색 신호등 아이콘으로 구성됩니다. PILOT 1에서는 A 포트의 모터를 역방향으로 4초 동안 회전시킨 후 멈추라는 프로그램이 작성되어 있습니다. USB 데이터 케이블이 NXT와 연결된 것을 확인하고 화살표 버튼을 클릭합니다.

PILOT 1 실행화면

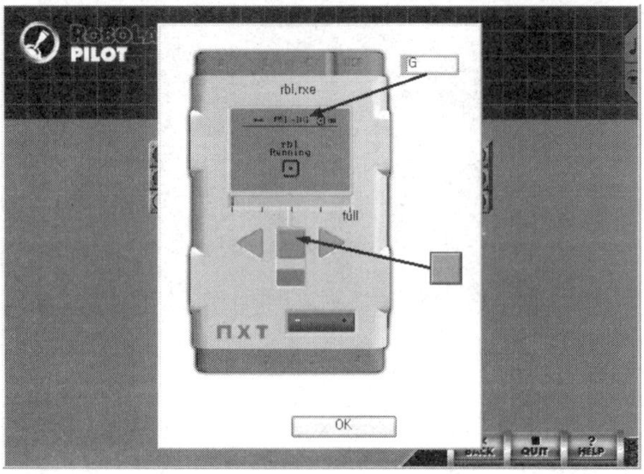

통신에 문제가 없는 경우 NXT와 PC에 나타나는 NXT의 LCD 모니터에는 동일한 화면이 나타나게 됩니다. PC의 NXT 환경에서 오른쪽 상단 박스에 원하는 이름을 지정하면 타겟 NXT에 동일한 이름이 설정됩니다. 블루투스 등의 통신 모드에서 본인의 NXT를 확인하기 위해서는 고유의 이름 지정이 편리합니다. 오른쪽 주황색의 사각형 버튼을 클릭하면 NXT로 프로그램이 다운되어 A 포트에 연결된 모터가 4초 동안 역회전한 뒤 멈추게 됨을 확인할 수 있습니다. 아래의 OK 버튼을 클릭하면 가상의 NXT 화면이 사라집니다.

PILOT 단계는 단순한 프로그래밍이 목적입니다. 보다 복잡한 프로그래밍을 위해서는 INVENTOR 단계를 이용하여야 합니다. 본 교재에서는 NXT의 모든 기능을 활용하기 위해서 INVENTOR 4 단계를 기본으로 설명합니다.

INVENTOR 4 시작화면

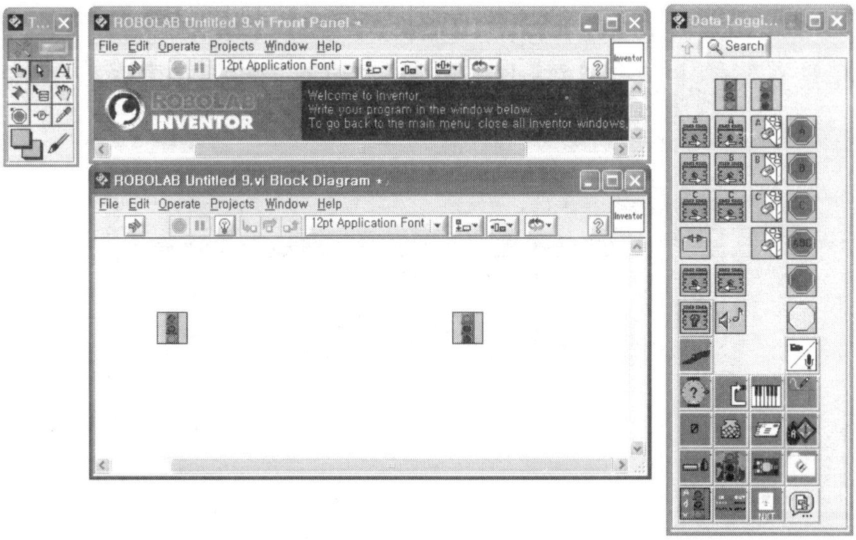

ROBOLAB의 환경은 NI 사의 LabVIEW 환경과 거의 동일합니다. 기본 구성은 사용자 인터페이스를 위한 프런트 패널과 소스코드를 편집할 수 있는 블록다이어그램으로 구성됩니다. 프런트 패널에서 오른쪽 마우스를 클릭하면 Control 팔레트가 나타나지만 사용 가능한 컴포넌트는 제공되지 않습니다. 블록다이어그램 위에서 오른쪽 마우스를 클릭하면 함수(Function) 팔레트가 나타납니다. 프로그램에 이용할 수 있는 모든 컴포넌트와 함수들이 제공됩니다. 도구 팔레트는 [Shift]+[오른쪽마우스] 클릭으로 연결선, 텍스트 등의 부가 기능을 활용할 수 있습니다. 도구 팔레트의 오른쪽 LED가 ON되어 있는 경우에는 도구의 기능이 자동적으로 선택되어 프로그램이 편리해집니다.

도움말 기능

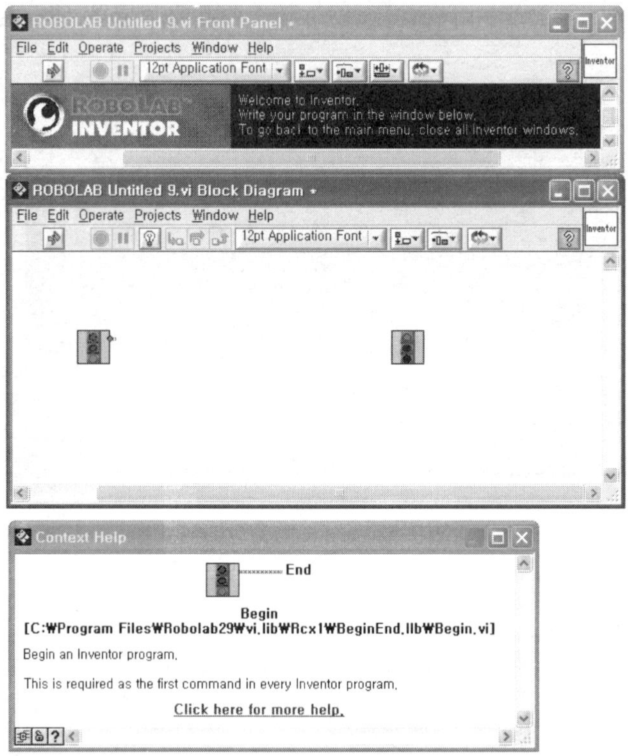

컴포넌트나 함수의 사용법에 대한 의문이 있을 경우에는 [Ctrl]+[H]를 눌러보세요. Context Help 팝업창이 형성되어 아이콘을 가져가는 위치의 함수에 대한 설명을 제공해 줍니다. 보다 상세한 도움말이 필요할 경우에는 아래 부분의 'Click here for more help'를 눌러보세요. 유익하고 상세한 도움말이 제공됩니다.

상세 도움말 기능

3.3 Investigator

NXT와 연동된 센서 등을 이용하여 데이터를 수집하면 분석 또는 평가 등의 분석 작업에 유용하게 사용할 수 있습니다. Doorway 예제를 구동시켜 봅니다. 원래는 일정시간 동안 문을 통과한 사람의 수를 카운트하는 목적이지만 6초 동안 측정된 소리를 표시하도록 프로그램을 수정하여 구동하였습니다. 프로그램의 동작이 완료되면 지정 시간 동안 센서로 검출된 신호의 크기를 그래프로 표현해주는 결과가 나타남을 확인할 수 있습니다.

INVESTIGATOR의 Doorway 예제

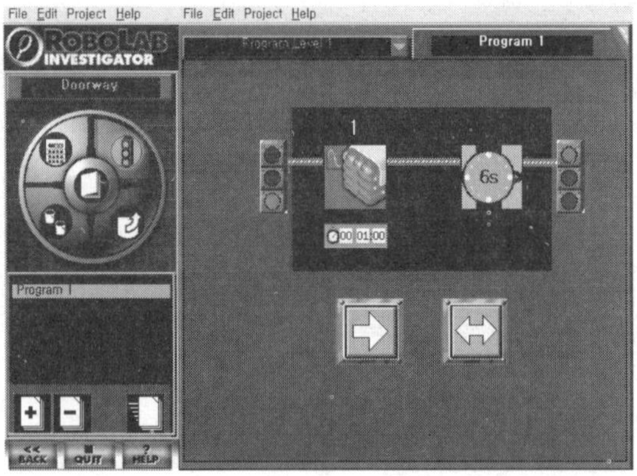

실행 결과 데이터

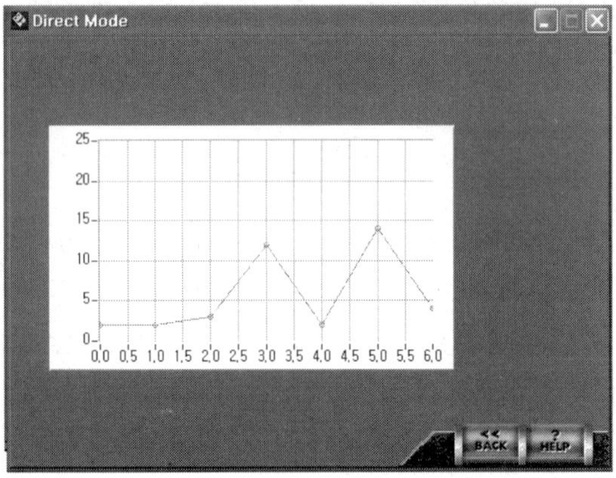

寸鐵活人

한 치의 혀로 사람을 살린다.

습관을 정복한 자가 정상에 오른다.

습관이 가진 위대한 힘의 진가를 알아야 한다. 그리고 습관을 창조하는 것이 훈련이라는 사실을 이해해야 한다.

자신의 미래를 깨뜨릴 습관을 미리 깨뜨려야 한다. 그리고 성공을 쟁취하는 데 도움이 될 습관을 길러야 한다. 그러기 위해서는 필요한 훈련을 받아들여야 한다. *- 폴 게티 -*

아리스토텔레스는 '우리가 반복적으로 하는 일이 결국 우리 자신이 된다. 따라서 탁월함은 행동이 아니라 습관이다.'고 습관의 중요성을 강조합니다.

우리가 생각하고 느끼고 행동하고 성취하는 모든 것의 95%가 습관의 결과라는 조사도 있습니다.

오늘의 습관이 10년 후의 나를 만듭니다. 올바른 습관을 창조하는 것은 세포가 기억할 수 있을 정도의 훈련뿐입니다.

〈행복한 경영이야기 제921호〉

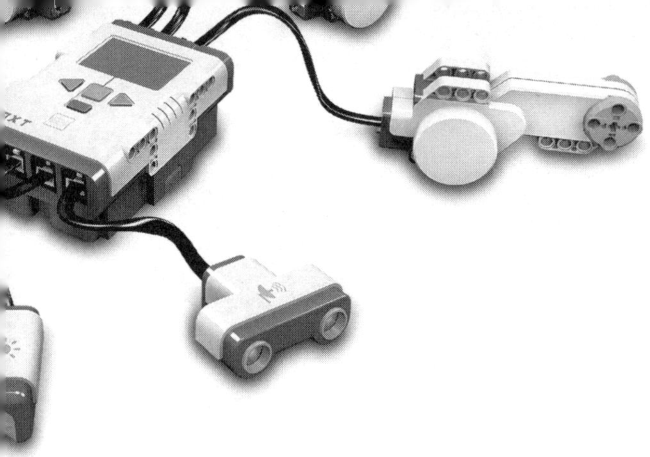

LEGO NXT 센서 종류와 특성

CHAPTER 07

CHAPTER 07

LEGO NXT 센서 종류와 특성

1. 아날로그센서와 디지털센서

라이트센서

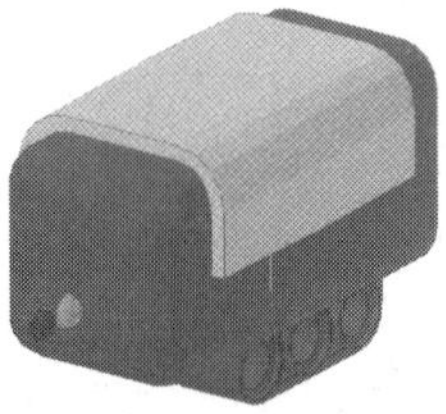

NXT 센서는 아날로그와 디지털센서로 구분됩니다. 아날로그센서는 라이트센서, 사운드 센서, 모터의 엔코더, 초음파센서가 해당됩니다. 라이트센서는 빛의 다양한 밝기에 따른 아날로그 값들을 로봇의 마이크로프로세서에 전달합니다. 이때 빛이 가장 밝으면 100, 가장 어두운 검정 색인 경우 0을 전달합니다.

터치센서

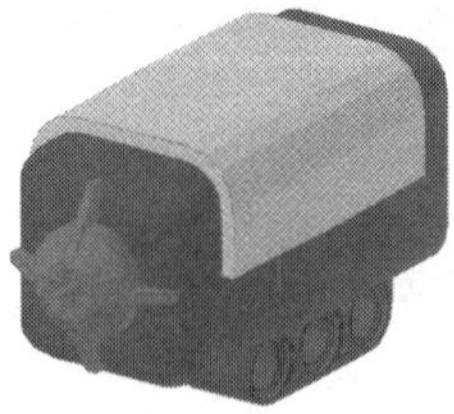

터치센서는 NXT 센서 중 유일한 디지털센서입니다. 터치센서는 센서가 눌려졌는지 안 눌려졌는지에 대한 두 가지 상태만을 제공해 줍니다. 따라서 아날로그센서와 달리 로봇의 마이크로프로세서에 전해지는 전압값은 1이 아니면 0이 됩니다.

2. 터치센서의 동작 원리

터치센서의 동작원리

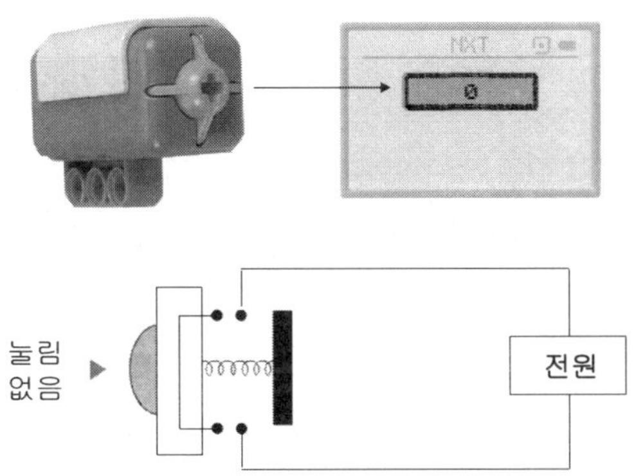

(a) 눌림없음

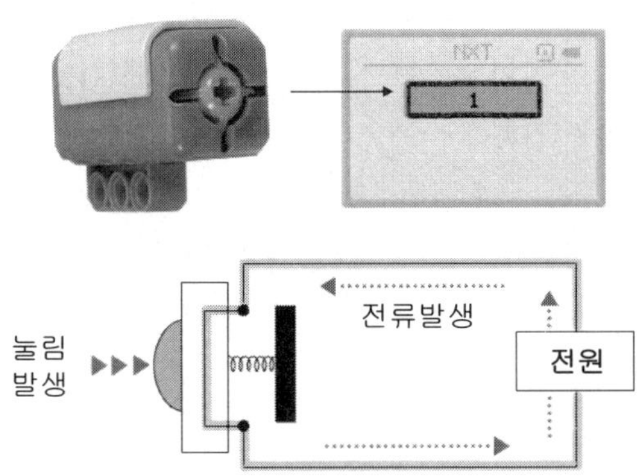

(b) 눌림있음

3. 초음파센서의 동작 원리

초음파센서는 로봇이 물체를 인식하여 거리를 측정하고 장애물을 피하며 물체를 감지하는 목적으로 사용할 수 있습니다. 거리측정의 경우 0에서 250cm까지의 거리를 ∓3cm의 정밀도로 측정할 수 있습니다. 물체가 크고 딱딱할수록 보다 정확한 값을 측정할 수 있습니다.

초음파 센서의 거리측정 - 2cm/5cm

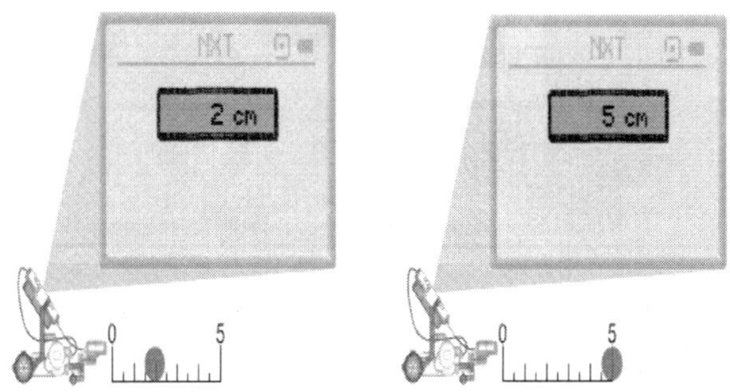

초음파센서는 측정하고자 하는 물체에 소리(Sound wave)를 쏘고 이 파가 되돌아오는 속도(Speed)를 이용하여 거리를 측정합니다. 초음파센서는 정면에 두 개의 동그란 입구를 가집니다.

하나는 초음파를 출력하는 역할을 수행하고 나머지 하나는 되돌아오는 파를 받아들이는 역할을 수행합니다. 물레까지의 거리는 초음파가 물체에 부딪혀 되돌아오는데까지 걸리는 시간을 거리로 환산하여 측정하게 됩니다.

소리의 속도가 약 341m/s라는 과학적인 정보를 NXT의 초음파센서는 활용합니다. 따라서 초음파센서의 거리 측정에 이용되는 공식은 다음과 같습니다.

초음파센서 정면

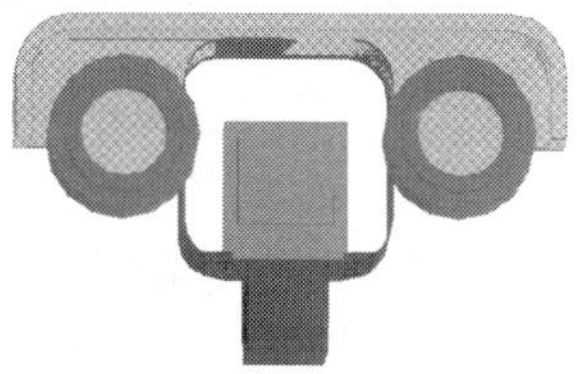

$$Distance\ \ to\ \ Object = \frac{T \times Speed\ of\ sound}{2}$$

여기서 T가 초음파가 출력되어 되돌아오는 데까지 걸린 시간을 의미합니다.

초음파센서 동작원리 - 초음파 출력

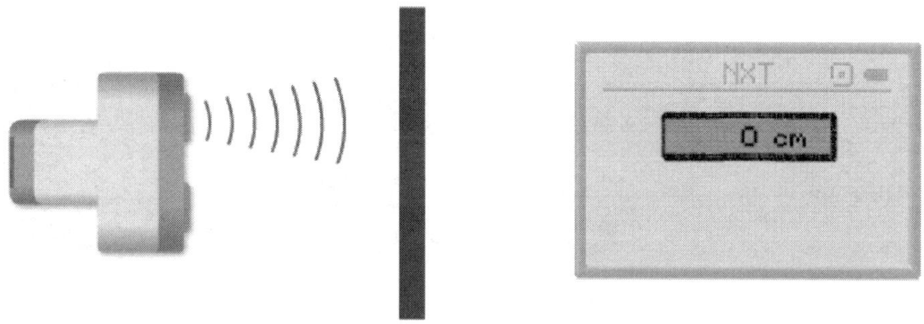

초음파센서 동작원리 - 초음파 입력 (거리측정)

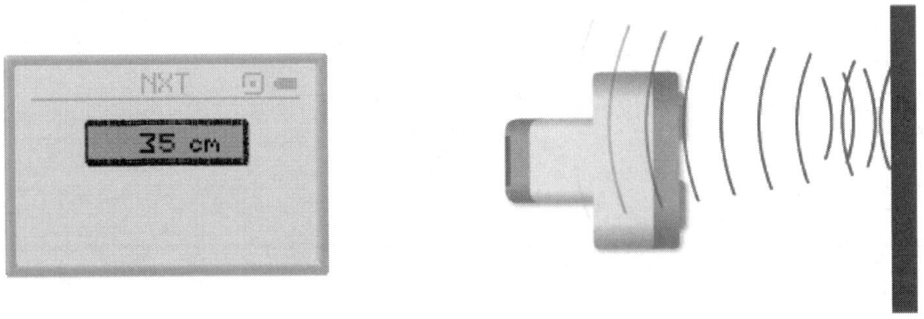

4. 사운드센서의 동작 원리

사운드센서는 조용하거나 시끄러운 소리를 데시벨 수준으로 검출해 냅니다. 실생활의 소리와 사운드센서가 검출하는 값의 정도는 다음과 같습니다.

| 사운드 센서값과 일상생활 소리의 비교 |

사운드 센서값	4~5%	5~10%	10~30%	30~100%
일상생활의 소리	조용한 방안	멀리서 이야기하는 사람소리	가까이서 이야기하는 사람 소리	고함소리 혹은 시끄러운 음악 연주 소리

사운드 센서

NXT 사운드 센서는 소리를 수집하는 매우 작은 진동판을 가지고 동적 마이크로폰의 기능을 수행합니다. 진동판은 금속 코일로 감긴 자성체에 둘러싸여 있습니다. 소리파는 진동판을 진동시키는 원인이 되며 이로 인해 자성체가 진동하게 됩니다. 자성체의 진동에 의해 코일에 전류가 유도되며 신호로 변환됩니다. NXT가 이 신호를 받아 소리가 얼마나 큰지에 대한 판단을 하게 됩니다.

사운드 신호 없음

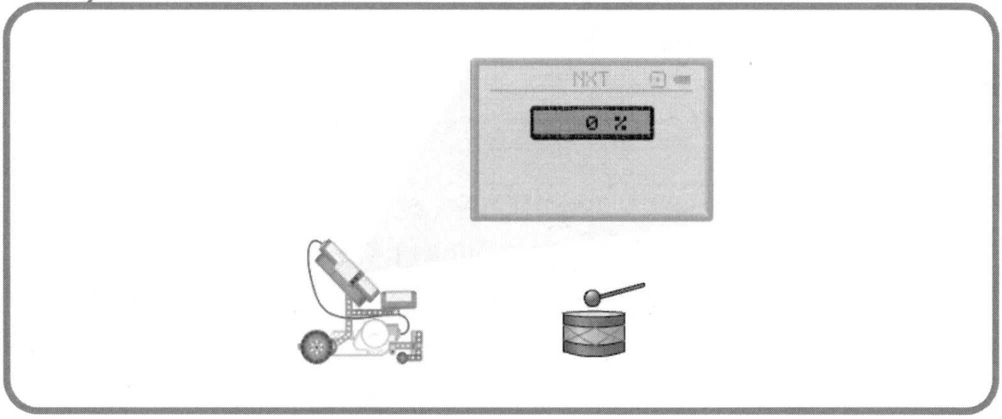

조용한 사운드 신호

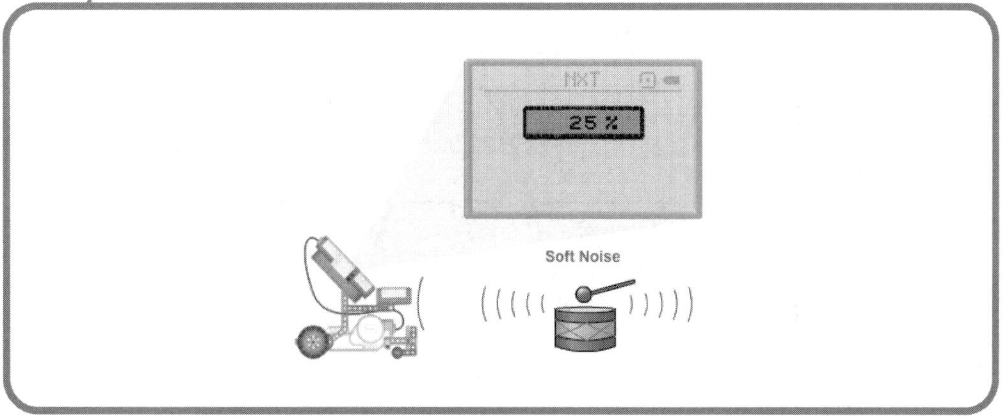

시끄러운 사운드 신호

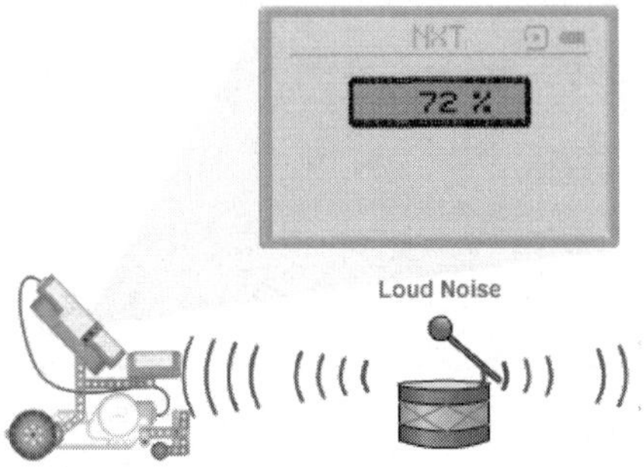

사운드파가 센서 내부의 변환기로 유입되어 전기적 신호로 변환됩니다.

소리는 파의 형태로 한 점에서 다른 점으로 이동하며 주파수(Frequency)와 크기(Amplitude)라는 중요한 두 가지 특성을 가집니다. 사운드의 크기는 볼륨을 결정합니다. 큰 소리가 파형에서 큰 크기를 보여주며 소리의 크기는 데시벨(dB)로 측정됩니다.

사운드 신호의 크기와 주파수

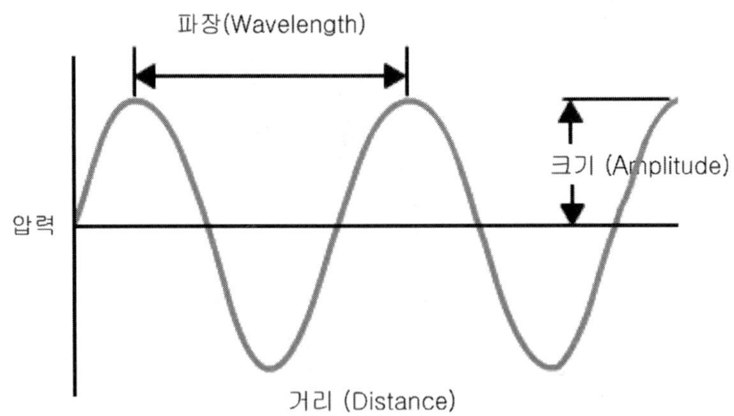

파장(Wavelength)은 하나의 파에서 두 개의 연속적인 피크값이 얼마나 떨어져 있는지를 의미합니다. 주파수는 초당 얼마나 많은 고정된 피크가 존재하는지를 나타내는 정도입니다. 주파수는 파의 파장과 밀접한 관련이 있는데 파장이 길면 길수록 주파수는 낮아집니다. 사운드파의 주파수는 사운드의 고저(Pitch)를 결정합니다. 고주파의 사운드 파는 높은 피치를 가지며, 저주파의 사운드는 낮은 피치를 가집니다. 사운드파의 주파수는 일반적으로 초당 사이클을 의미하는 Hz로 측정됩니다.

약한 사운드 신호

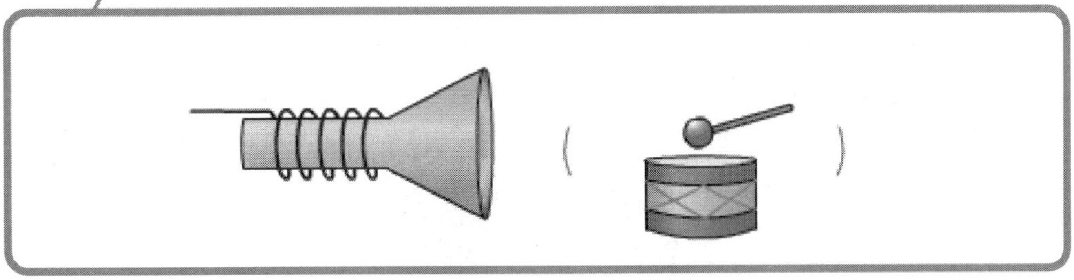

강한 사운드 신호

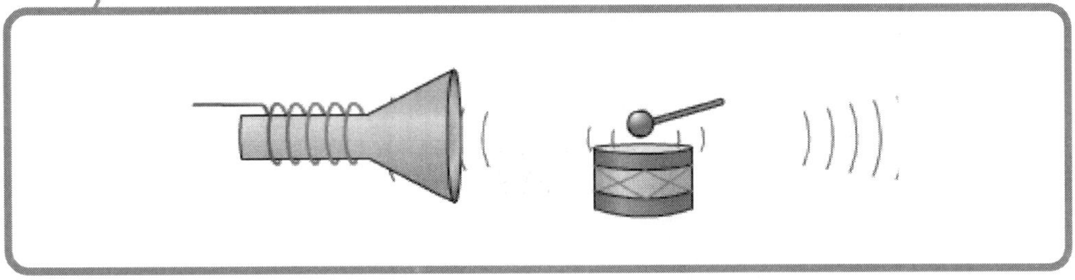

5. 라이트센서의 동작 원리

라이트센서는 로봇이 다양한 빛과 색깔에 반응하게 합니다. 사람이 구분하는 색깔은 로봇이 인식하는 색깔과는 차이가 있습니다.

인식되는 색깔의 차이

〈초록색〉 〈파란색〉 〈노란색〉

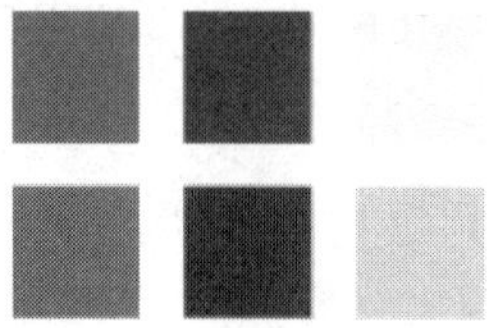

사람이 보았을 경우

라이트센서가 인식하는 색깔

〈진회색〉 〈검정색〉 〈연회색〉

초록색을 읽을 경우

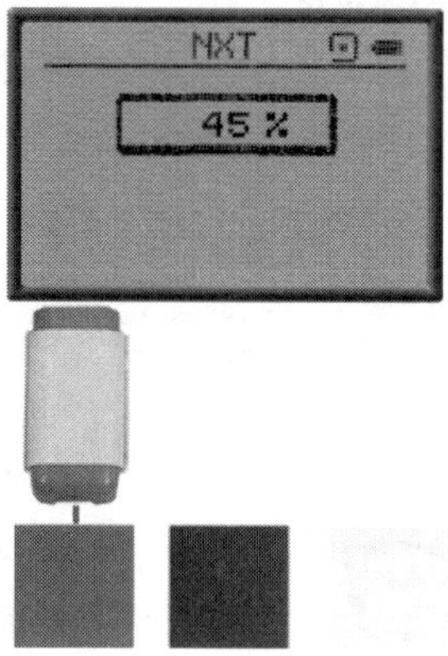

파란색을 읽을 경우

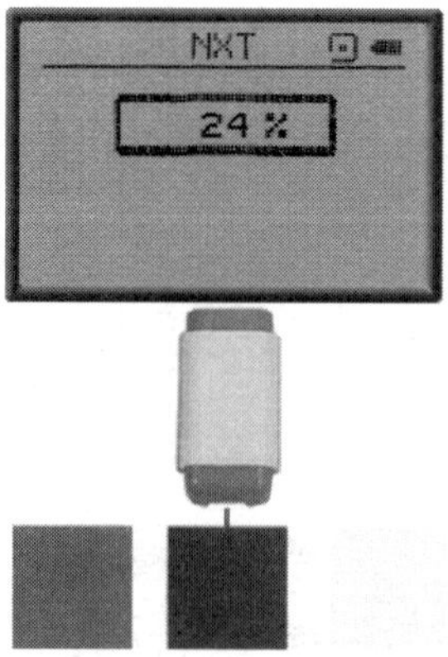

노란색을 읽을 경우

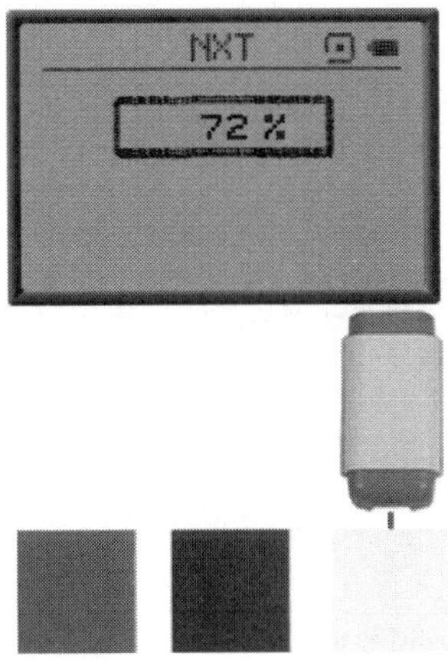

라이트센서 정면부

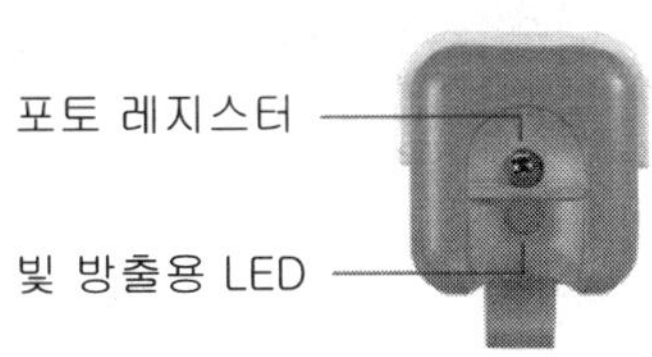

라이트센서는 반사되는 빛 또는 임의의 빛을 측정합니다. 라이트센서는 앞면에 두 개의 작은 전구모양을 가지는데 하나는 빛 방출용 LED이며 또 다른 하나는 포토 레지스터입니다. 포토 레지스터는 받아들이는 빛 에너지를 전기적인 펄스 형태로 변환시켜 NXT로 전송합니다. 빛 방출용 LED는 프로그램 적으로 ON/OFF가 가능하며 능동(Active) 센싱 모드와 수동(Passive) 센싱 모드로 구분할 수 있습니다.

■ **능동(Active) 센싱 모드**

이 모드는 라이트센서 자체의 빛 소스를 이용합니다. 빛 방출용 LED가 빛을 내보내고 포토 레지스터를 이용하여 반사되는 빛을 읽어 들입니다.

능동 센싱 모드

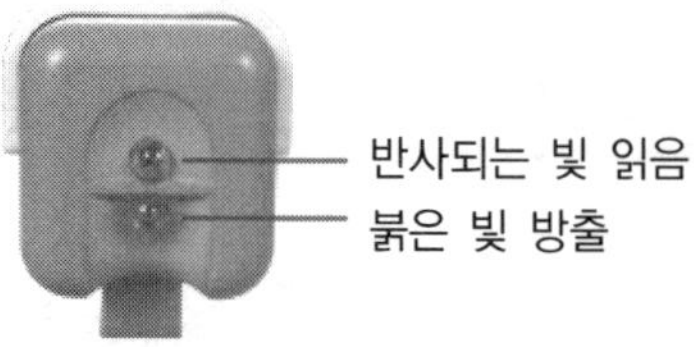

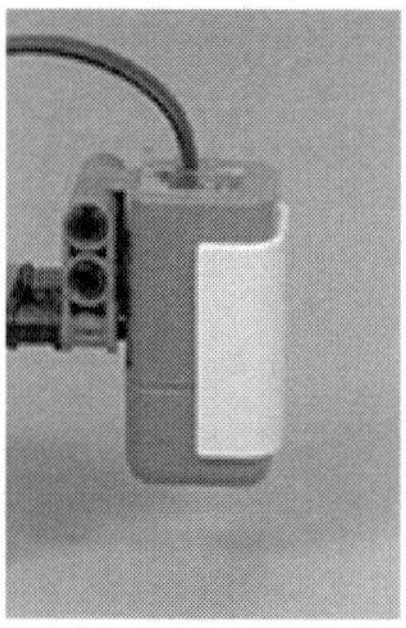

읽혀지는 값이 낮음 (Low Reading)

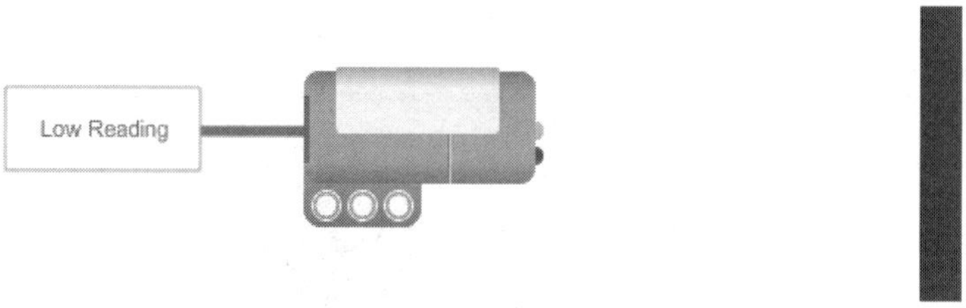

빛 방출용 LED가 붉은 빛을 출력함

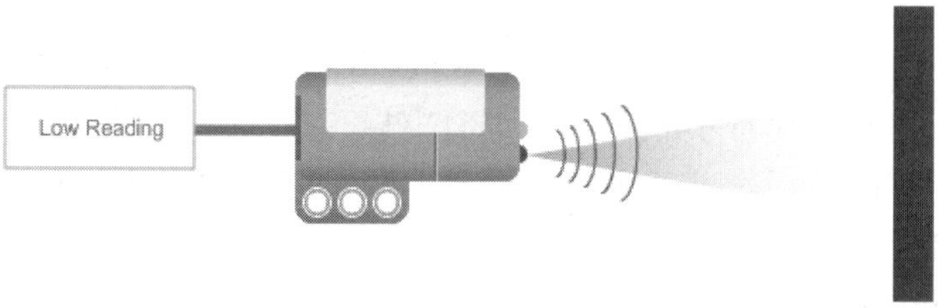

반사되는 빛이 포토 레지스터로 입력됨

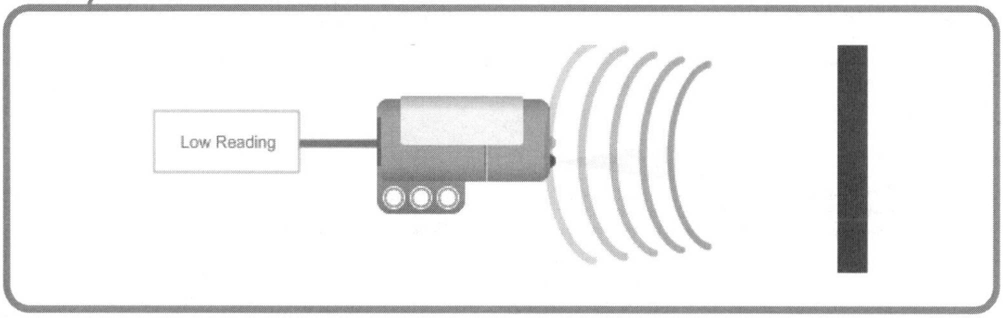

반사되는 빛을 포토 레지스터로 읽음

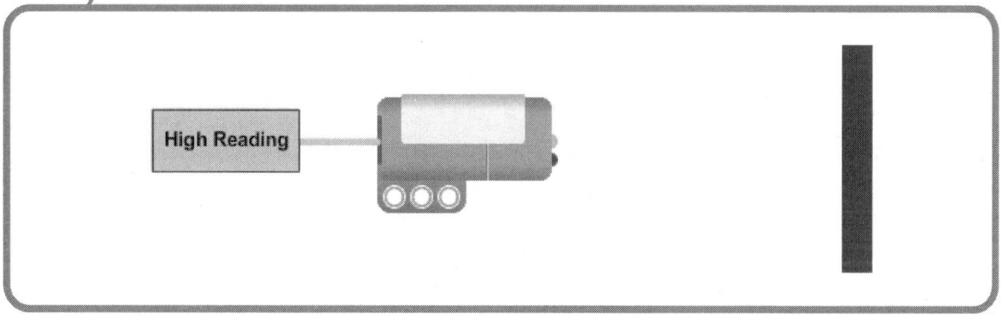

■ **수동(Passive) 센싱 모드**

수동 센싱 모드에서 라이트센서는 반사되는 빛을 받아들이는 것이 아니라 주위의 임의의 빛을 측정합니다.

수동 센싱 모드

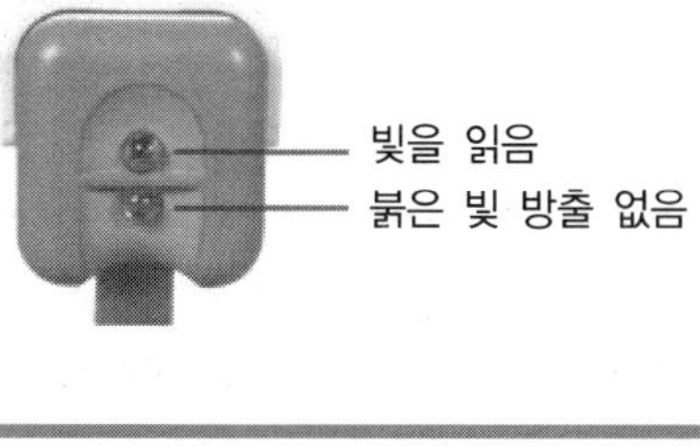

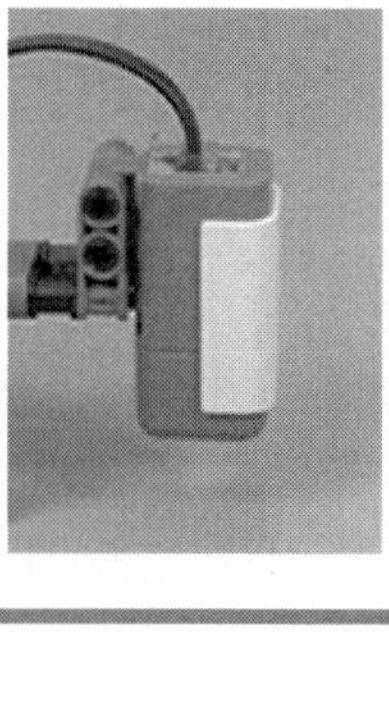

NXT의 라이트센서가 램프가 OFF 되도록 프로그램 된 경우에는 포토 레지스터가 LED의 빛이 아닌 주위의 임의의 빛을 측정합니다. 포토 레지스터는 빛을 받아들여 NXT에 보내지는 전기적 신호의 제어에 이용됩니다. 센서로 입력되는 빛이 많아질수록 NXT에 표시되는 값이 증가할 것입니다.

빛이 입력되지 않는 경우 (Low Reading)

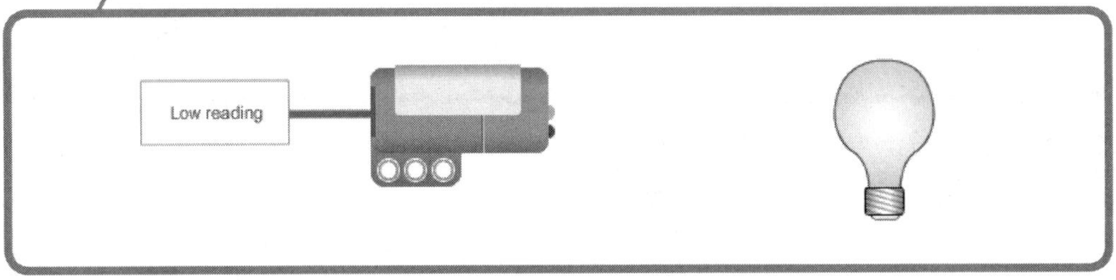

빛이 입력되기 시작함

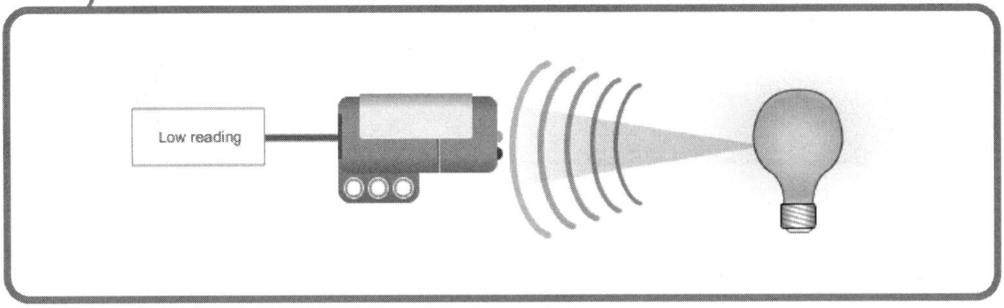

빛이 입력됨 (High Reading)

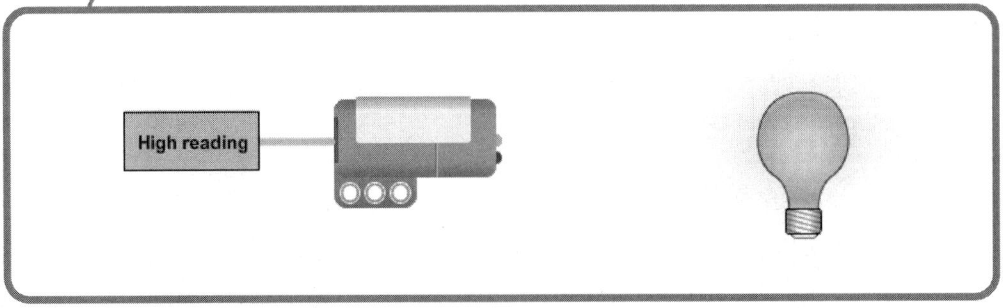

라이트센서는 아날로그센서입니다. 완전하게 어두운 경우에 0을 표시하며 완전히 밝은 경

우에 100의 값을 반환하게 됩니다. 이와 같이 라이트센서는 빛의 세기에 따라 일정 범위의 변화되는 값을 반환하기 때문에 문턱값(Threshold)을 계산하여 프로그래밍해야 함을 주의하십시오.

6. 서보모터와 회전 센서의 동작 원리

서보모터

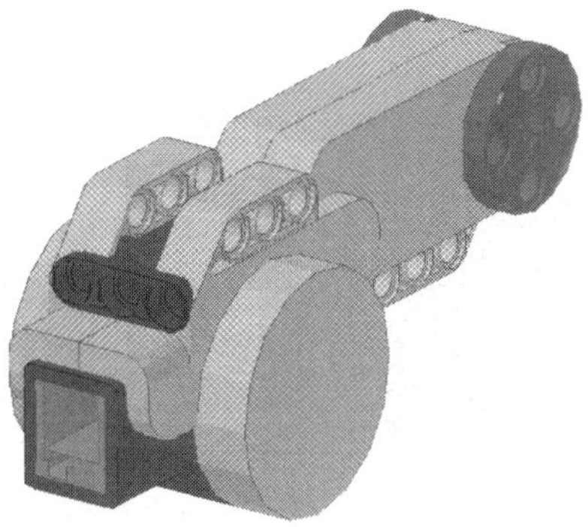

NXT의 서보모터는 로봇이 부드럽고 정확하게 움직이게 할 수 있습니다. 서보모터는 로봇이 움직일 수 있는 능력과 함께 얼마나 멀리 움직였는지에 관한 정보를 제공합니다. 각 모터는 내부에 바퀴의 회전을 정확하게 제어할 수 있는 회전 센서를 가지고 있습니다.

서보모터의 회전 센서 0도

서보모터의 회전 센서 100도

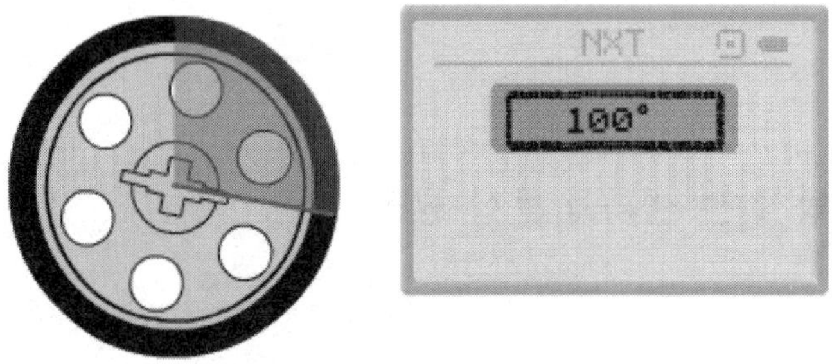

서보모터의 회전 센서 302도

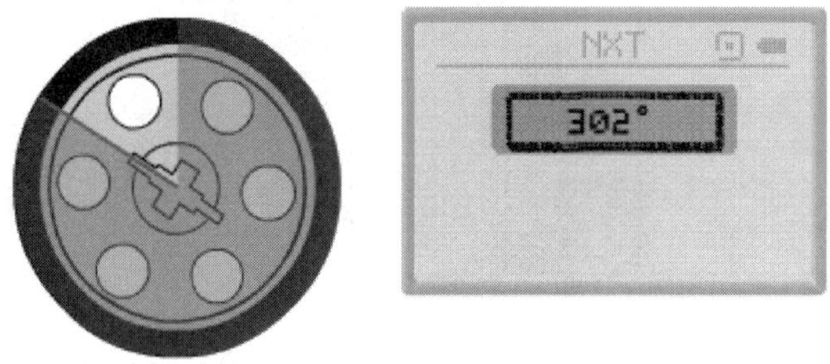

寸鐵活人

한 치의 혀로 사람을 살린다.

말은 생각을 담는 그릇이다.

생각이 맑고 고요하면 말도 맑고 고요하게 나온다.
생각이 야비하거나 거칠면 말 또한 야비하고 거칠게 마련이다.
그러므로 그가 하는 말로써 그의 인품을 엿볼 수 있다.
그래서 말을 존재의 집이라 한다.

〈법정스님〉

말과 교양은 일맥상통한다 할 수 있습니다.
교양은 품격 있는 삶을 위해 반드시 필요한 요소입니다.
교양은 사람의 내면을 채운 뒤에는 안정된 품성, 타인에 대한 배려, 우아함, 식견 등으로 표출되어 사람들을 매료시킵니다.

독일어로 빌둥(Bildung), 즉 쌓아가는 것이라는 의미를 갖고 있는 교양은 선천적으로 타고나는 것이 아니라 부단한 노력과 학습을 통해 얻어지는 후천적 결과물입니다.

〈행복한 경영이야기 제893호 중에서〉

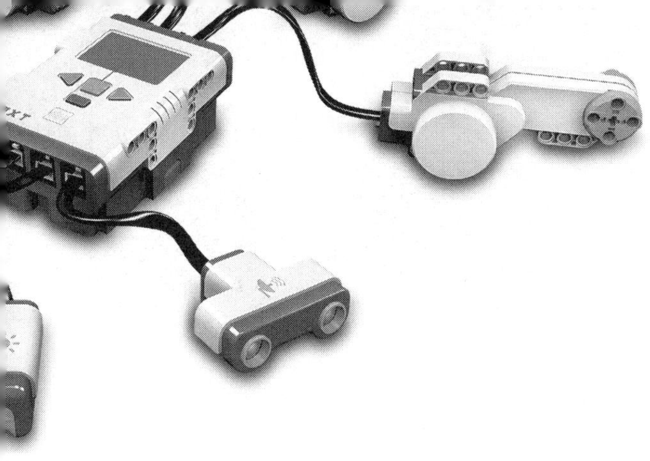

하드웨어 만들기

CHAPTER 08

CHAPTER 08 하드웨어 만들기

1. 기본 모델 만들기

본 장에서는 LEGO NXT를 이용한 기본적인 모델의 구성에 대해 어떠한 순서로 조립을 할 수 있는지에 대하여 두 가지 모델을 이용하여 설명합니다. 모터와 NXT의 위치를 변경하여 기본모델 1과 기본모델 2를 만들 수 있습니다. 이 기본 모델을 토대로 다양한 센서를 결합시켜 활용할 수 있습니다.

■ 기본모델 1

기본모델 1

■ 기본모델 1의 구성 부품

A : NXT Brick (1x)

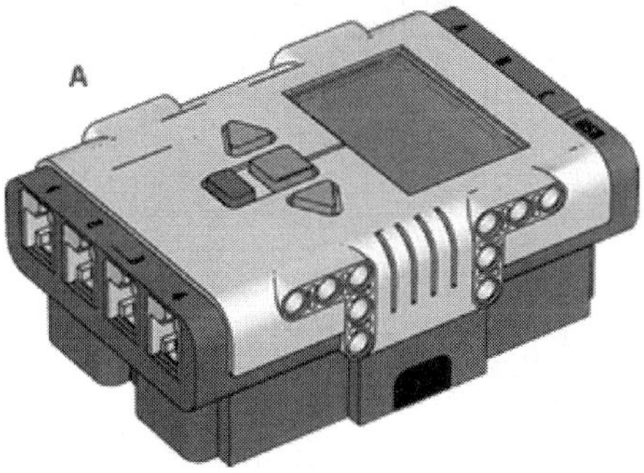

B : 30X20 Hub (2x)

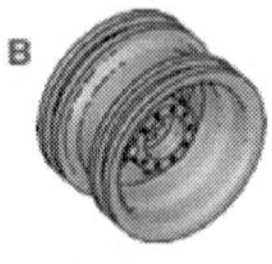

C : 18X14 Hub (1x)

D : 56X26 Tire (2x)

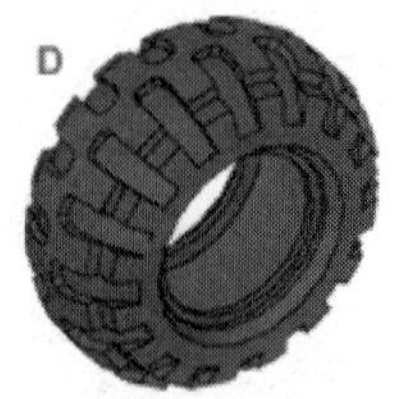

E : 24X14 Tire (1x)

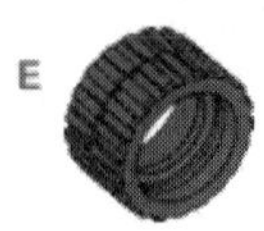

다양한 빔

- (F) 2x 4x6 Angular Beam
- (G) 4x 4x2 Angular Beam
- (H) 4x 3x5 Angular Beam
- (I) 4x 3x7 Angular Beam
- (J) 1x 15-Module Beam
- (K) 1x 13-Module Beam
- (L) 1x 11-Module Beam
- (M) 2x 7-Module Beam

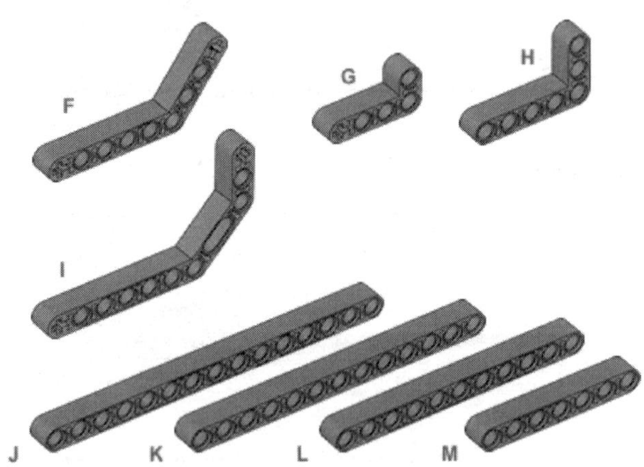

N : Servo Motor (2x)

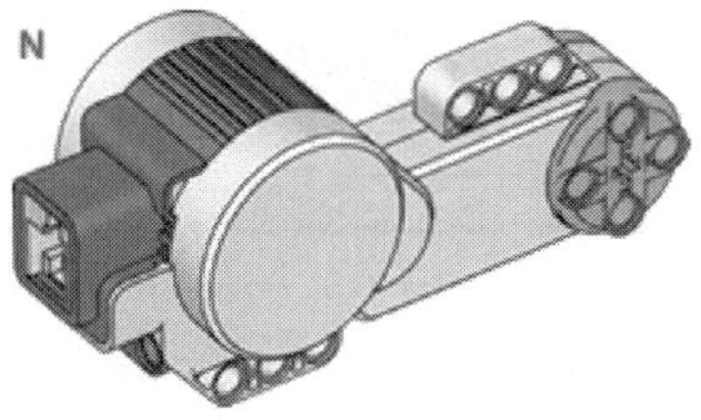

다양한 축

- (O) 5x 3-Module Axle
- (P) 5x 4-Module Axle
- (Q) 4x 5-Module Axle
- (R) 2x 5½-Module Axle
- (S) 3x 6-Module Axle
- (T) 1x 8-Module Axle

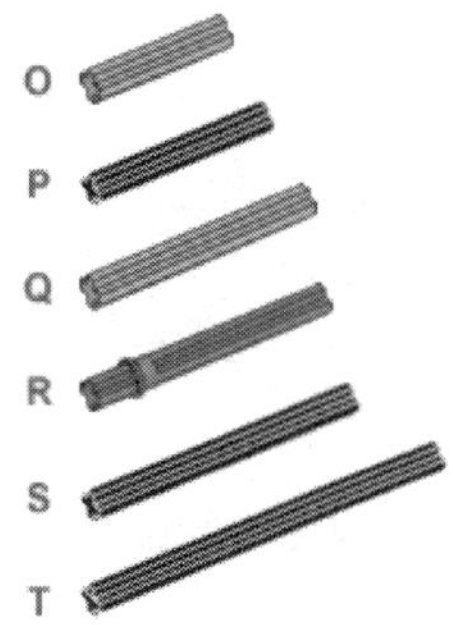

U : Cable (2x)

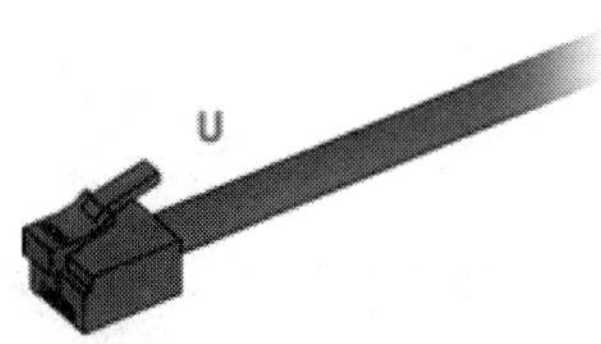

V : Connector Peg with Friction Axle (6x)

V

W : 2-Module Cross Block (3x)

W

기타 필요한 부품

- (X) 3x Double Cross Block
- (Y) 4x Axle Extender
- (Z) 2x 180° Angular Block

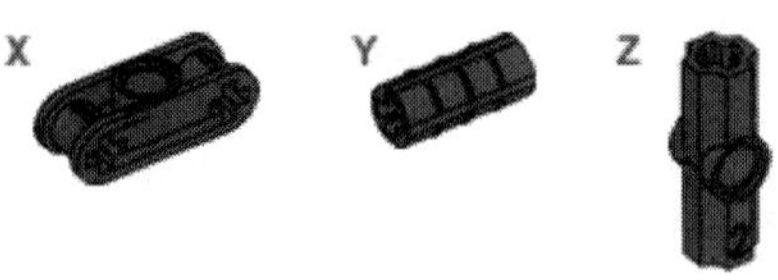

- (AA) 4x 16-Tooth Gear
- (BB) 6x Bushing
- (CC) 5x 1/2-Module Bushing

- (DD) 6x Connector Peg with Bushing
- (EE) 10x 3-Module Connector Peg with Friction
- (FF) 10x Connector Peg with Friction

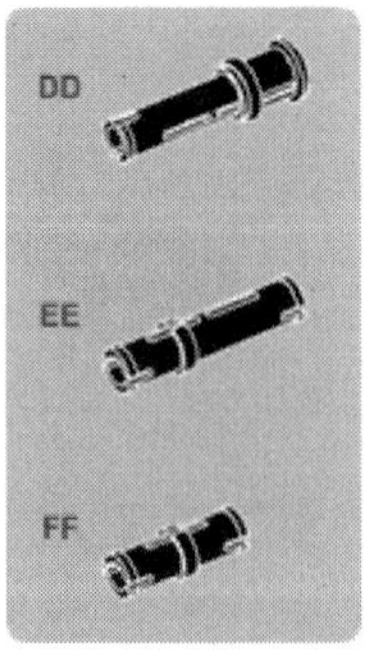

■ 기본모델 1의 조립순서

단계 1

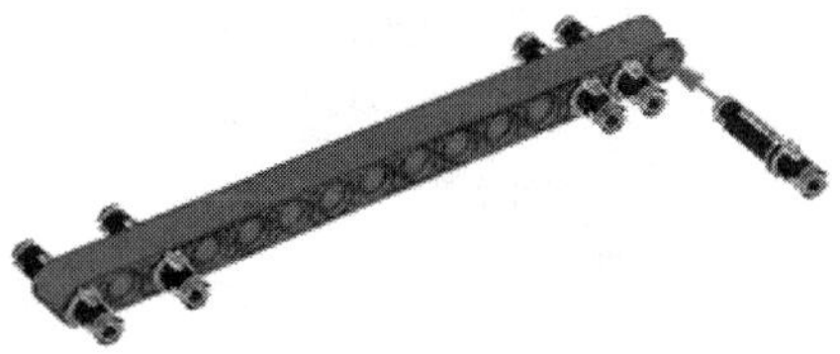

단계 2

단계 3

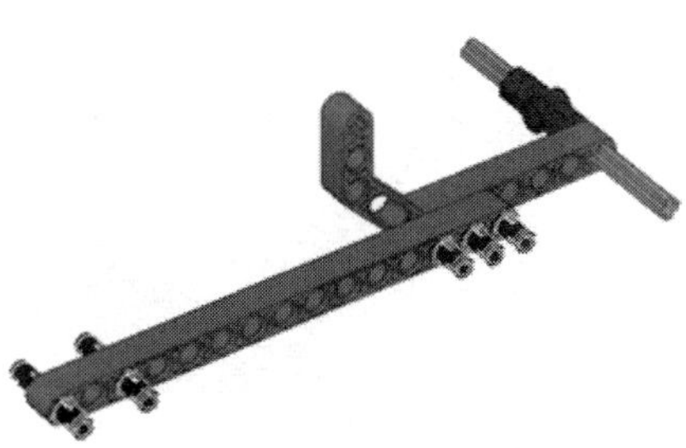

단계 4

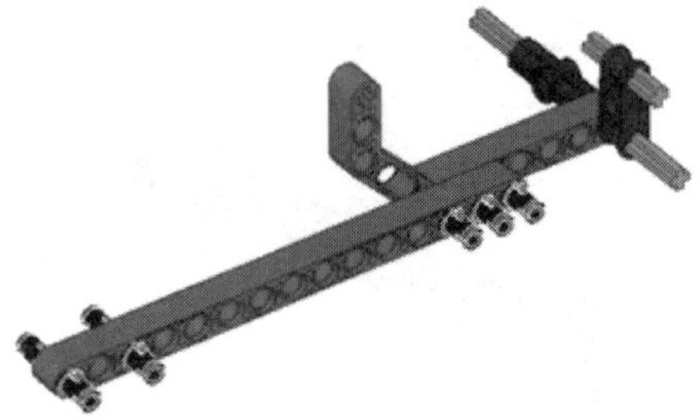

단계 5

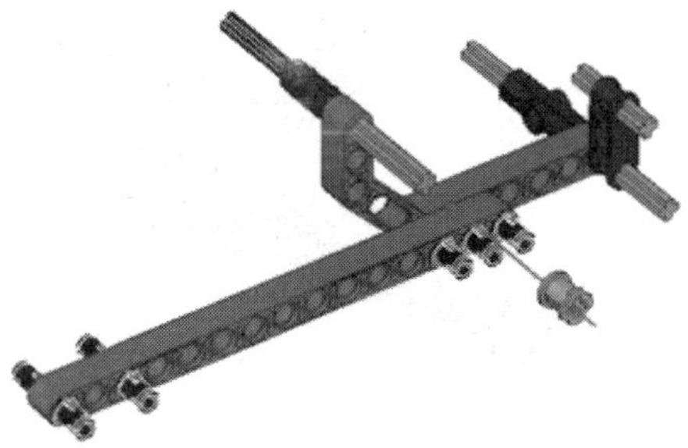

단계 6

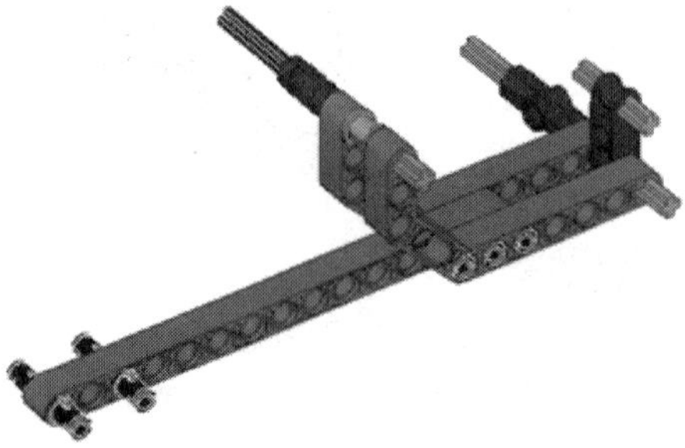

단계 7

단계 8

단계 9

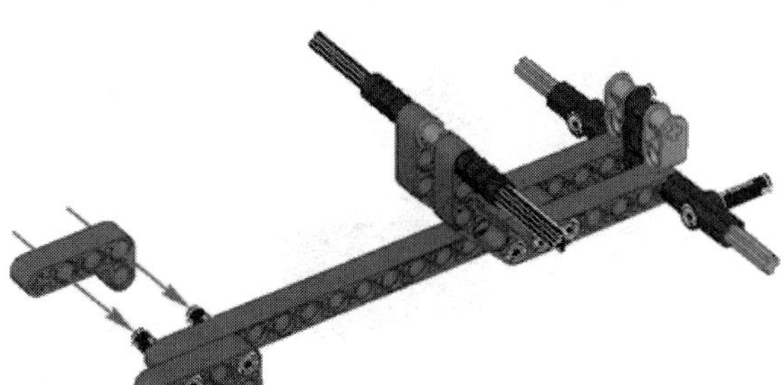

단계 10

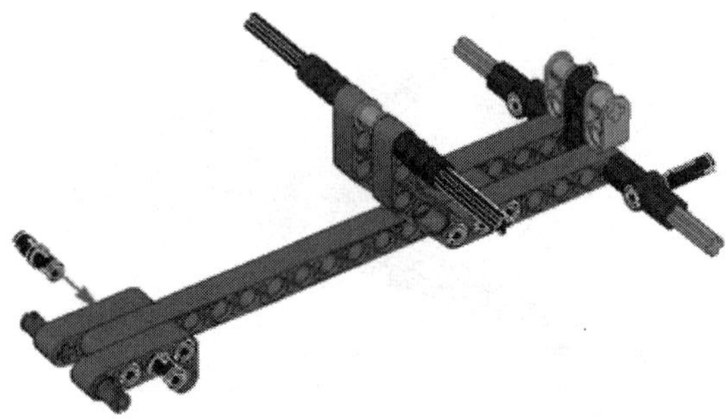

단계 11

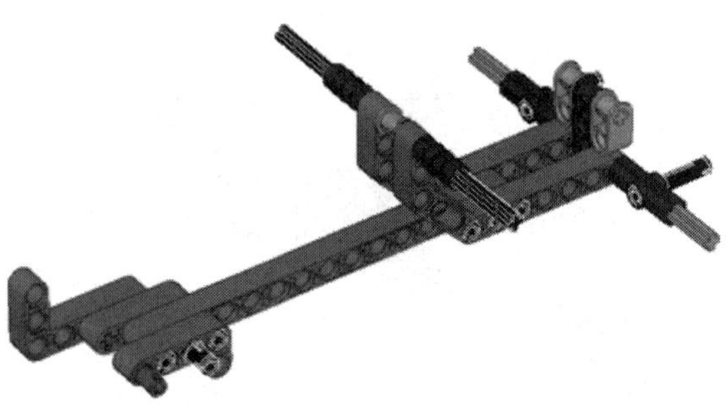

단계 12

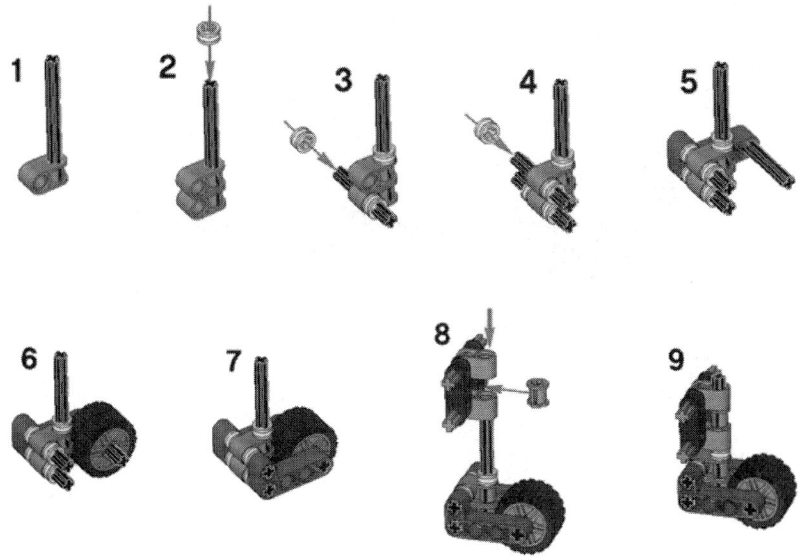

단계 13

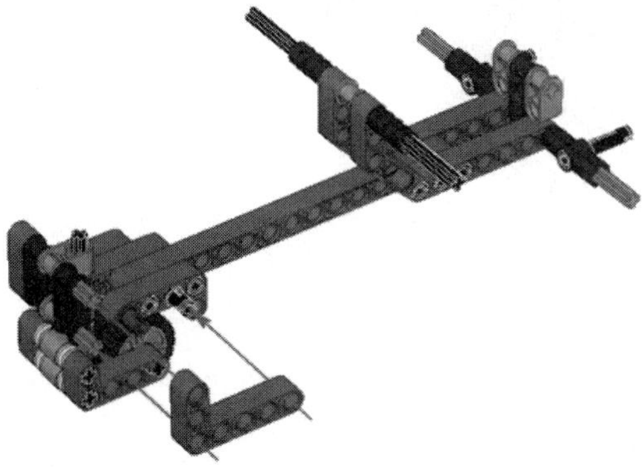

단계 14

단계 15

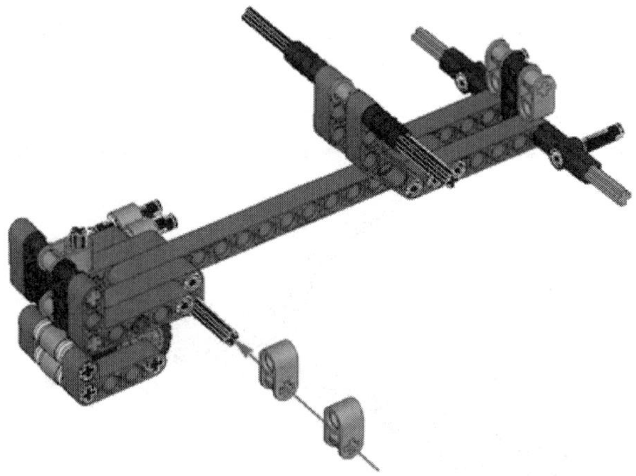

단계 16

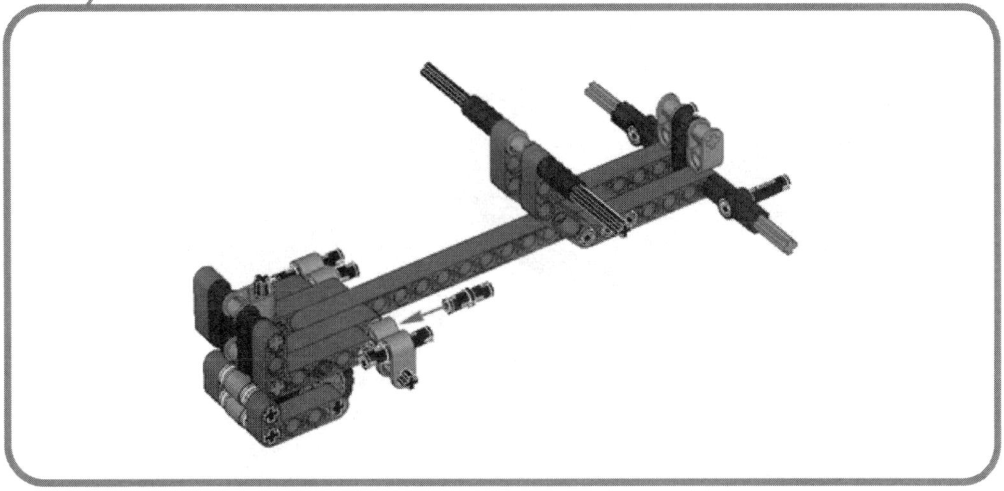

단계 17

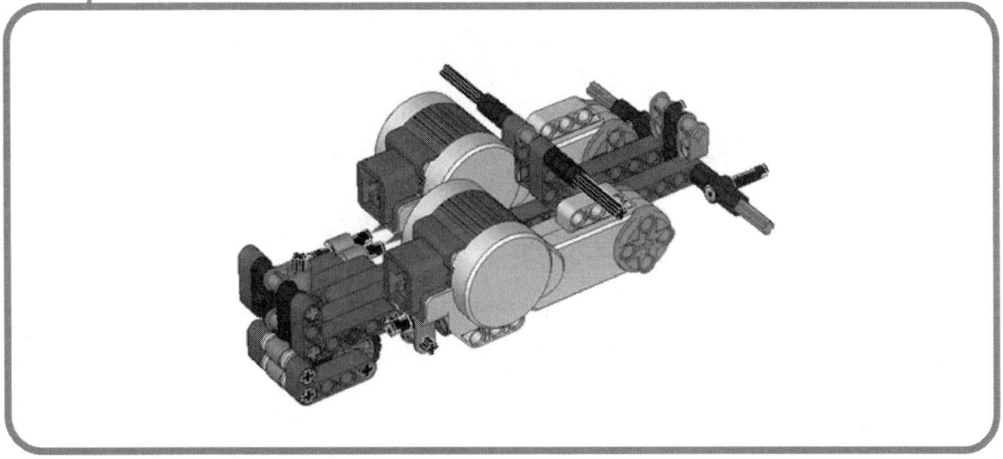

단계 18

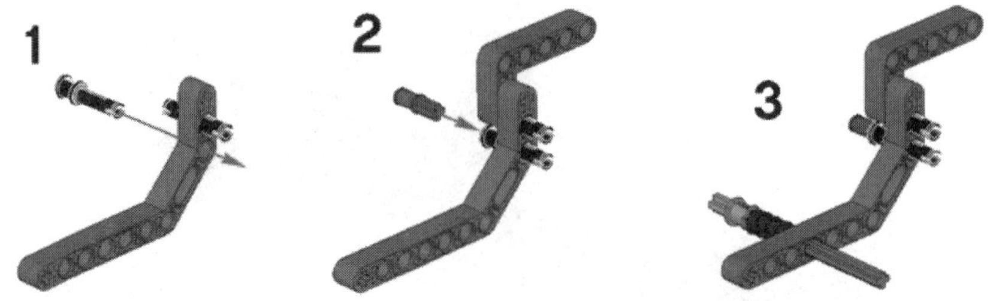

단계 19

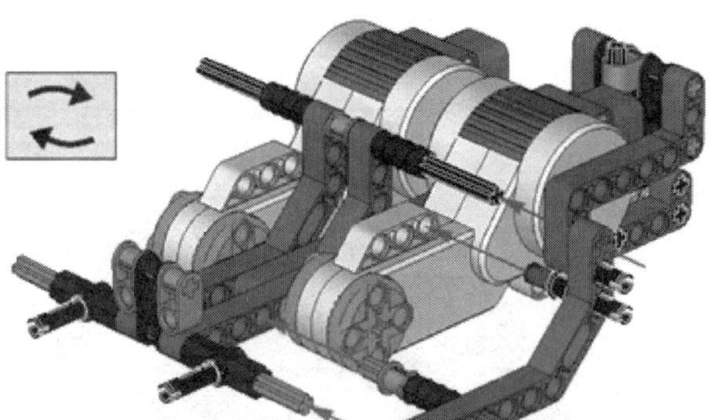

단계 20

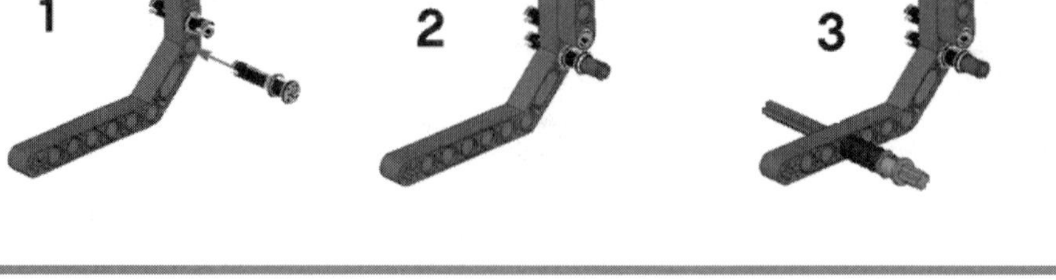

단계 21

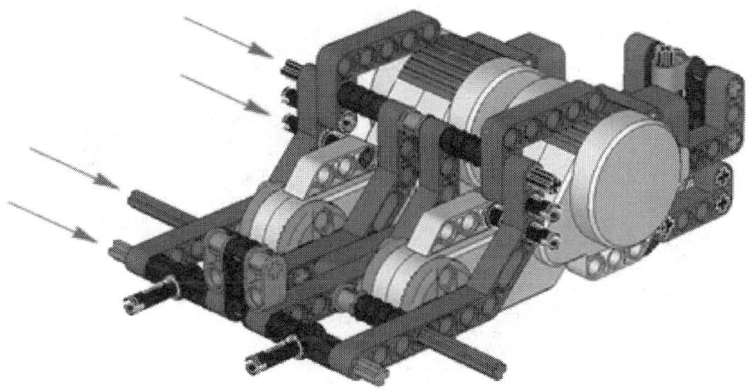

단계 22

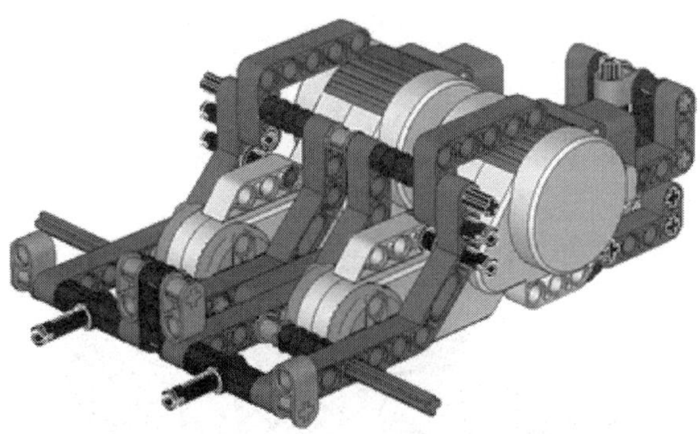

단계 23

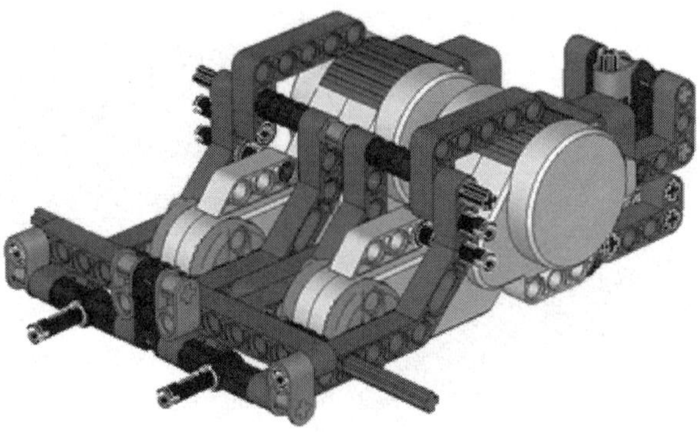

단계 24

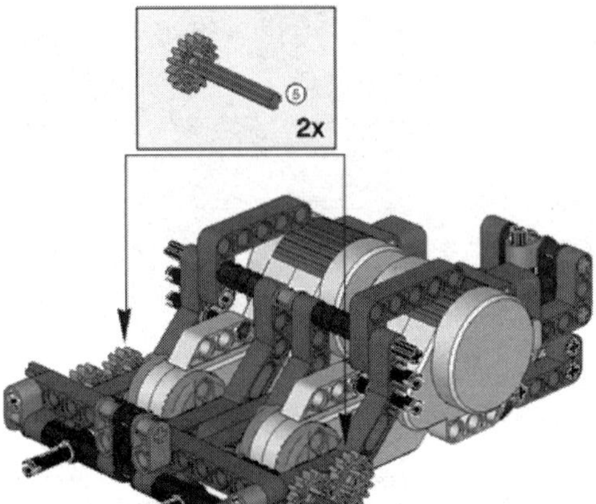

단계 25

단계 26

단계 27

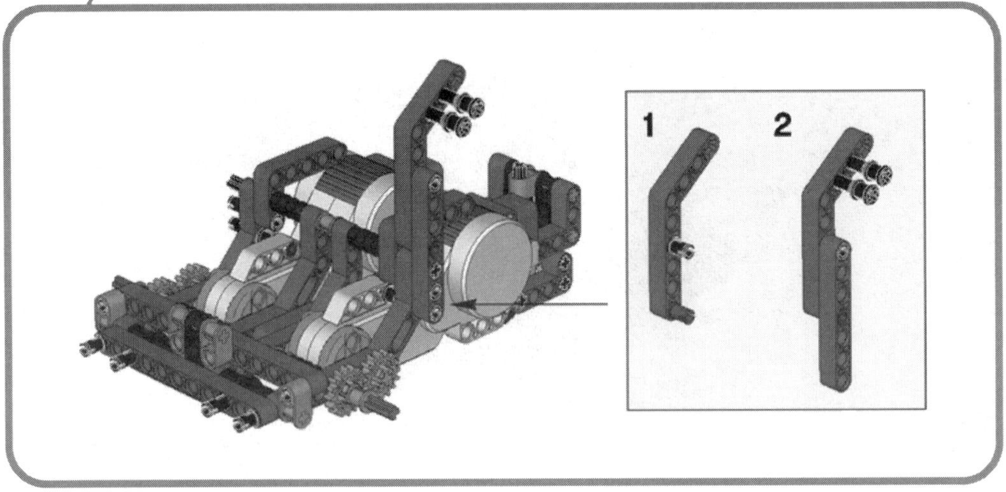

단계 28

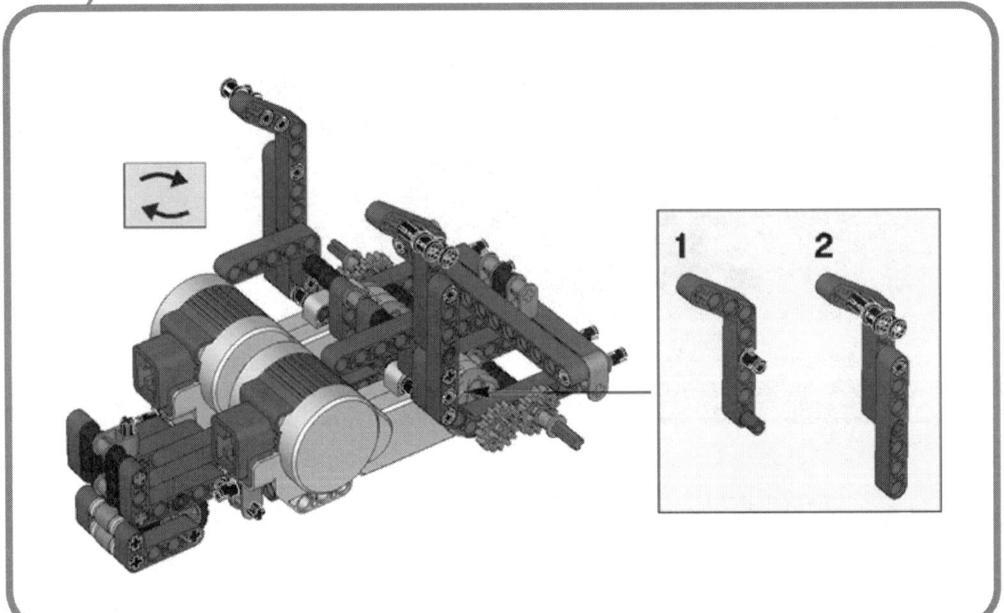

단계 29

단계 30

단계 31

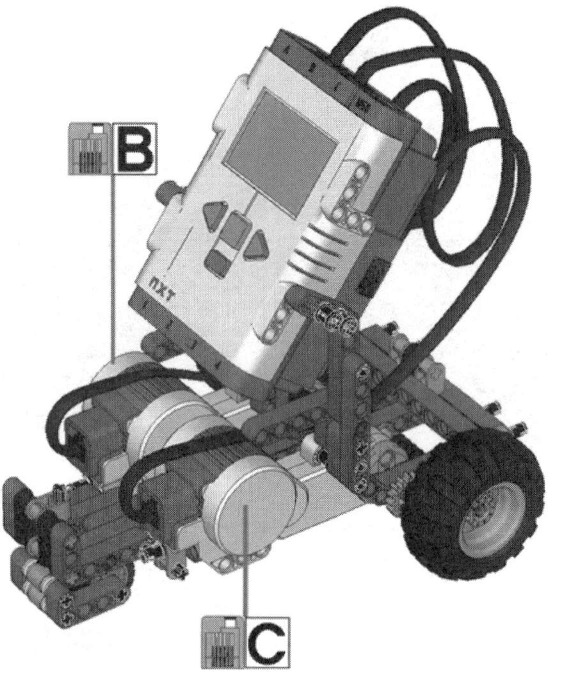

■ 기본모델 2

기본모델 2

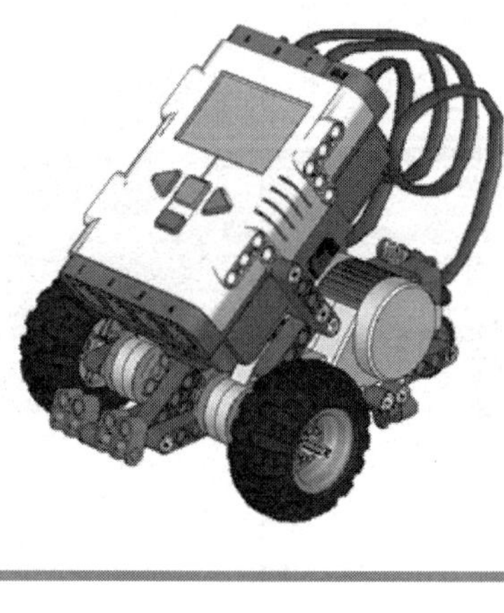

■ 기본모델 2의 구성부품

A : NXT Brick (1x)

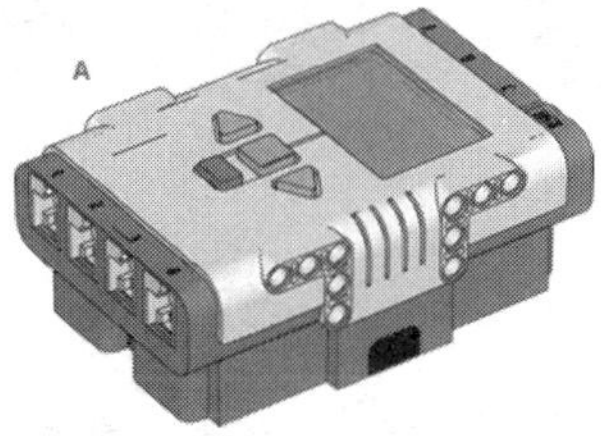

B : NXT Servo Motor

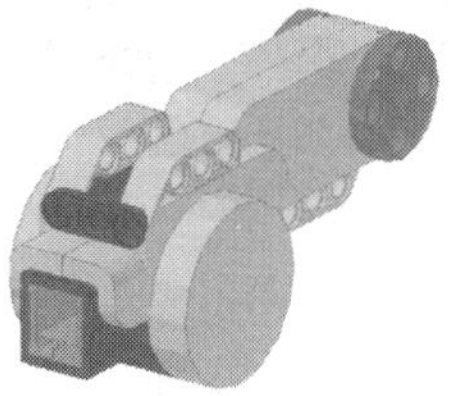

기타 필요한 부품

- (C) 3x 5-Module Beam
- (D) 2x 7-Module Beam
- (E) 2x 13-Module Beam
- (F) 1x 11-Module Beam
- (G) 1x 4x6 Angular Beam
- (H) 3x 3-Module Beam

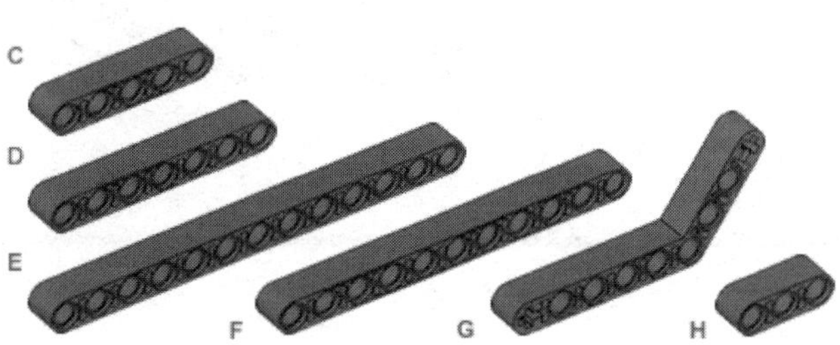

- (I) 2x 56x26 Tire
- (J) 2x 30x20 Hub
- (K) 1x 24x14 Tire
- (L) 1x 18x14 Hub

- (M) 6x Bushing
- (N) 8x 2-Module Cross Block
- (O) 7x 1/2-Module Bushing
- (P) 2x 2x1-Module Cross Block
- (Q) 2x 3-Module Cross Block
- (R) 4x 4x2 Angular Beam

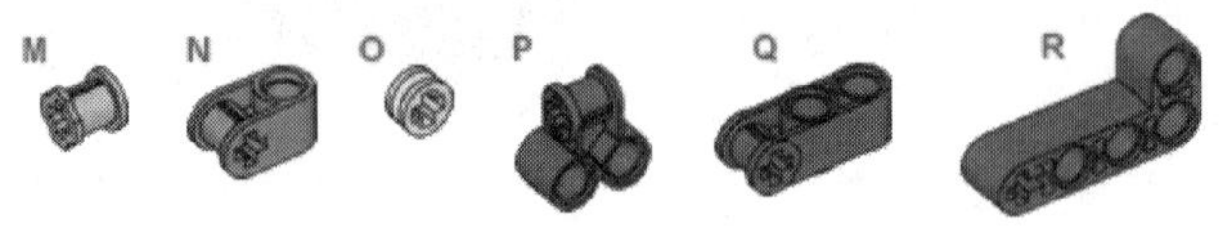

- (S) 2x 2-Module Axle
- (T) 2x Connector Peg with Friction Axle
- (U) 2x Axle Extender
- (V) 18x Connector Peg with Friction
- (W) 4x 3-Module Connector Peg with Friction
- (X) 2x Connector Peg with Bushing

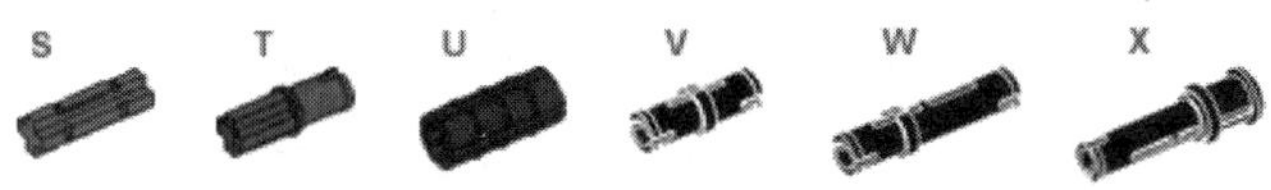

- (Y) 2x 2-Module Double Connector Peg
- (Z) 3x Double Cross Block
- (AA) 2x Cable

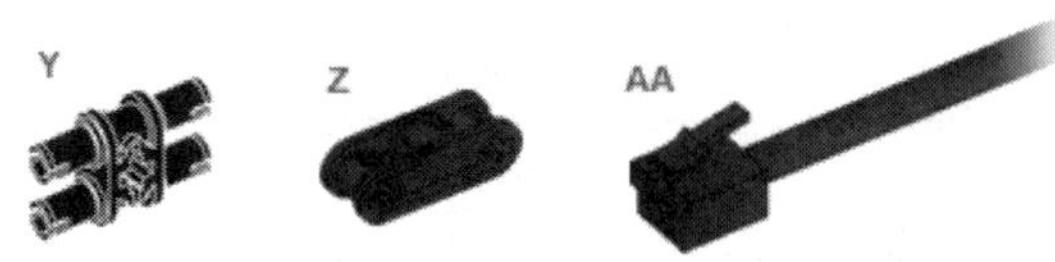

- (BB) 1x 10-Module Axle
- (CC) 2x 8-Module Axle
- (DD) 1x 6-Module Axle
- (EE) 3x 5-Module Axle
- (FF) 3x 4-Module Axle
- (GG) 2x 3-Module Axle

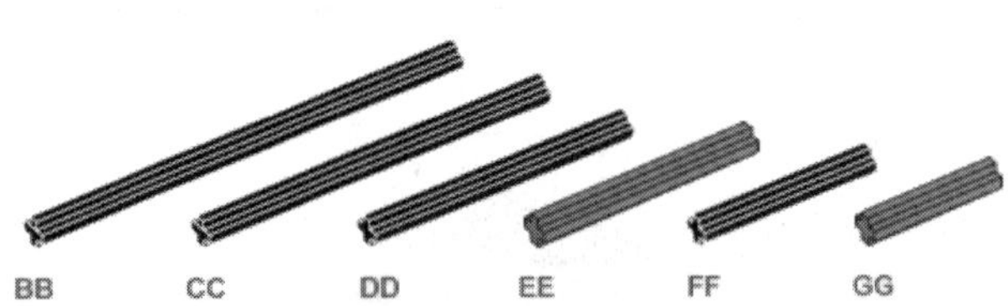

■ 기본모델 2의 조립순서

단계 1

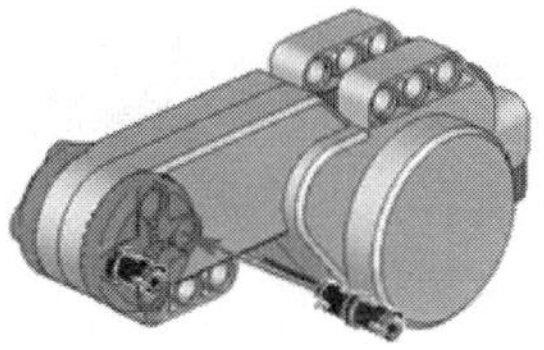

단계 2

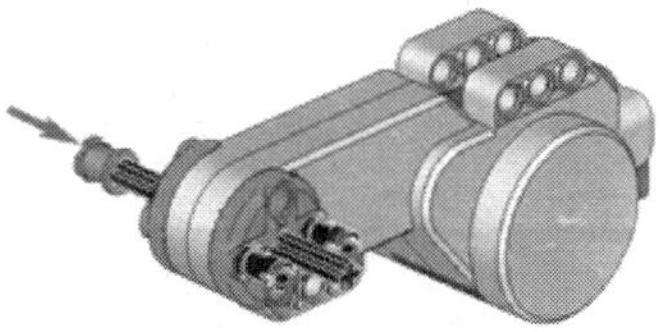

단계 3

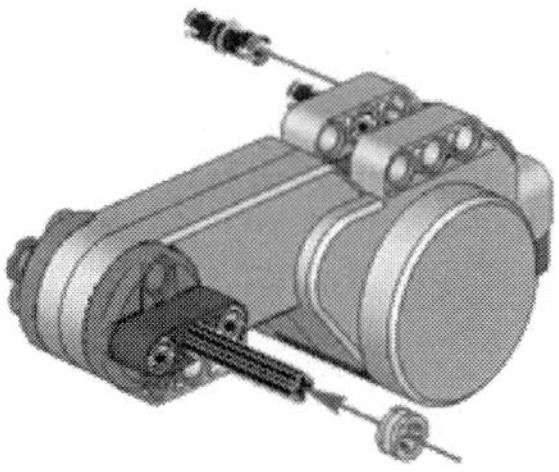

단계 4

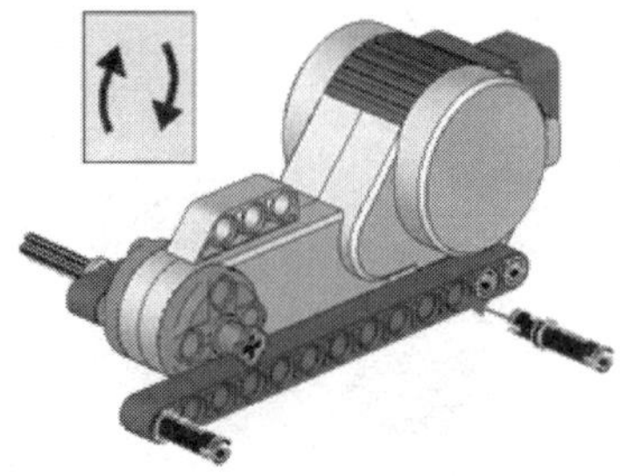

단계 5

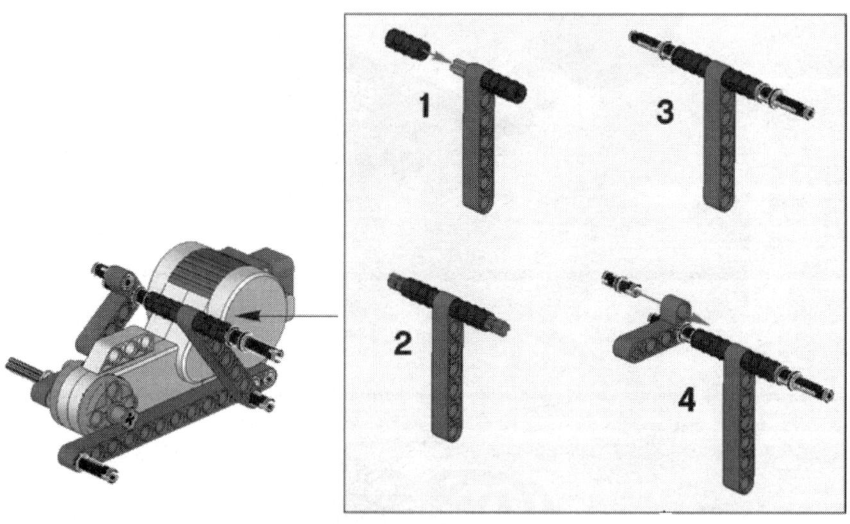

단계 6

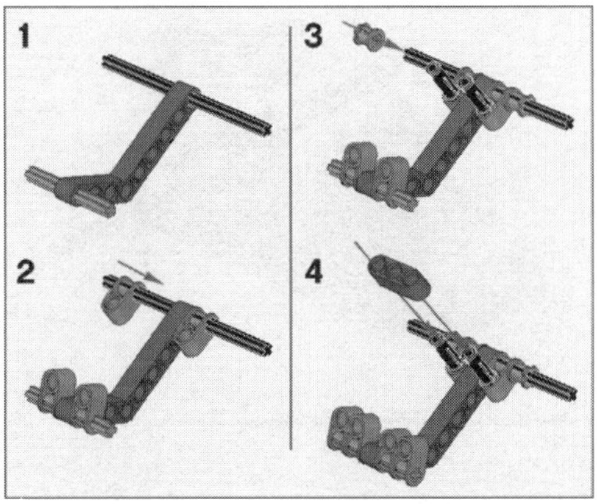

단계 7

단계 8

단계 9

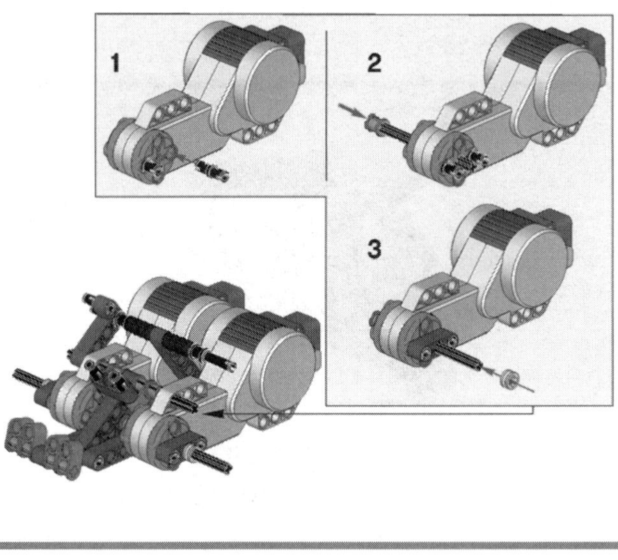

단계 10

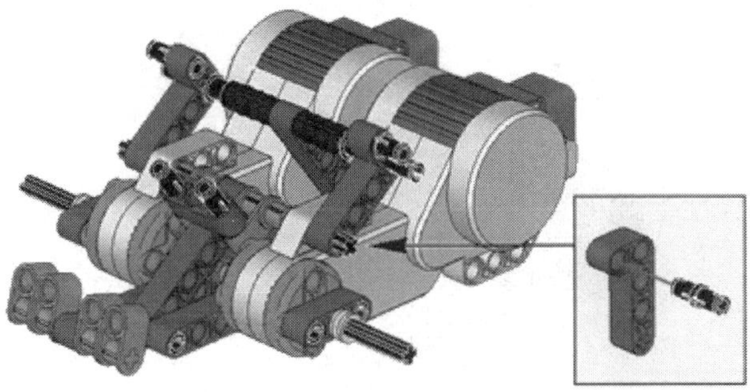

단계 11

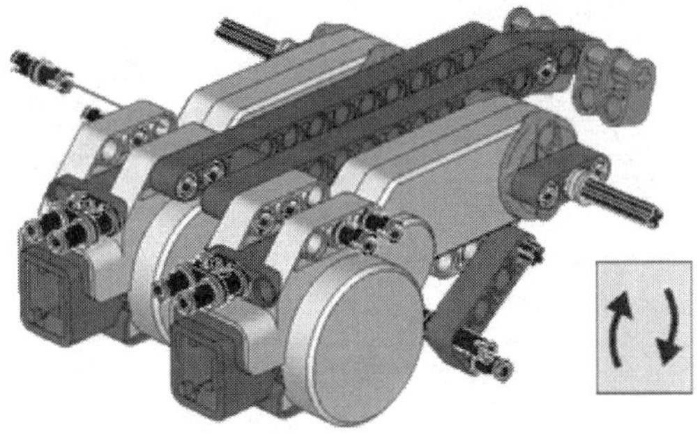

단계 12

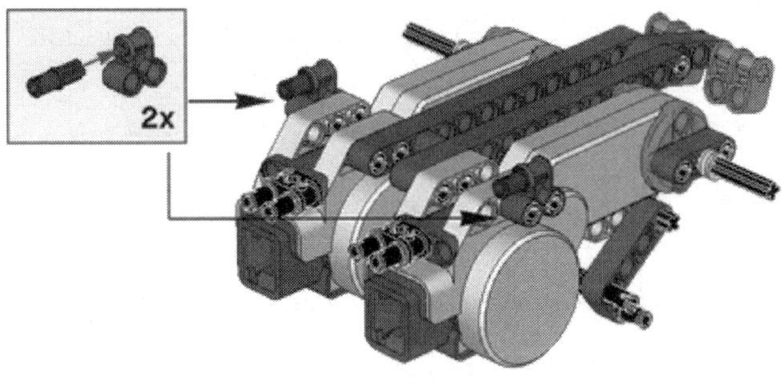

단계 13

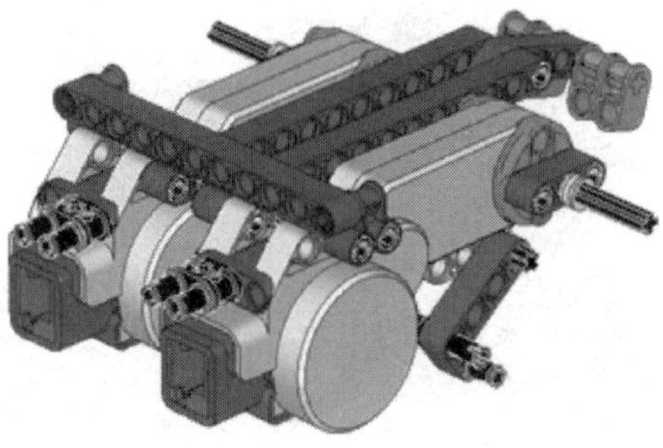

단계 14

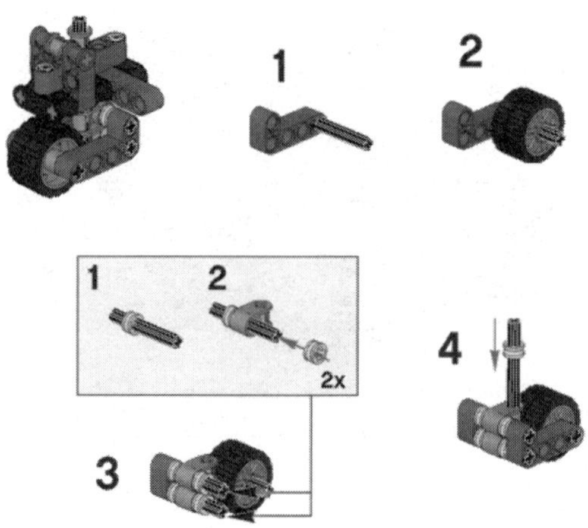

단계 15

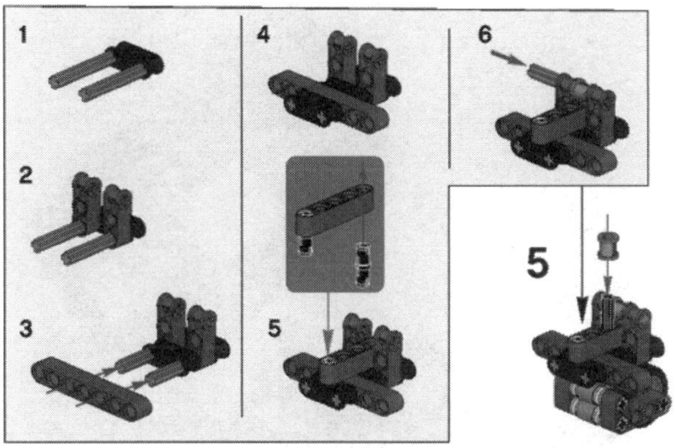

단계 16

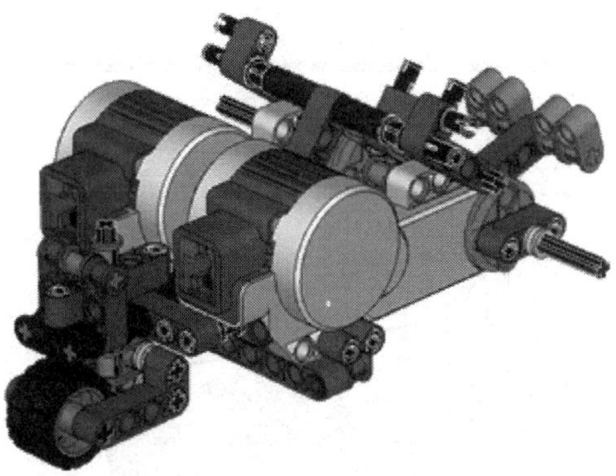

단계 17

단계 18

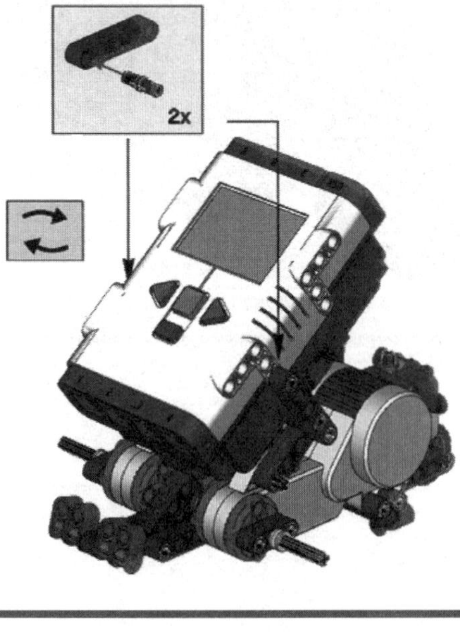

단계 19

단계 20

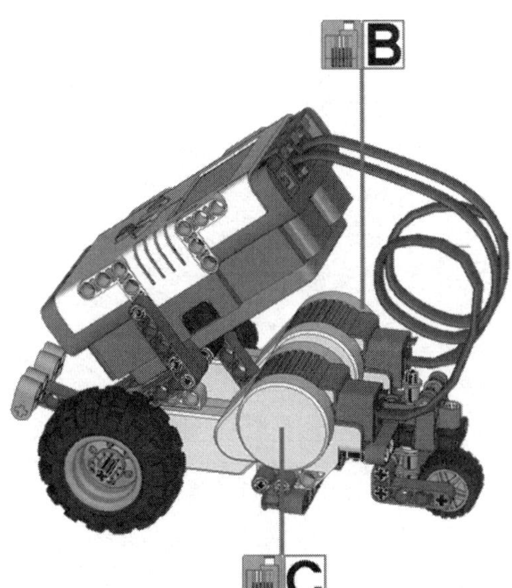

寸鐵活人

한 치의 혀로 사람을 살린다.

좋은 기술, 나쁜 기술

사업에 활용되는 어떤 기술이든 첫 번째 규칙은 효율적인 운영을 자동화하면 효율을 증폭시킨다는 점이다.

두 번째 규칙은 비효율적인 운영을 자동화하면 비효율을 증폭시킨다는 것이다.

〈빌 게이츠 회장〉

효율성과 효과성에 관한 흥미로운 이야기입니다.

피터 드러커는 '효율은 주어진 일을 어떻게 바르게 처리하느냐는 것으로 관리자의 일이며, 효과는 무엇이 옳은지 찾는 것으로 경영자의 책무다.'라고 말하고 있습니다.

비효율적 운영은 자동화가 아닌 폐기의 대상이 되어야 합니다. 잘못된 방향으로 열심히 가는 것은 멸망을 재촉하는 것입니다.

〈행복한 경영이야기 제892호 중에서〉

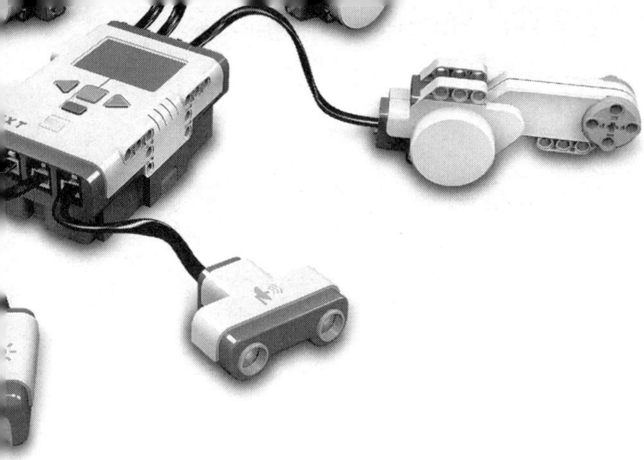

LEGO 기본 모델에 센서 부착하기

CHAPTER 09

CHAPTER 09 LEGO 기본 모델에 센서 부착하기

1. 초음파 센서 부착하기

■ 필요한 부품

기본모델 1

초음파센서

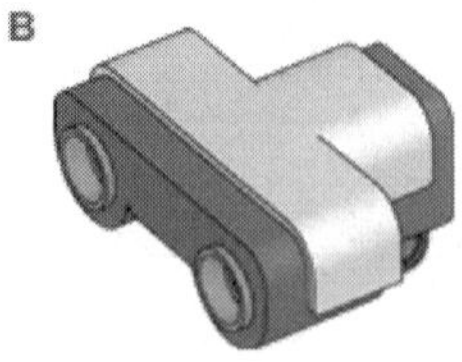

기타 필요한 부품

C

1x 2-Module Cross Block

D

1x 3-Module Connector Peg with Friction

E

2x 3-Module Axle

F

1x Cable

■ 기본모델 1에 초음파 센서를 부착하는 순서

단계 1

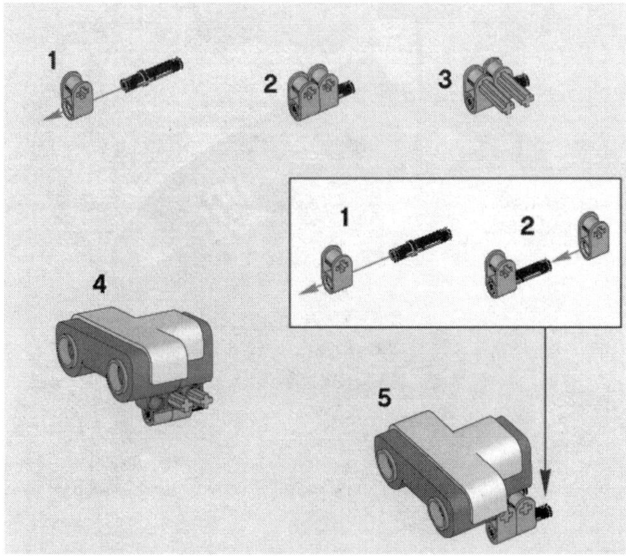

단계 2

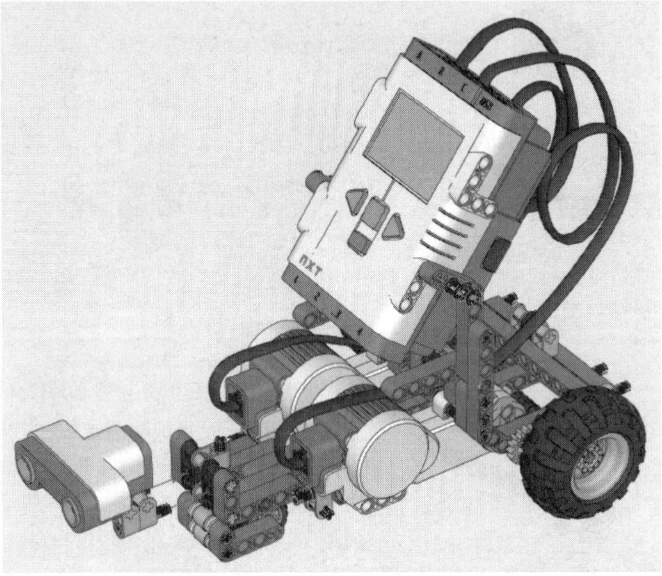

단계 3

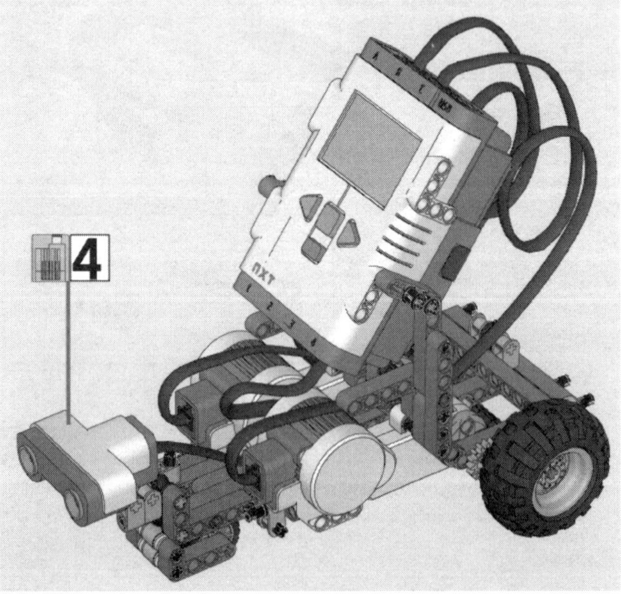

초음파 센서 부착 완료

2. 라이트센서 부착하기

■ 필요한 부품

기본모델 1

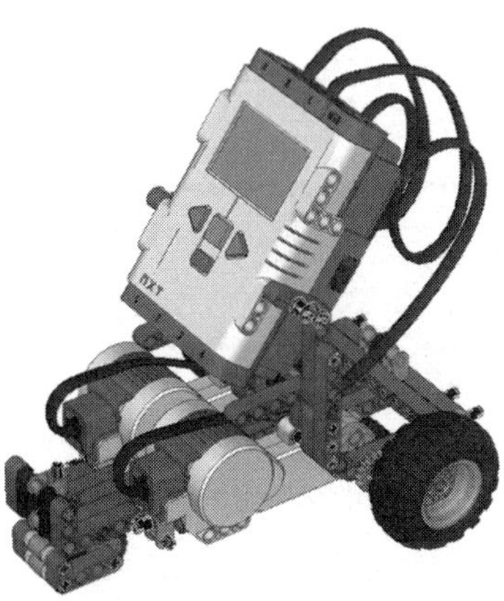

라이트센서

B

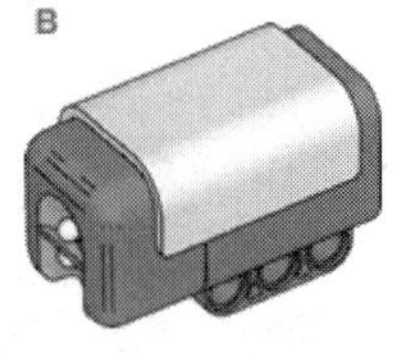

기타 필요한 부품

C

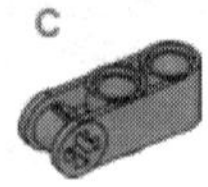

2x 3-Module Cross Block

D

2x 3-Module Connector Peg w/Friction

E

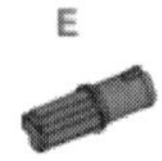

2x Connector Peg w/Friction Axle

F

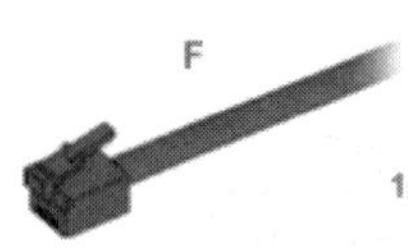

1x Cable

■ 기본모델 1의 앞부분에 라이트센서를 부착하는 순서

단계 1

단계 2

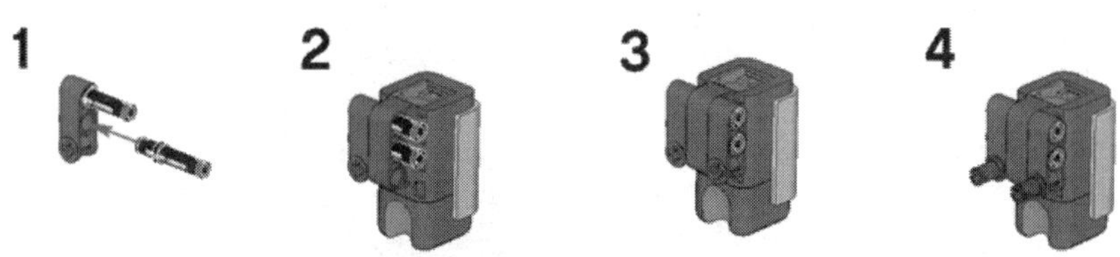

단계 3

단계 4

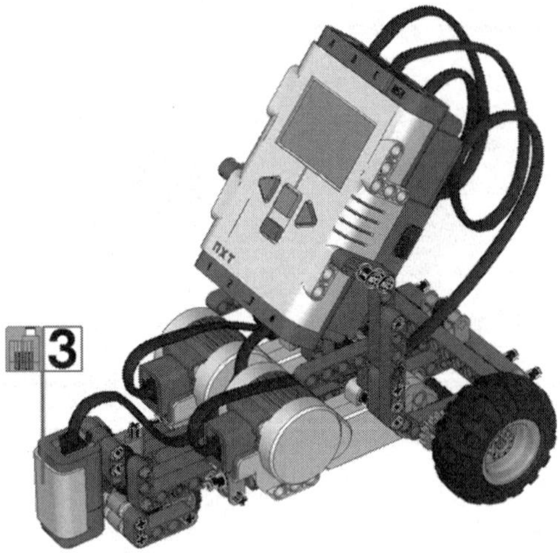

■ 기본모델 1의 뒷부분에 라이트센서를 부착하는 순서

단계 1

단계 2

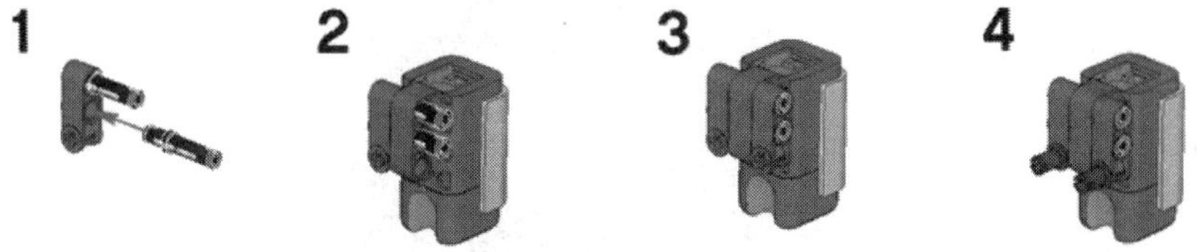

단계 3

단계 4

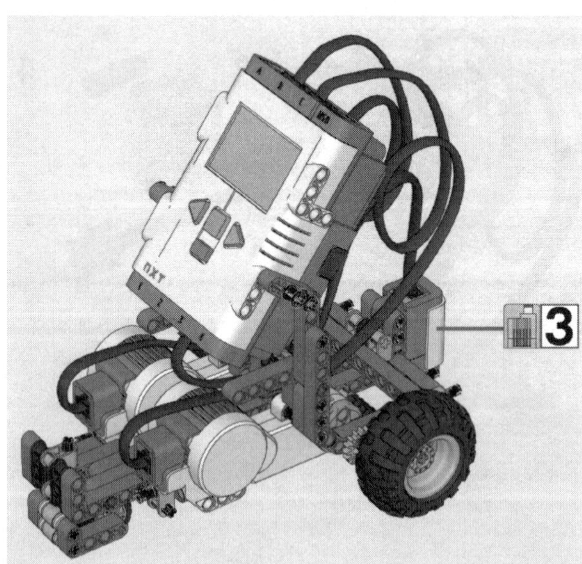

3. 사운드센서 부착하기

■ 필요한 부품

기본모델 1

사운드센서

기타 필요한 부품

C

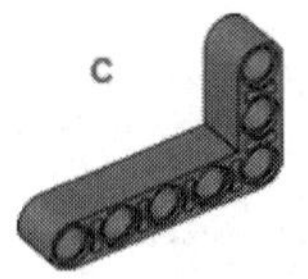

1x 3x5 Angular Beam

D

1x 2-Module Double Connector Peg

E

2x Connector Peg with Friction

F

1x Cable

■ 기본모델 1에 사운드 센서를 부착하는 방법 1

단계 1

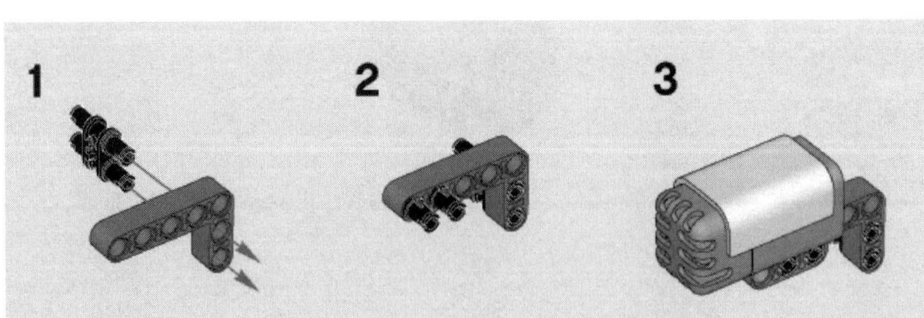

단계 2

단계 3

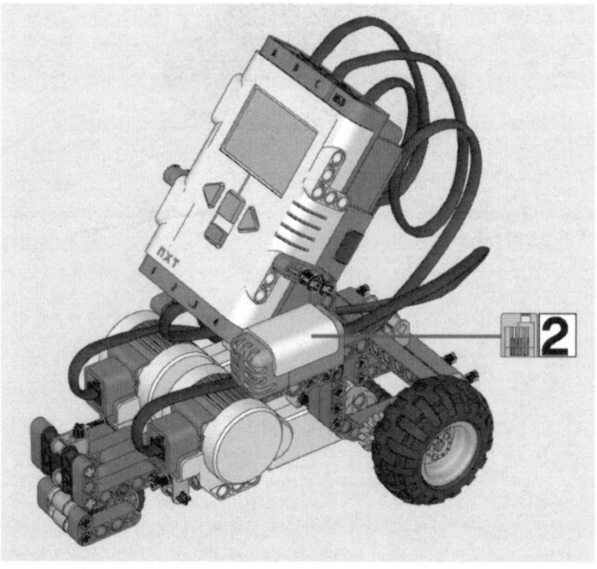

■ 기본모델 1에 사운드센서를 부착하는 방법 2

단계 1

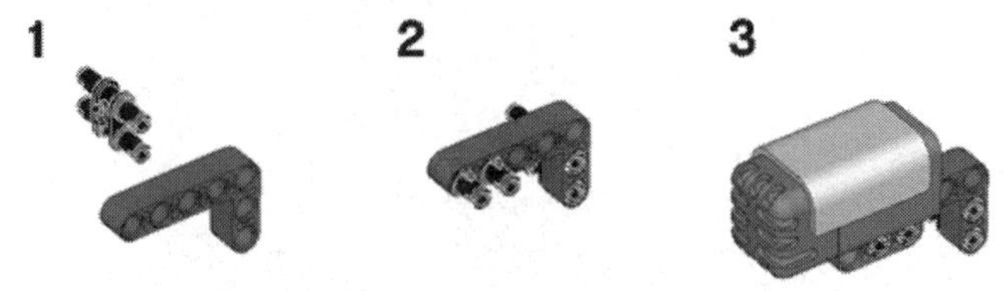

단계 2

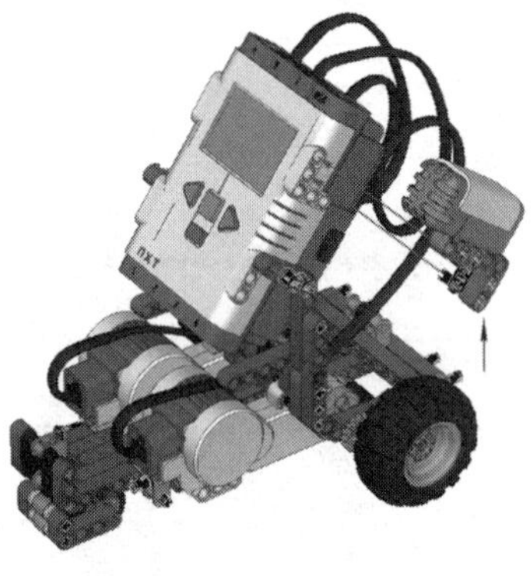

단계 3

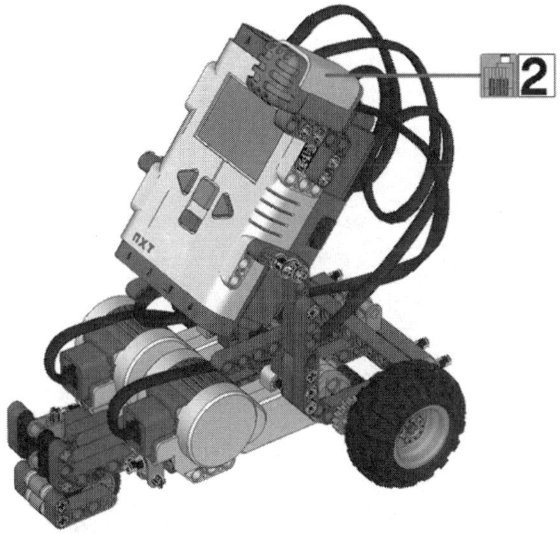

4. 터치센서 부착하기

■ 필요한 부품

기본모델 1

터치센서

B

기타 필요한 부품

C

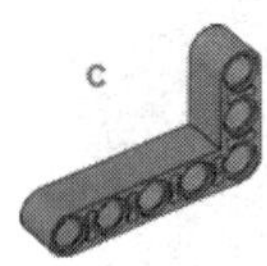

1x 3x5 Angular Beam

D

1x 2-Module Double Connector Peg

E

2x Connector Peg with Friction

F

1x Cable

■ 기본모델 1에 터치센서를 부착하는 순서

단계 1

단계 2

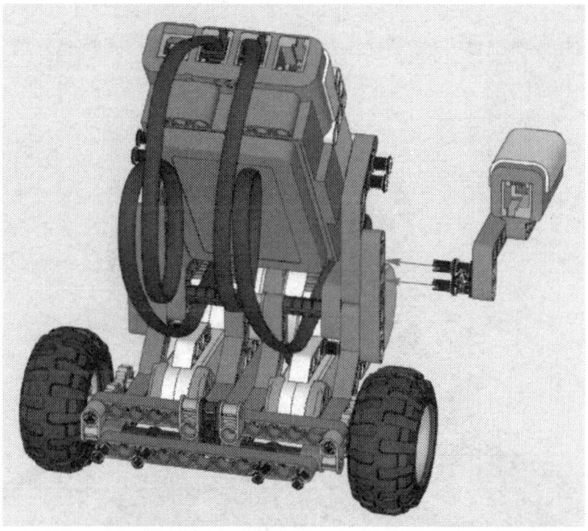

단계 3

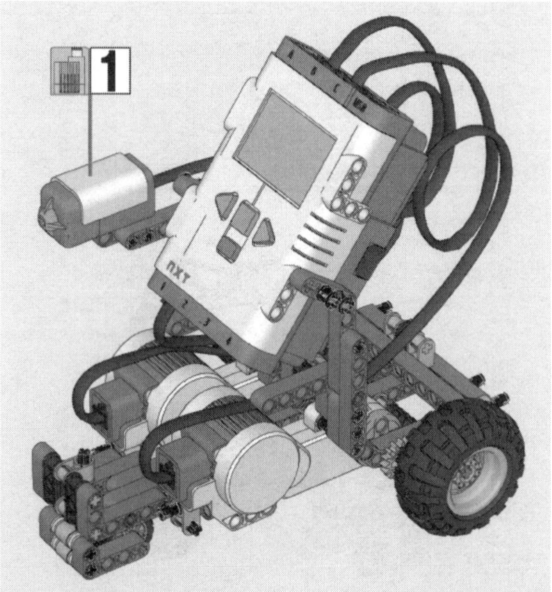

5. 터치 센서 응용 (범퍼달기)

터치센서 범퍼 부착

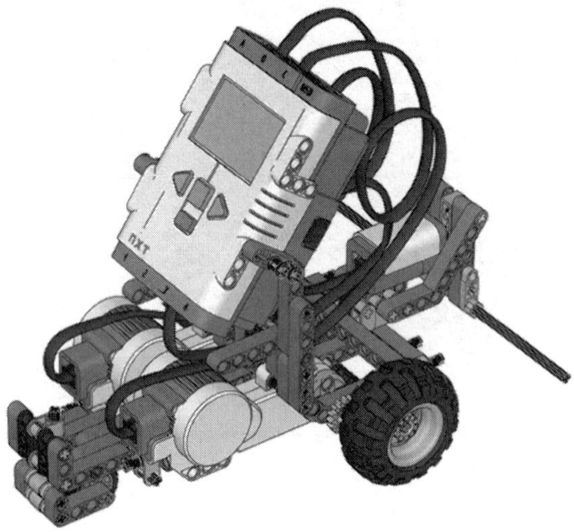

■ 필요한 부품

기본모델 1

터치센서

기타 필요한 부품

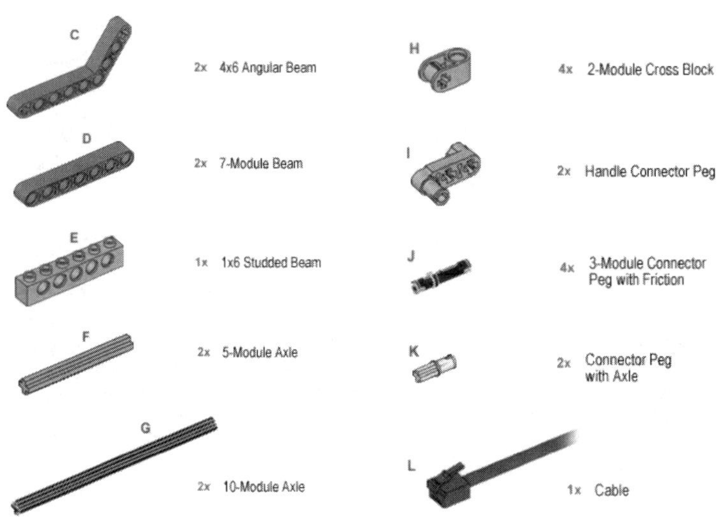

■ 기본모델 1에 터치센서와 범퍼를 부착하는 순서

단계 1

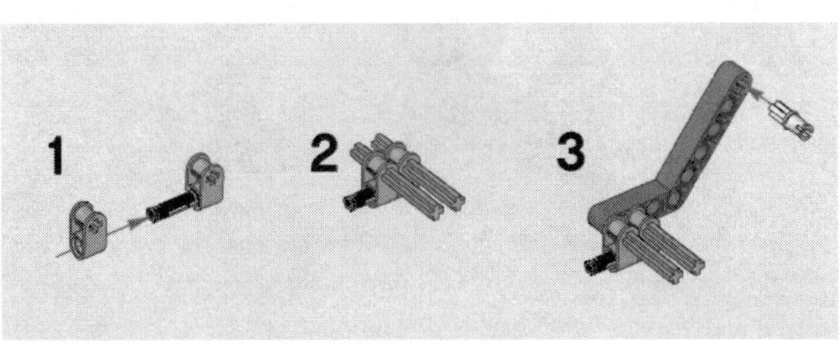

단계 2

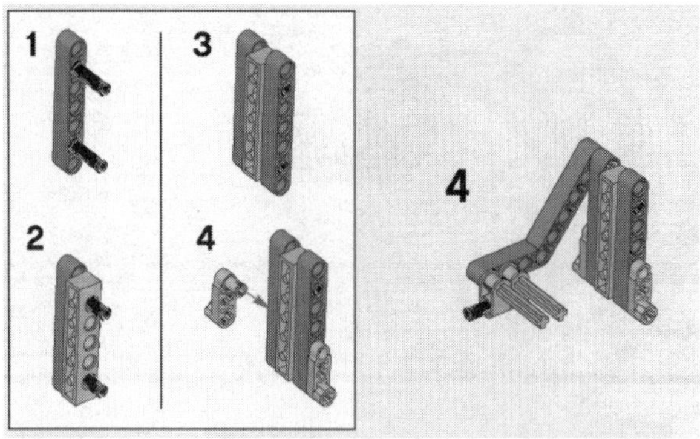

단계 3

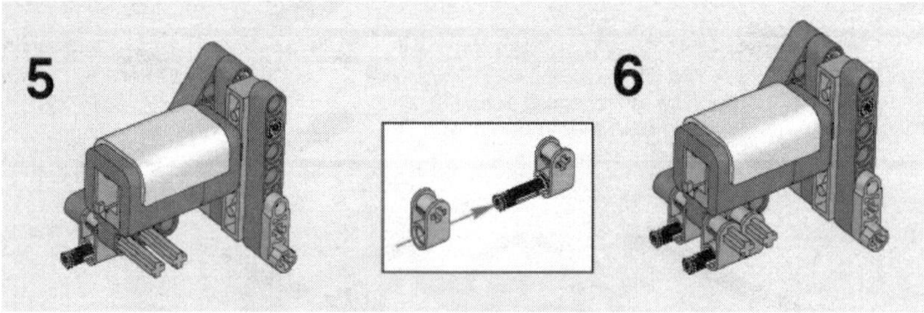

단계 4

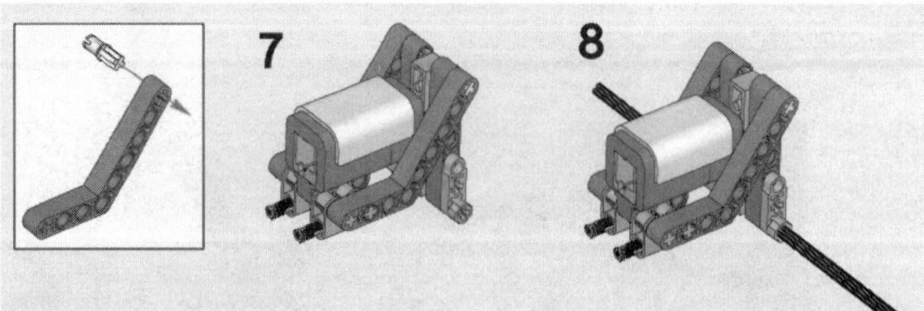

단계 5

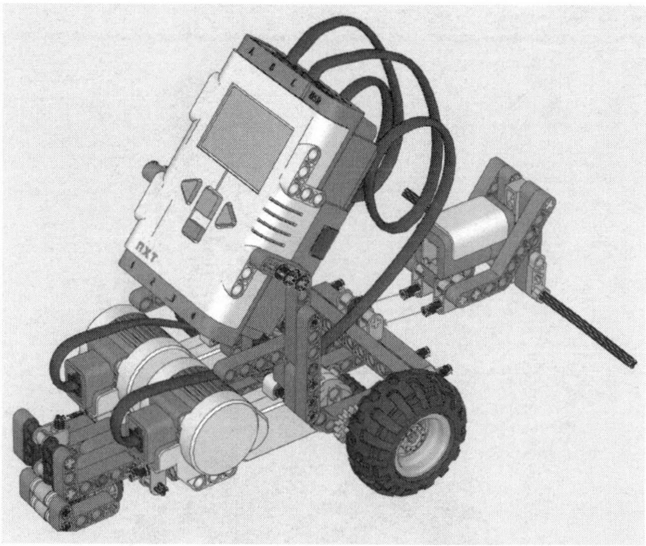

단계 6

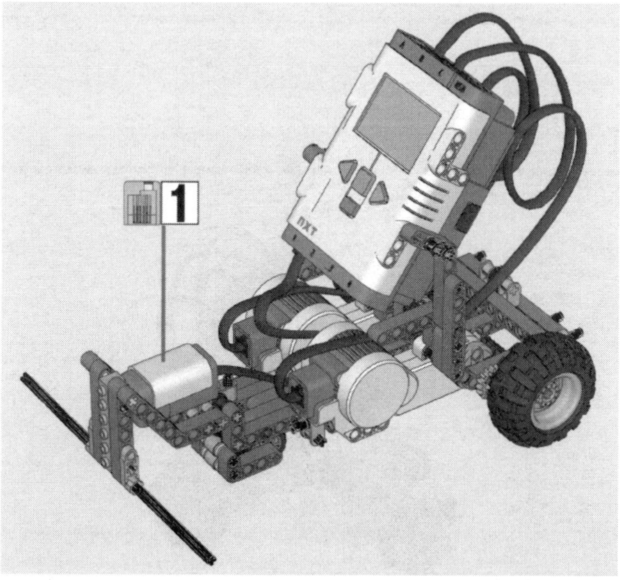

6. 터치센서 응용(기둥달기)

터치센서 기둥달기

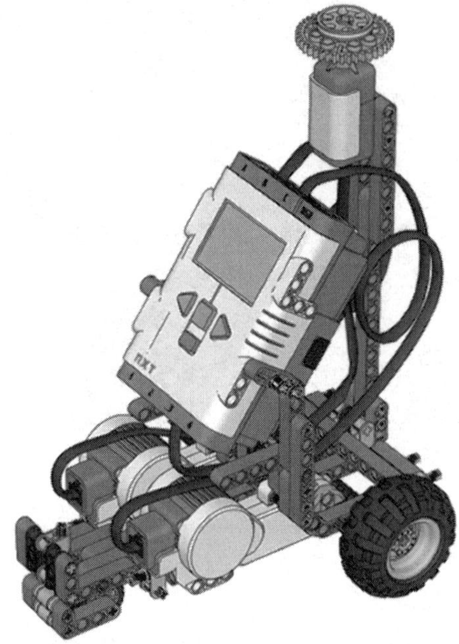

■ 필요한 부품

기본모델 1

터치센서

B

기타 필요한 부품

C

6x 3-Module Connector Peg with Friction

F

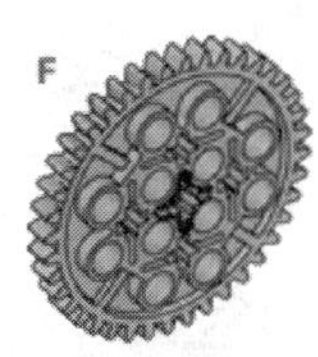

1x 40 Tooth Gear

D

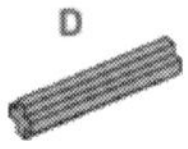

1x 3-Module Axle

G

1x 24x4 Hub

E

1x Connector Peg with Friction Axle

H

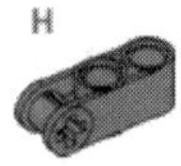

2x 3-Module Cross Block

I

J

2x 9-Module Beam

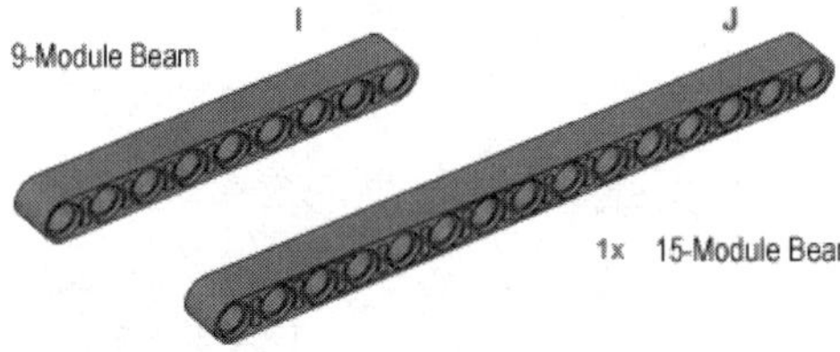

1x 15-Module Beam

L

1x Cable

K

1x 1/2-Module Bushing

■ 기본모델 1에 터치센서와 기둥을 부착하는 순서

단계 1

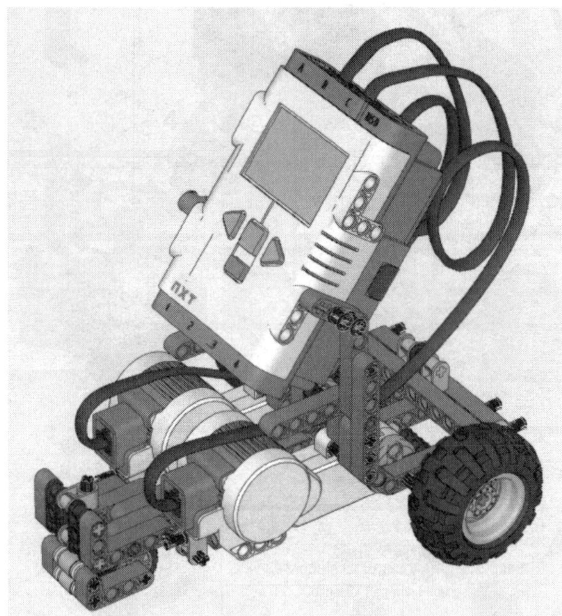

단계 2

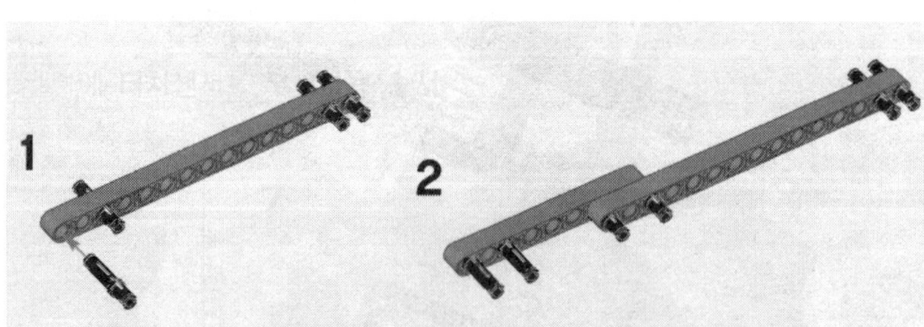

단계 3

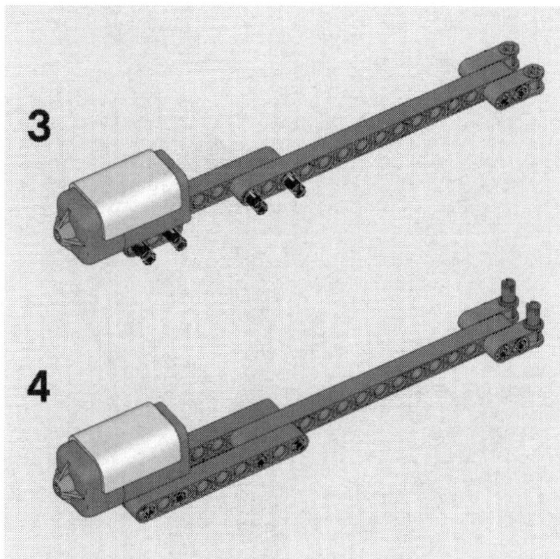

단계 4

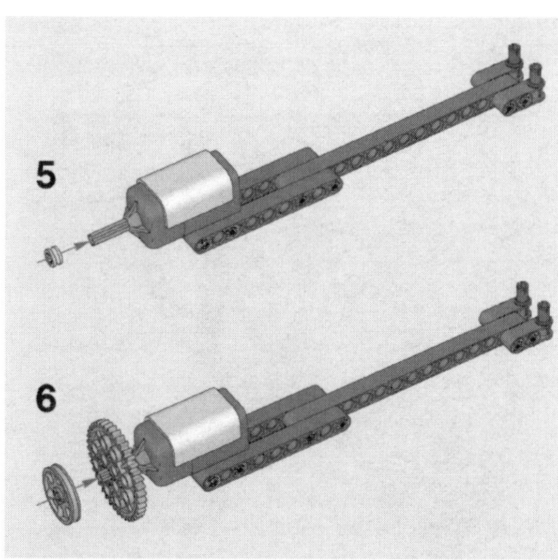

단계 5

단계 6

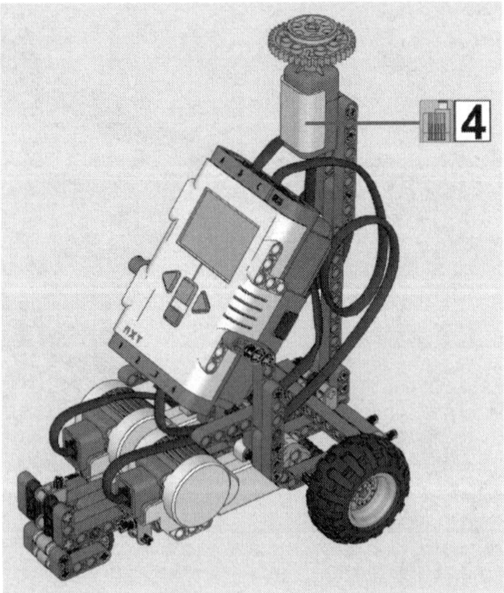

7. 줄긋는 펜 달기

줄긋는 펜 달기

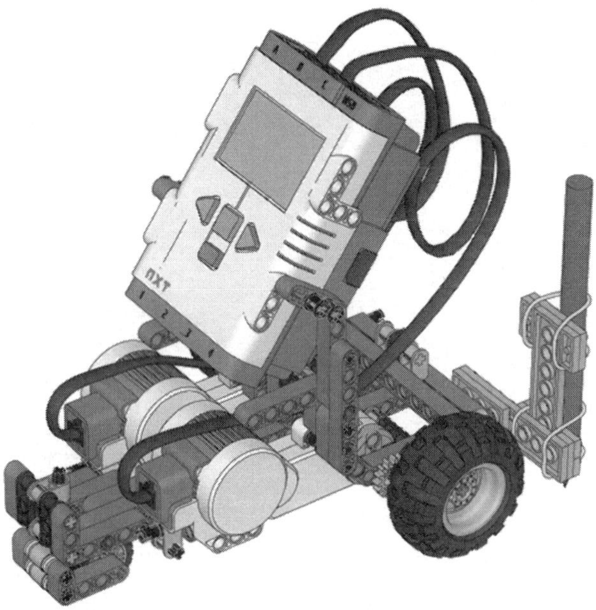

■ 필요한 부품

기본모델 1

기타 필요한 부품

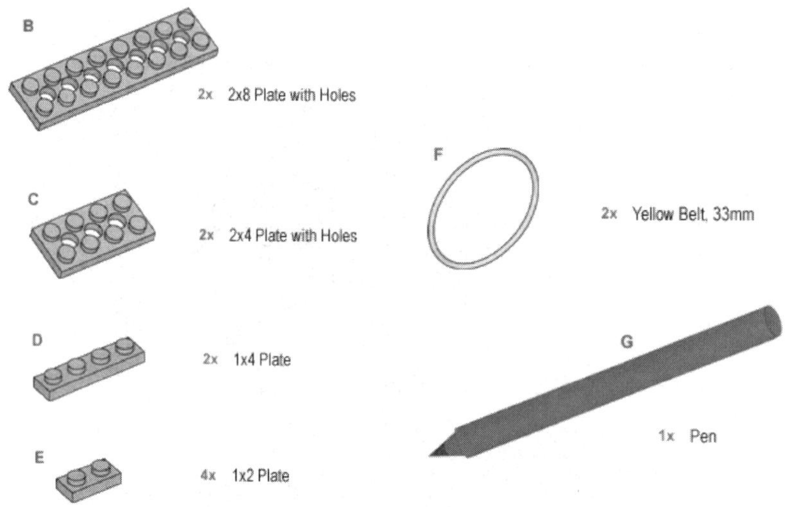

■ 기본모델 1에 펜을 부착하는 순서

단계 1

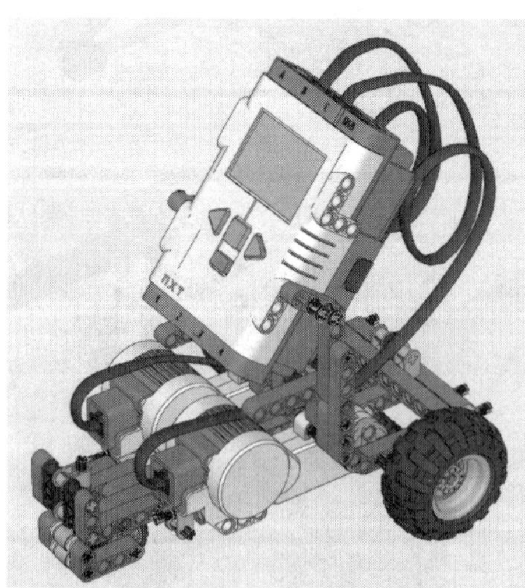

단계 2

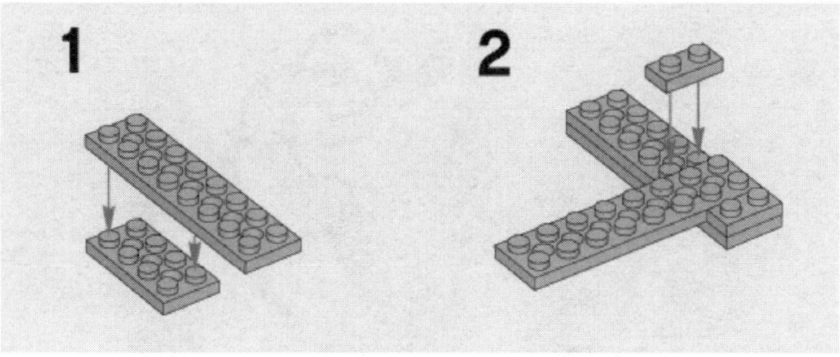

단계 3

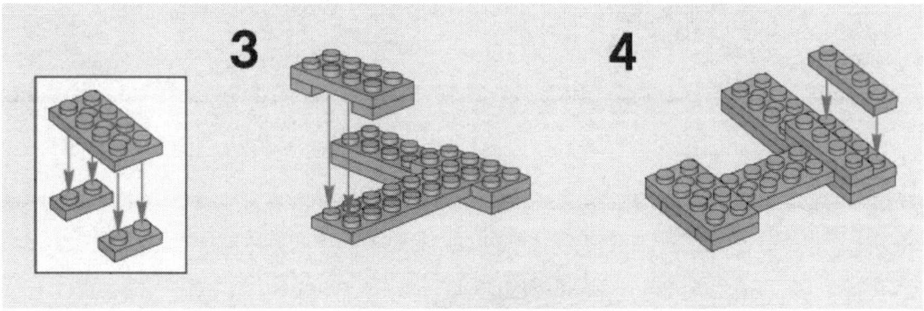

단계 4

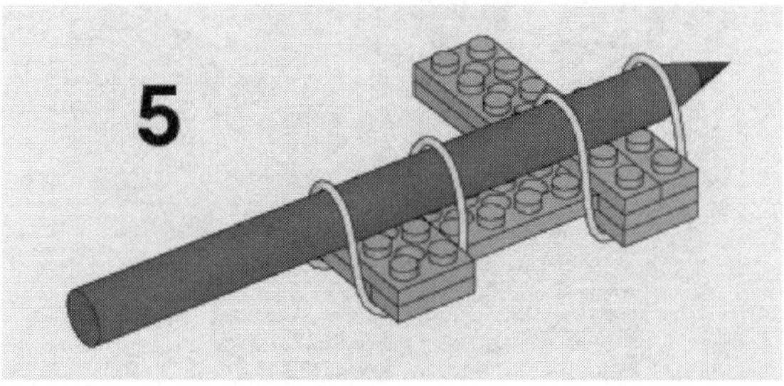

단계 5

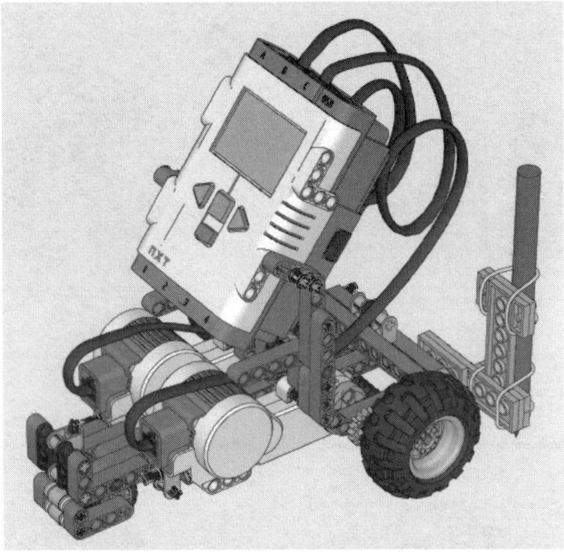

단계 6

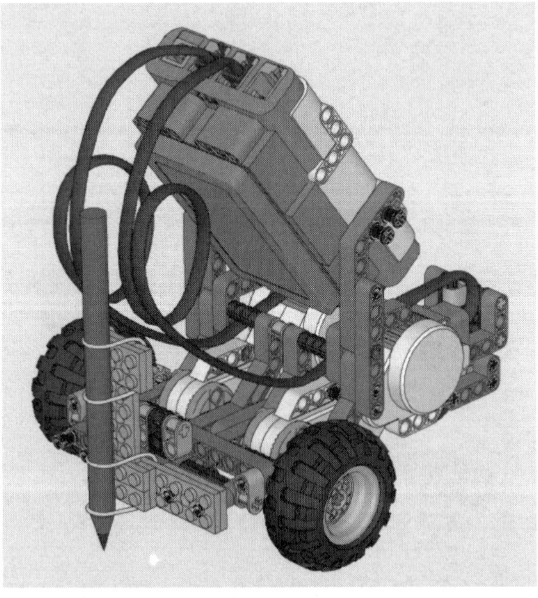

8. 모든 센서 달아보기

■ 필요한 부품

기본모델 1

기타 필요한 부품

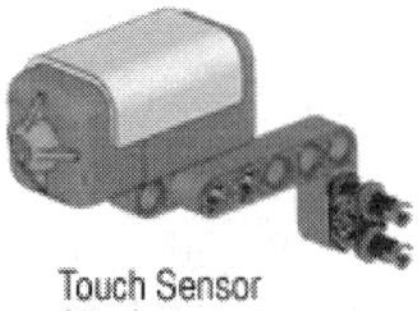

Touch Sensor Attachment

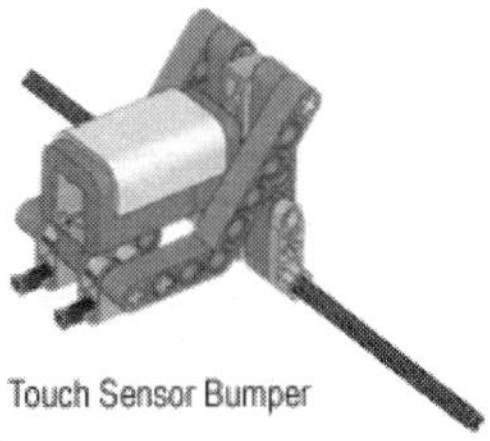

Touch Sensor Bumper

Sound Sensor Attachment

Ultrasonic Attachment

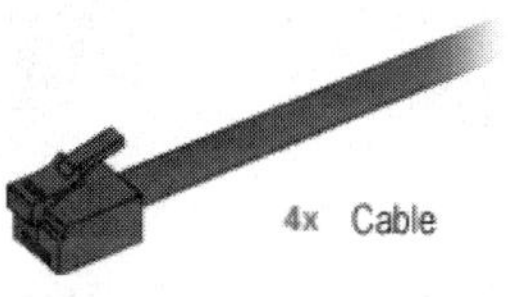

4x Cable

■ 기본모델 1에 모든 센서를 부착하는 순서

단계 1

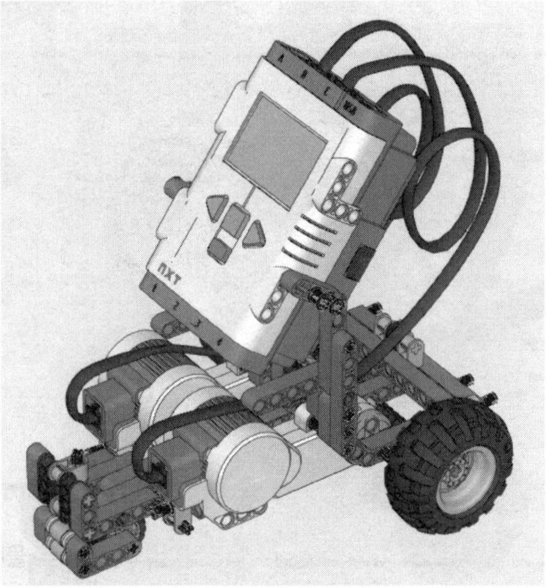

단계 2

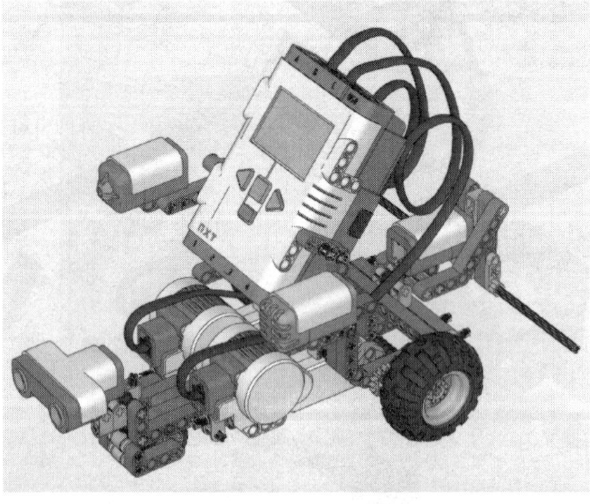

단계 3

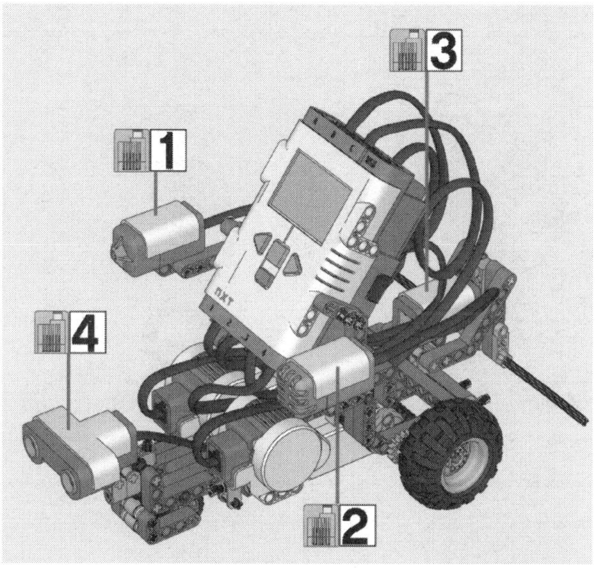

9. 작은 바퀴 추가하기

작은 바퀴 추가하기

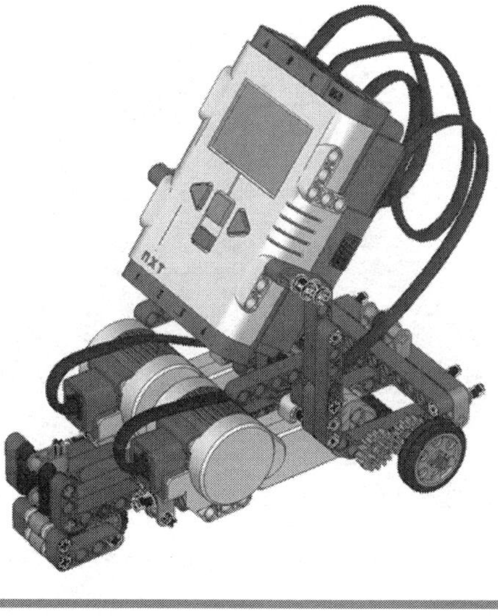

■ 필요한 부품

기본모델 1

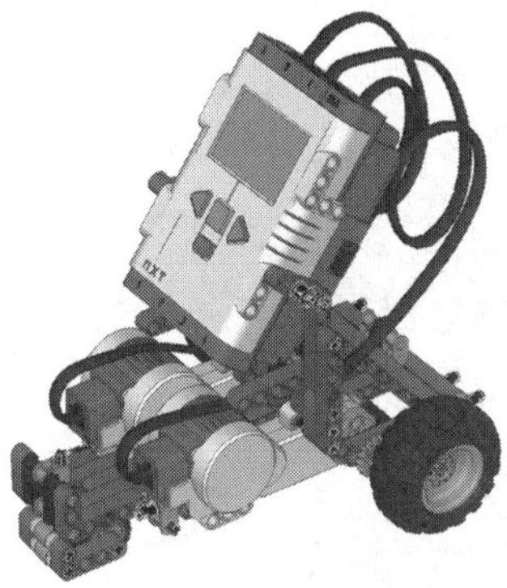

B

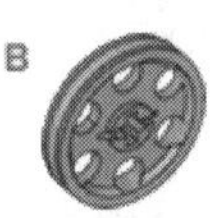

4x 24x4 Hub

C

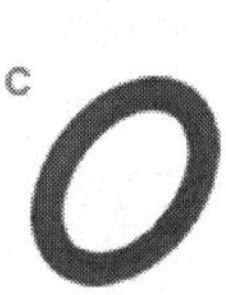

4x 4x4 Tire

■ 기본모델 1에 작은 바퀴를 부착하는 순서

단계 1

기본모델 1에 장착된 바퀴와 허브를 제거하고 24x4 허브와 4x4 타이어로 교체합니다.

단계 2

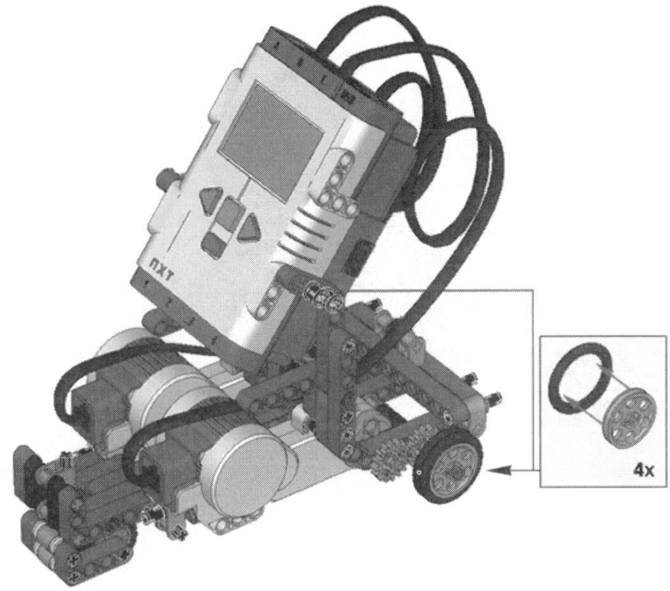

10. 기본모델 1의 NXT를 수평으로 배치하기

기본모델 1의 NXT를 수평으로 배치하기

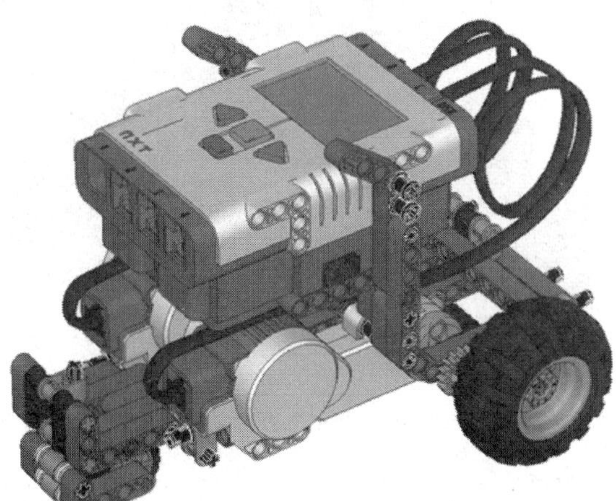

■ 필요한 부품

기본모델 1

■ 기본모델 1의 NXT를 수평으로 배치하는 방법

단계 1

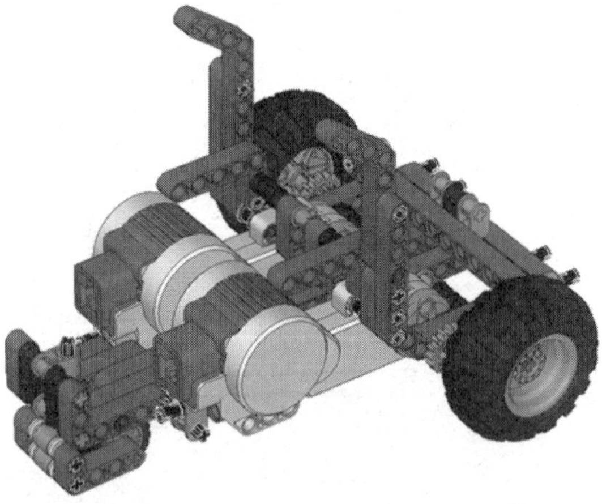

NXT를 기본모델 1에 연결시키는 Peg를 제거하고 단계 1과 같은 상태에서 NXT를 수평으로

위치시키고 Peg를 다시 삽입하여 고정합니다. 모터의 연결 커넥터는 기존 기본모델 1과 같이 B와 C 포트에 연결합니다.

단계 2

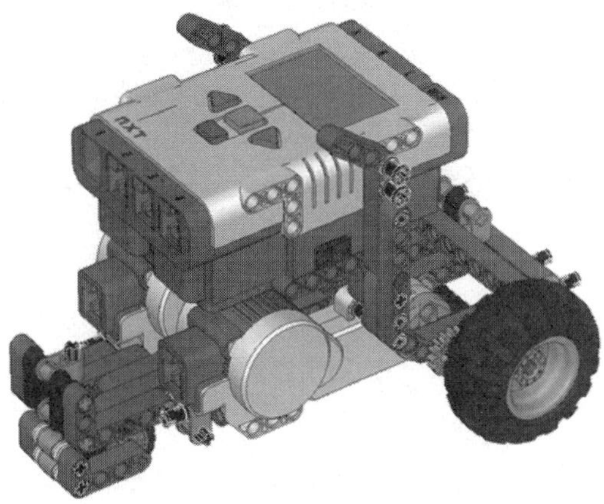

단계 3

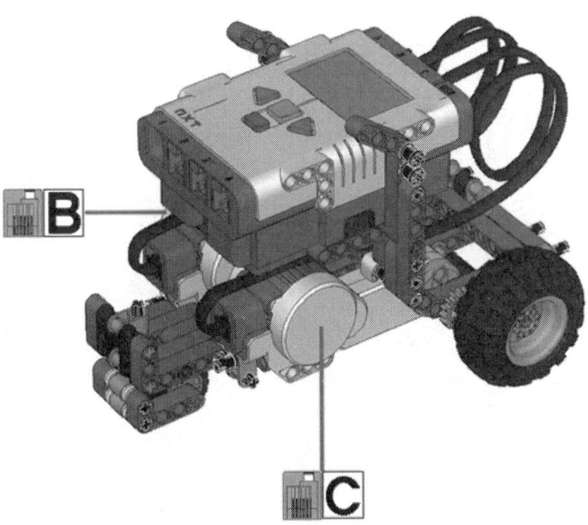

寸鐵活人

한 치의 혀로 사람을 살린다.

집중력의 힘

많은 사람들이 정해진 시간을 한 가지 방향으로만 사용하고 한 가지 목표에만 집중한다면 그들은 성공할 것이다.

문제는 사람들이 다른 모든 것을 포기하고 매달리는 단 한 가지 목표를 갖고 있지 못하다는 것이다.

〈토마스 에디슨〉

제대로 집중하면 6시간 걸릴 일을 30분 만에 끝낼 수 있지만, 그렇지 못하면 30분만에 끝낼 일을 6시간해도 끝내지 못합니다.

〈아인슈타인〉

집중해서 몰입할 때와 마지못해 일할 때의 생산성 차이는 하늘과 땅 차이만큼 큽니다. 시간과 공간을 잊어버리는 무아지경, 즉 몰입(Flow)상태에서 일하는 것이 그래서 매우 중요합니다.

〈행복한 경영이야기 제851호 중에서〉

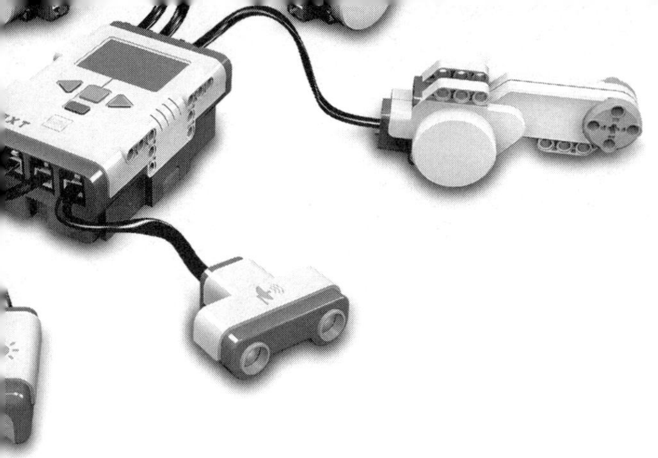

ROBOLAB 프로그래밍

CHAPTER **10**

CHAPTER 10 ROBOLAB 프로그래밍

■ 블록다이어그램 팔레트 함수 둘러보기

Data Logging and Motors

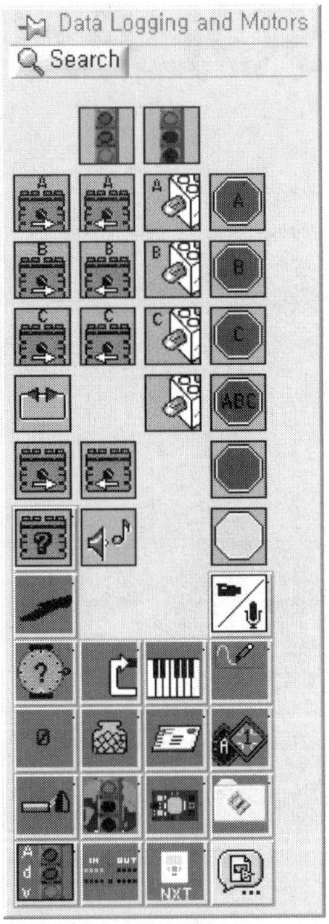

블록다이어그램에서 제공되는 함수 팔레트의 모양입니다. 포트별로 결합된 모터, 램프 등의 동작명령을 손쉽게 지정할 수 있도록 다양한 함수들을 제공합니다.

처음 ROBOLAB을 구동시키면 블록다이어그램에 함수 팔레트가 고정되어 나타납니다. 블록다이어그램에서 프로그래밍을 하는 도중에 불편함을 느끼면 오른쪽 상단의 엑스를 눌러 제거하십시오. 필요한 경우에는 블록다이어그램에서 오른쪽 마우스를 클릭하면 다시 나타납니다.

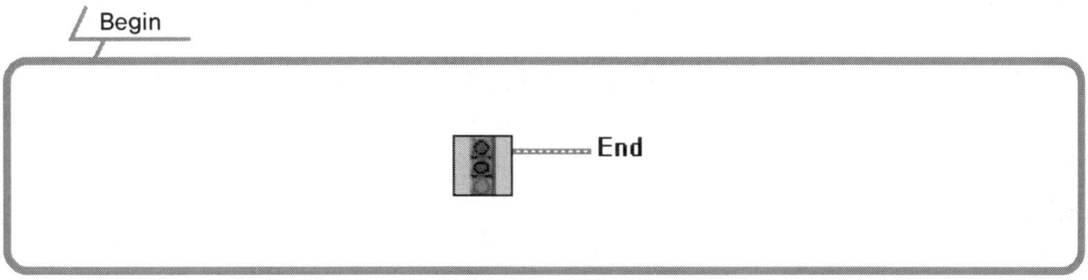

INVENTOR 프로그램을 시작할 때 사용하는 아이콘입니다. 모든 INVENTOR 프로그램의 시작에 항상 요구됩니다.

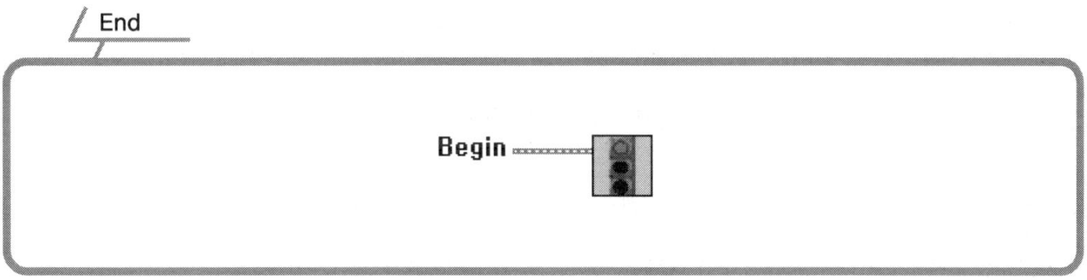

INVENTOR 프로그램을 종료할 때 사용하는 아이콘입니다. 모든 INVENTOR 프로그램의 종료시에 항상 요구됩니다. 만약 여러 임무(Task)를 수행하는 경우 각 임무(Task)의 끝에는 반드시 이 아이콘을 사용하십시오.

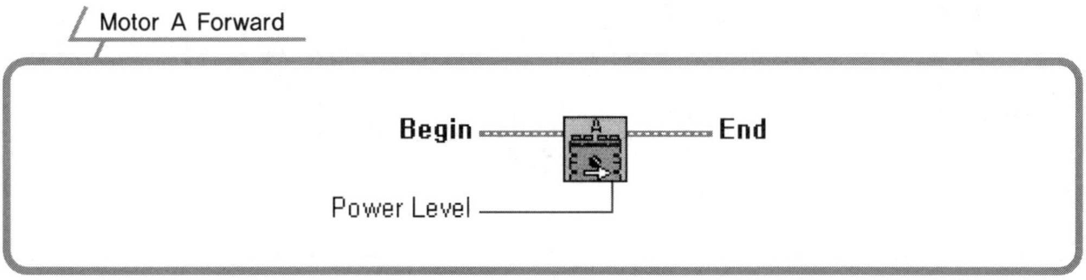

포트 A에 연결된 모터를 정방향으로 회전시키는 명령입니다. 파워레벨은 미지정시 Default

값인 5를 가져서 가장 빠르게 회전합니다. 느린 속도의 회전을 원한다면 값을 줄이십시오. 파워레벨의 최소값은 1, 최대값은 5입니다.

Motor A Reverse

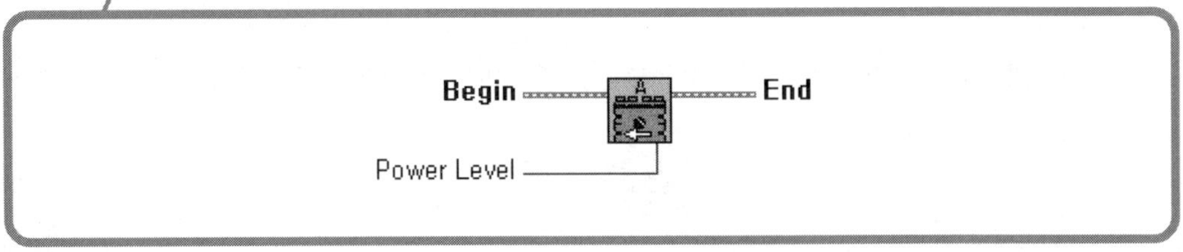

포트 A에 연결된 모터를 역방향으로 회전시키는 명령입니다. 파워레벨은 미지정시 Default 값인 5를 가져서 가장 빠르게 회전합니다. 느린 속도의 회전을 원한다면 값을 줄이십시오. 파워레벨의 최소값은 1, 최대값은 5입니다.

Lamp A

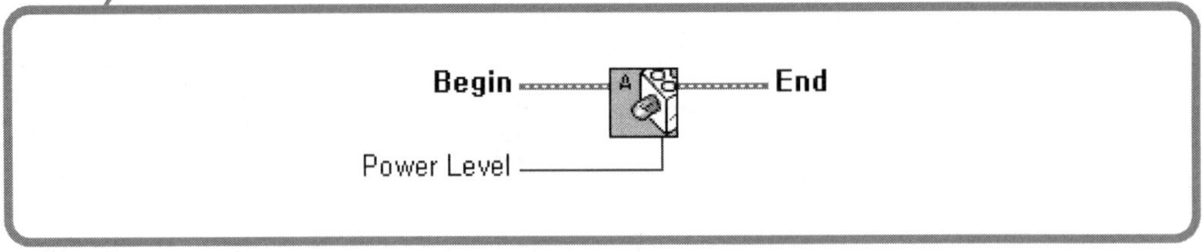

포트 A에 연결된 램프를 켜는 명령입니다. 파워레벨은 미지정시 Default 값인 5를 가져서 가장 밝습니다. 빛의 밝기를 줄이기 원한다면 파워레벨을 줄이십시오. 밝기의 최소값(Dim)은 1, 최대값(Bright)은 5입니다.

Stop A

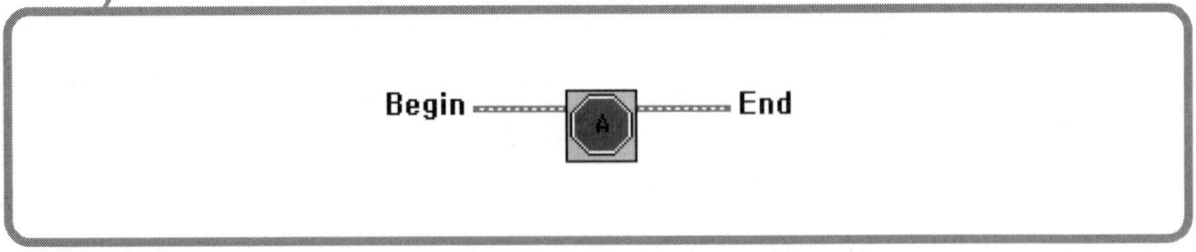

포트 A에 연결된 모터 또는 램프를 정지시키거나 끄는 명령입니다.

Motor B Forward

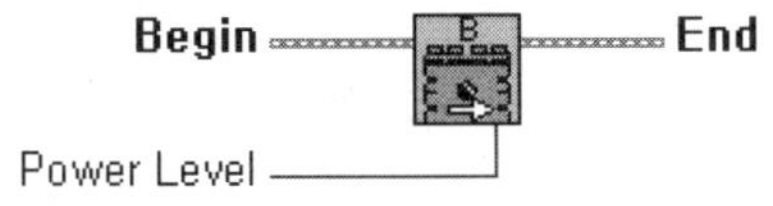

포트 B에 연결된 모터를 정방향으로 회전시키는 명령입니다. 파워레벨은 미지정시 Default 값인 5를 가져서 가장 빠르게 회전합니다. 느린 속도의 회전을 원한다면 값을 줄이십시오. 파워레벨의 최소값은 1, 최대값은 5입니다.

Motor B Reverse

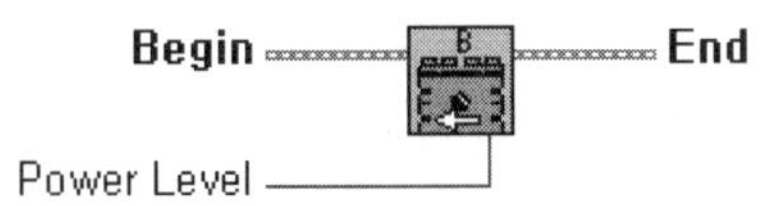

포트 B에 연결된 모터를 역방향으로 회전시키는 명령입니다. 파워레벨은 미지정시 Default 값인 5를 가져서 가장 빠르게 회전합니다. 느린 속도의 회전을 원한다면 값을 줄이십시오. 파워레벨의 최소값은 1, 최대값은 5입니다.

Lamp B

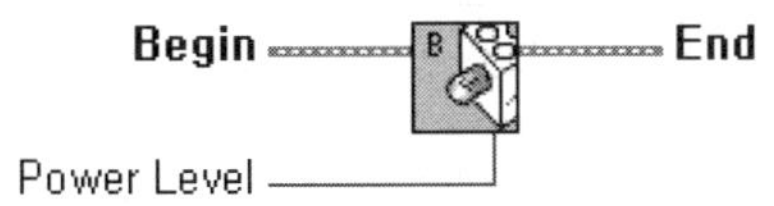

포트 B에 연결된 램프를 켜는 명령입니다. 파워레벨은 미지정시 Default 값인 5를 가져서 가장 밝습니다. 빛의 밝기를 줄이기 원한다면 파워레벨을 줄이십시오. 밝기의 최소값(Dim)은 1, 최대값(Bright)은 5입니다.

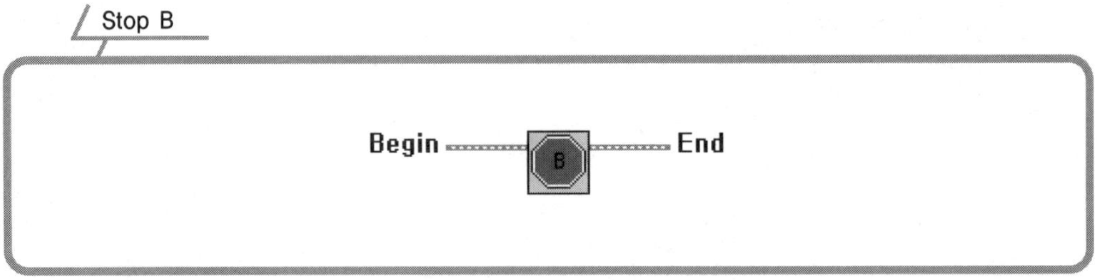

포트 B에 연결된 모터 또는 램프를 정지시키거나 끄는 명령입니다.

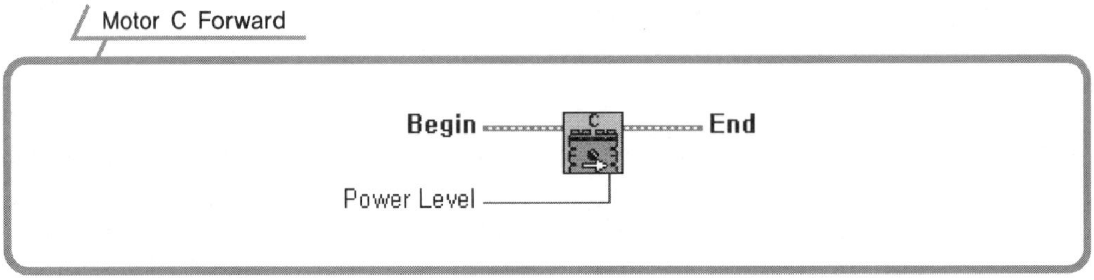

포트 C에 연결된 모터를 정방향으로 회전시키는 명령입니다. 파워레벨은 미지정시 Default 값인 5를 가져서 가장 빠르게 회전합니다. 느린 속도의 회전을 원한다면 값을 줄이십시오. 파워레벨의 최소값은 1, 최대값은 5입니다.

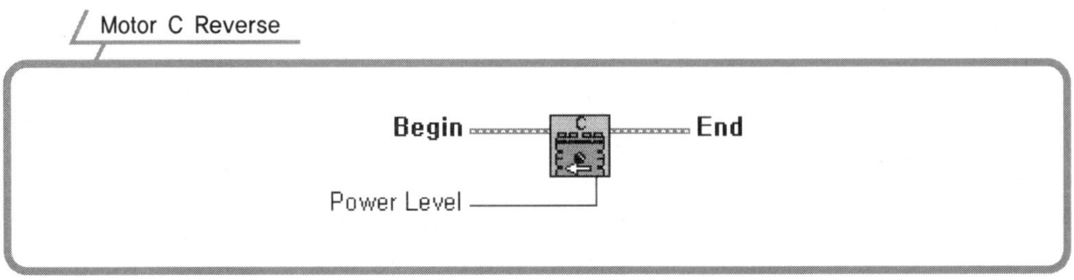

포트 C에 연결된 모터를 역방향으로 회전시키는 명령입니다. 파워레벨은 미지정시 Default 값인 5를 가져서 가장 빠르게 회전합니다. 느린 속도의 회전을 원한다면 값을 줄이십시오. 파워레벨의 최소값은 1, 최대값은 5입니다.

Lamp C

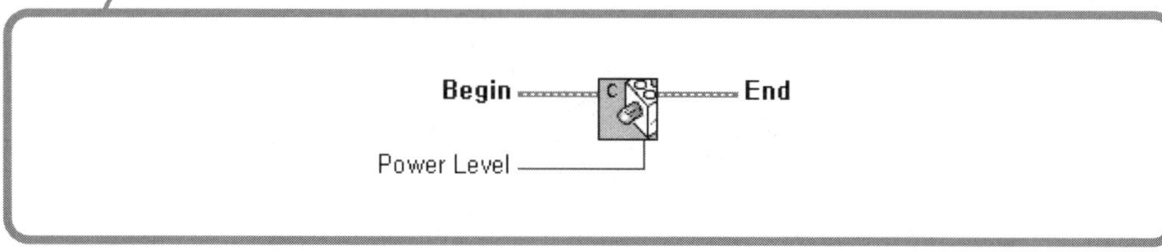

포트C에 연결된 램프를 켜는 명령입니다. 파워레벨은 미지정시 Default 값인 5를 가져서 가장 밝습니다. 빛의 밝기를 줄이기 원한다면 파워레벨을 줄이십시오. 밝기의 최소값(Dim)은 1, 최대값(Bright)은 5입니다.

Stop C

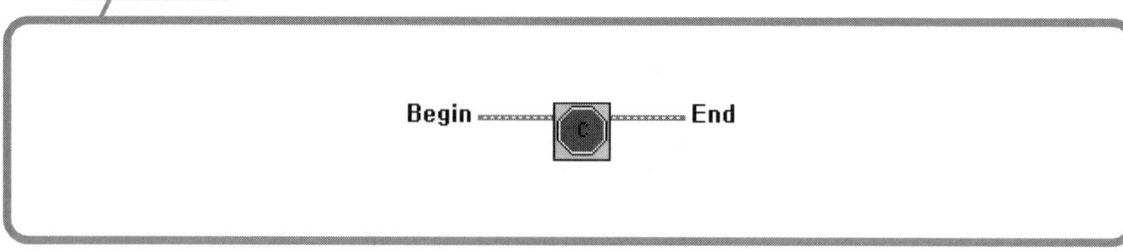

포트 C에 연결된 모터 또는 램프를 정지시키거나 끄는 명령입니다.

Flip Direction

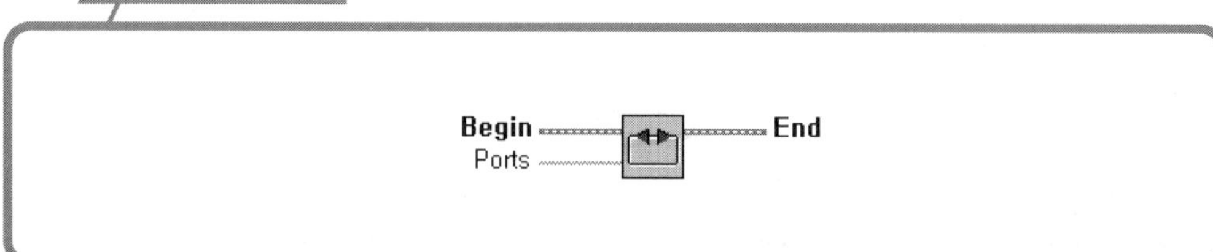

모터의 회전방향을 뒤집는 함수입니다. Ports에 입력값이 없는 경우 모든 모터의 회전 방향이 뒤집어짐에 주의하십시오.

Flip Direction 활용 예

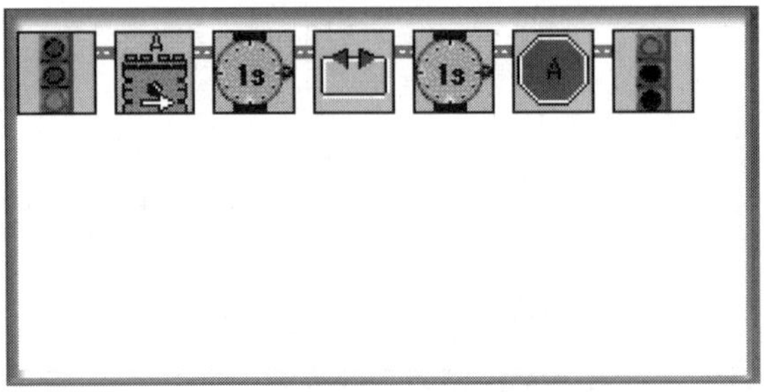

모터 A를 정방향으로 1초간 회전한 뒤 Flip Direction 함수에 의해 모터의 회전 방향이 바뀌어 역방향으로 1초간 회전한 후 정지하는 프로그램입니다.

Lamp

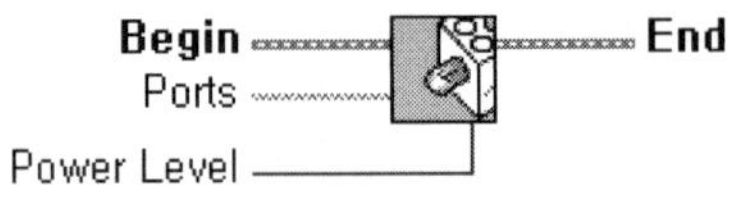

램프를 켜는 함수입니다. 파워레벨의 Default는 5(Bright)입니다. Ports에 입력값이 없는 경우에는 모든 포트의 램프가 켜짐에 유의하십시오.

Stop All Outputs

포트 A, B, C의 모든 포트에 연결된 모터나 램프를 모두 정지시키는 함수입니다.

Motor Forward

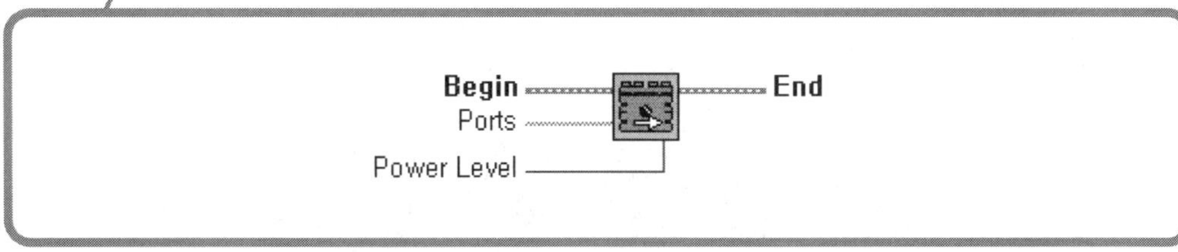

모든 포트에 연결된 모터를 파워레벨 5로 정방향 회전시키는 함수입니다. 특정 포트에 연결된 모터를 구동시키고자 할 경우에는 Ports를 지정하십시오.

Motor Forward 활용 예

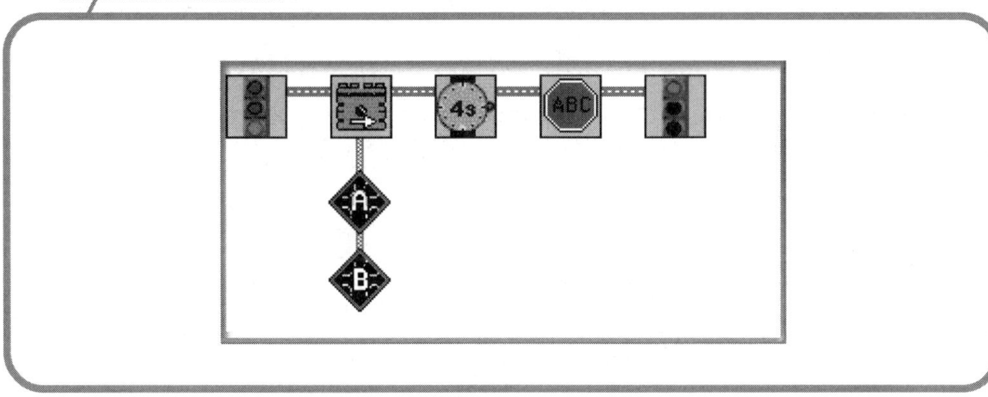

위 예제는 포트 A와 포트 B에 연결된 모터를 4초간 정방향(Forward) 회전시킨 후 모든 포트를 정지시키는 프로그램입니다. 독립 모터 제어 함수를 사용하는 것보다 프로그램을 간략히 할 수 있습니다.

Motor Reverse

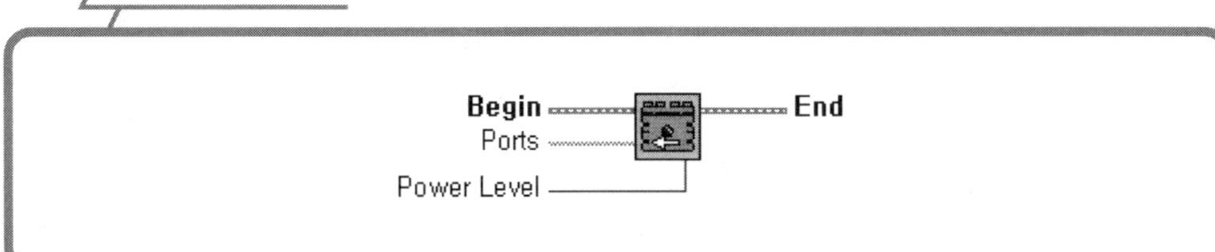

모든 포트에 연결된 모터를 파워레벨 5로 역방향 회전시키는 함수입니다. 특정 포트에 연결

된 모터를 구동시키고자 할 경우에는 Ports를 지정하십시오.

Motor Reverse 활용 예

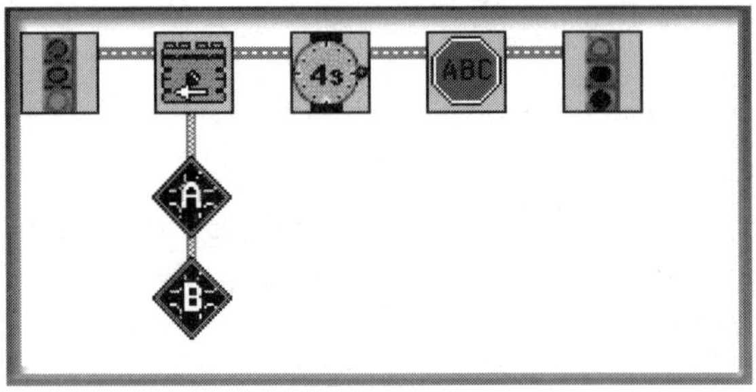

위 예제는 포트 A와 포트 B에 연결된 모터를 4초간 역방향(Reverse) 회전시킨 후 모든 포트를 정지시키는 프로그램입니다. 독립 모터 제어 함수를 사용하는 것보다 프로그램을 간략히 할 수 있습니다.

Stop Output

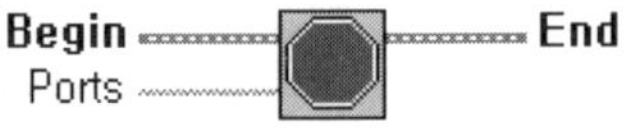

모든 포트에 연결된 모터 또는 램프의 동작을 정지시킵니다. 모터의 경우 브레이크가 걸려서 정지되는 급제동이므로 주의하십시오. 부드러운 제동을 원한다면 Float Output 함수를 활용하십시오. 특정 포트에 연결된 모터만을 정지시키는 경우에는 Ports에 해당포트를 입력하십시오.

Stop Output 활용 예

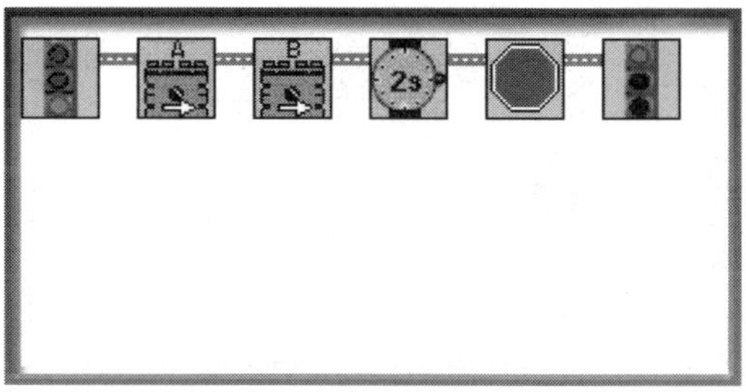

위 프로그램 코드는 포트 A와 포트 B에 연결된 모터를 2초간 정방향 회전시킨 후 두 모터를 정지시키는 프로그램입니다.

Advanced Output Control

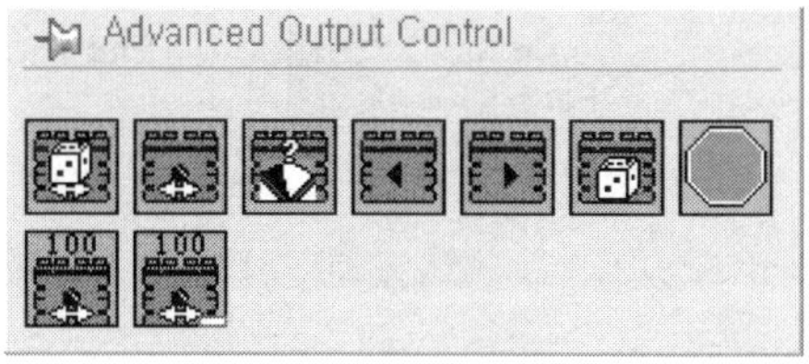

Motor Random

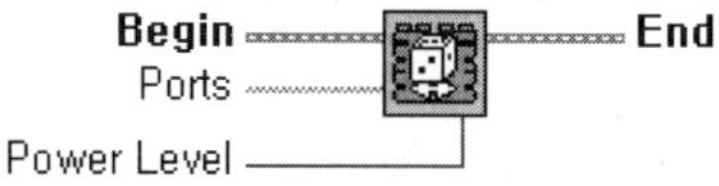

[Motor Random] 함수는 모터를 무작위(Random) 방향으로 구동시키고자 할 경우에 이용합니다. 파워레벨 Default는 5이며 Ports에 입력값이 없으면 포트에 연결된 모든 모터를 구동시킵니다.

Motor Random 활용 예

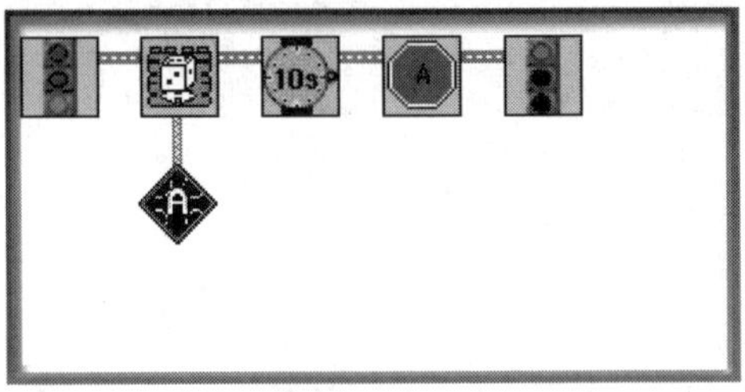

위 프로그램 코드는 포트 A의 모터를 무작위(Random) 방향으로 10초간 회전시킨 후 정지시킵니다.

Motor Forward or Back

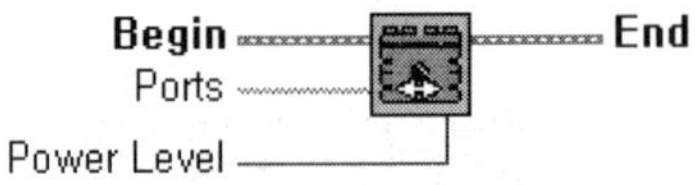

[Motor Forward or Back] 함수는 모터의 속도와 방향을 제어할 수 있는 함수입니다. 파워레벨에 양(+)의 값을 입력할 경우에는 정방향, 음(-)의 값을 입력할 경우에는 역방향, 제로인 경우에는 정지된 상태를 유지하게 되며 값의 크기는 속도를 의미합니다. Default는 모든 포트에 연결된 모터를 정방향으로 파워레벨 5로 회전시킵니다.

Motor Forward or Back 활용 예

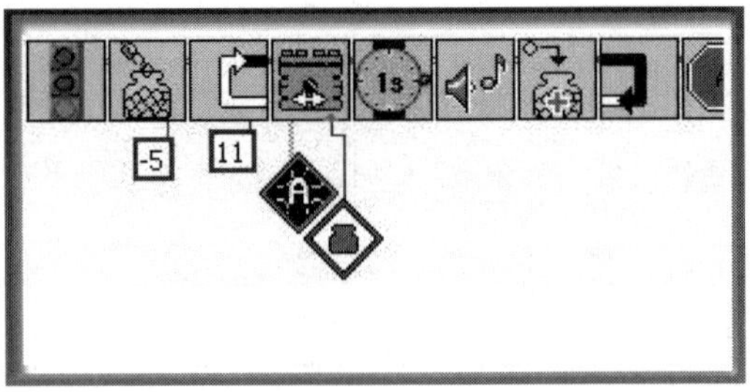

위 프로그램 코드는 먼저 -5를 Red Container에 담습니다. -5의 속도로 1초 동안 회전, Beep 발생, Container의 값을 1만큼 증가시키는 동작을 11번 반복합니다. 따라서 모터는 역방향으로 5-1의 속도로 회전하다가 파워레벨이 제로가 되는 구간에 모터의 회전은 중지되고 다시 정방향으로 1-5의 속도로 회전하게 됩니다.

Change Motor Speed

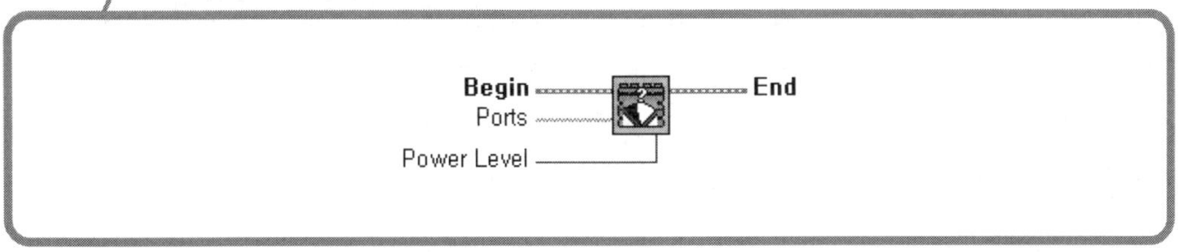

[Change Motor Speed] 함수는 특정 포트에 연결되어 동작 중인 모터의 속도를 변화시키거나 설정하는 함수입니다. Default는 모든 포트에 연결된 모터의 속도를 파워레벨 5로 변화시키게 됩니다.

Change Motor Speed 활용 예

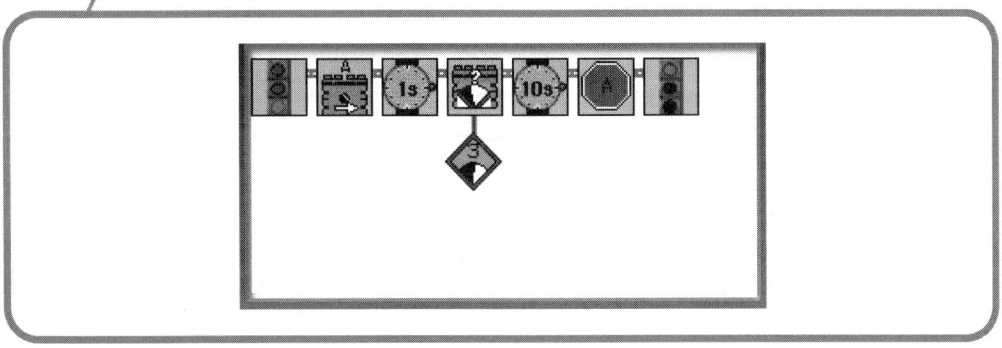

이 프로그램 코드는 포트 A의 모터를 파워레벨 5로 1초간 정방향으로 회전시킨 후 [Change Motor Speed] 함수에 의해 모터의 속도가 3으로 감소되어 10초간 정방향으로 회전한 후 정지합니다.

Reverse

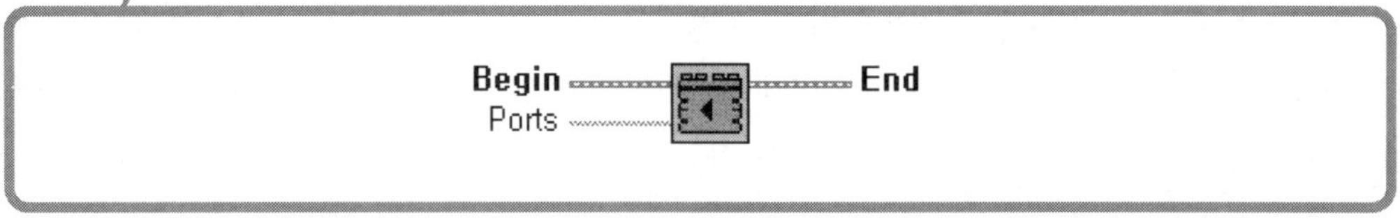

[Reverse] 함수는 단지 모터의 회전 방향을 역으로 변경하는 역할만을 수행하며 모터를 동작시키지는 않습니다. 따라서 이 함수는 모터를 초기 구동시키는 함수와 조합하여 사용하거나 이미 회전 중인 모터를 역방향 회전시키는 역할을 수행합니다. 만약 모터가 역방향 회전 중에 있다면 이 함수에 의해 모터의 회전 방향이 변하지는 않습니다.

Reverse 활용 예

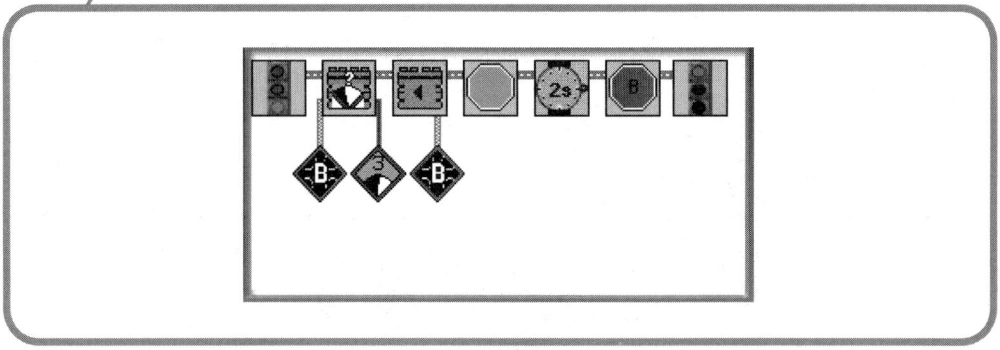

[Change Motor Speed] 함수를 이용하여 포트 B의 모터 속도를 3으로 할당하고 [Reverse] 함수를 이용하여 포트 B의 모터를 역방향으로 설정한 뒤 모터를 동작시킵니다. 2초간 동작 후 모터의 회전은 중지됩니다.

Forward

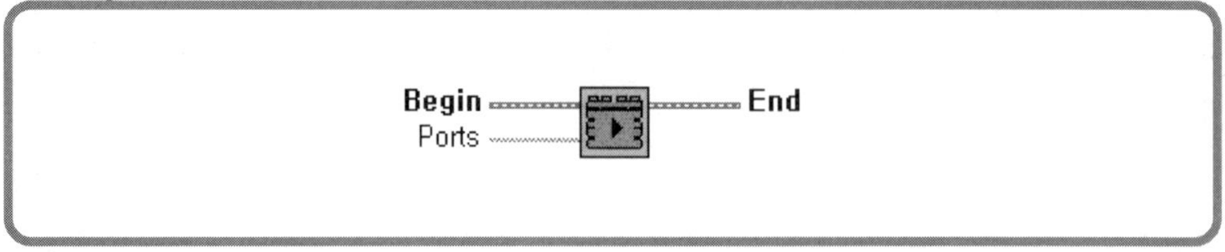

[Forward] 함수는 단지 모터의 회전 방향을 정방향으로 변경하는 역할만을 수행하며 모터

를 동작시키지는 않습니다. 따라서 이 함수는 모터를 초기 구동시키는 함수와 조합하여 사용하거나 이미 회전 중인 모터를 정방향 회전시키는 역할을 수행합니다. 만약 모터가 정방향 회전 중에 있다면 이 함수에 의해 모터의 회전 방향이 변하지는 않습니다.

Forward 활용 예

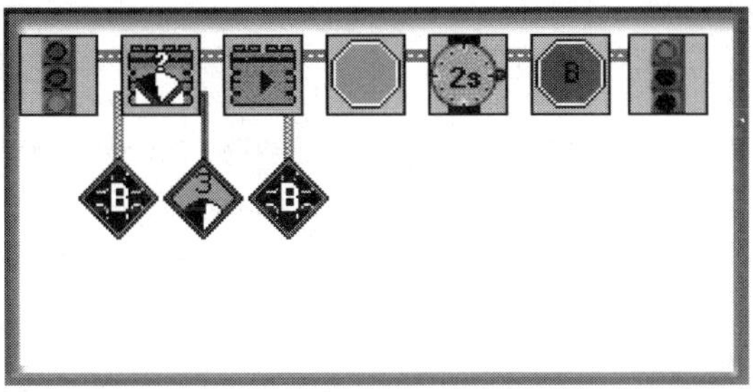

[Change Motor Speed] 함수를 이용하여 포트 B의 모터 속도를 3으로 할당하고 [Forward] 함수를 이용하여 포트 B의 모터를 정방향으로 설정한 뒤 모터를 동작시킵니다. 2초간 동작 후 모터의 회전은 중지됩니다.

Random Direction

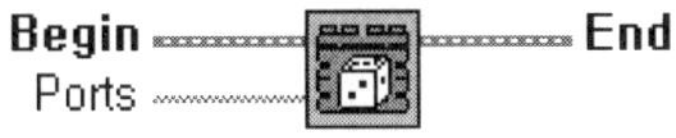

[Random Direction] 함수는 모터의 회전 방향을 무작위(Random)로 설정하며 모터를 구동시키지는 않습니다. 따라서 이 함수는 모터를 초기 구동시키는 함수와 조합하여 사용하거나 이미 회전 중인 모터를 랜덤하게 회전시키는 역할을 수행합니다.

Random Direction 활용 예

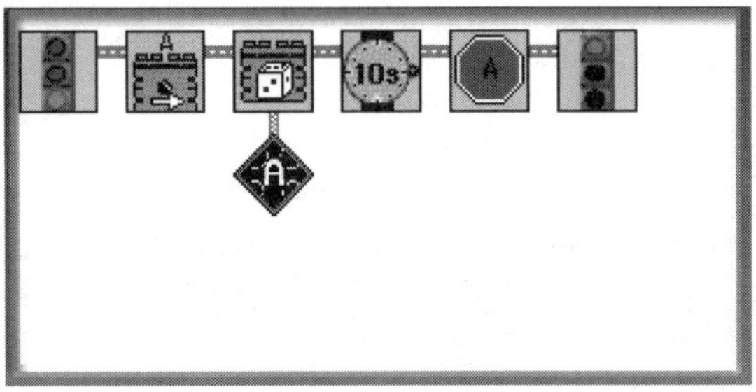

위 프로그램 코드는 최초 포트 A의 모터를 정방향으로 구동시켜 회전 방향을 [Random Direction] 함수를 이용해 정 또는 역방향으로 변경하여 10초간 회전하고 정지합니다.

Turn Output On

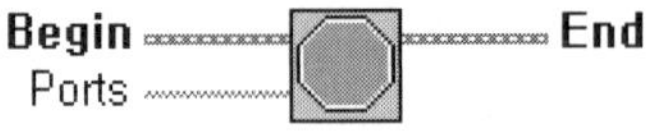

[Turn Output On] 함수는 모터 또는 램프를 시작시킵니다. 파워레벨이나 방향은 지정하지 않고 최종적으로 정의된 값을 사용하게 됩니다.

Turn Output On 활용 예

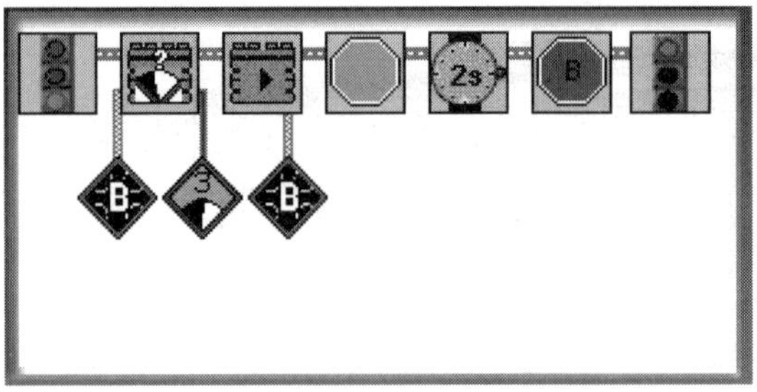

[Change Motor Speed] 함수를 이용하여 포트 B의 모터 속도를 3으로 할당하고 [Forward] 함수를 이용하여 포트 B의 모터를 정방향으로 설정한 뒤 [Turn Output On] 함수를 이용하여 모터를 동작시킵니다. 2초간 동작 후 모터의 회전은 중지됩니다.

Motor Power

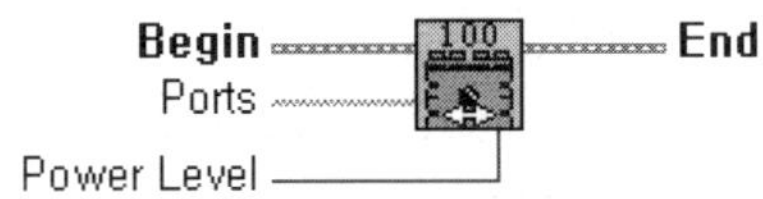

[Motor Power] 함수는 파워레벨 100을 가지고 모터를 정방향 혹은 역방향으로 구동시킵니다. Ports를 이용하여 특정모터를 제어할 수 있습니다. 1부터 100까지는 정방향(Forward), 0은 정지, -1부터 -100까지는 역방향(Reverse) 구동입니다. Default는 100파워레벨로 정방향 구동입니다.

Motor Forward and Back 활용 예

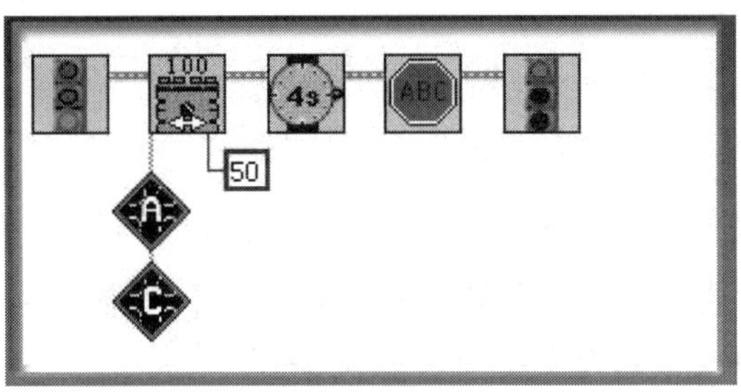

[Motor Power] 함수의 설정을 통해 포트 A와 포트 C의 모터가 속도 50으로 정방향 회전을 시작하여 4초 뒤에 정지합니다.

Motor Forward or Backward String

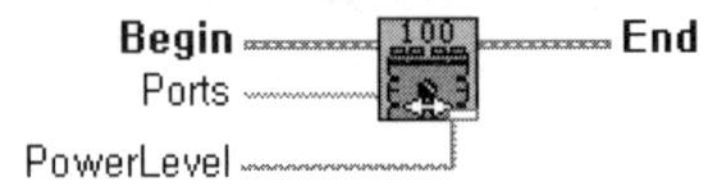

[Motor Forward or Backward String] 함수는 파워레벨 100을 가지고 모터를 정방향 혹은 역방향으로 구동시킵니다. 1부터 100까지는 정방향(Forward), 0은 정지, -1부터 -100까지는 역방향(Reverse) 구동입니다. Default는 100파워레벨로 정방향 구동입니다.

Motor Forward or Backward String 활용 예

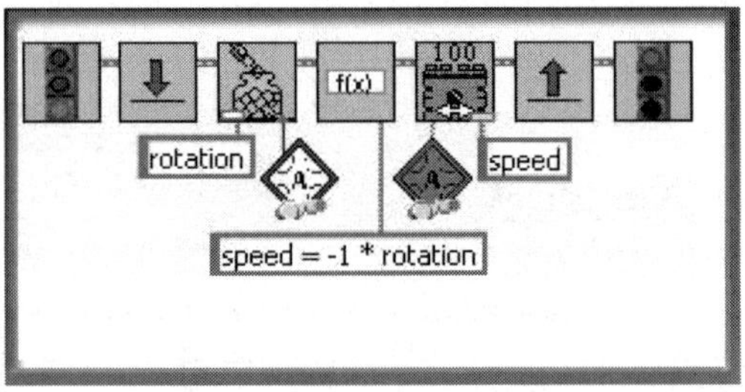

NXT 모터 A의 엔코더 값이 String Container(rotation)에 저장됩니다. 속도는 평가식(speed=-1*rotation) 명령에 의해 계산됩니다. 계산된 가변 속도는 모터 A의 파워레벨로 이용됩니다. 이 과정이 내부의 점프 명령에 의해 반복됩니다.

Play Sound

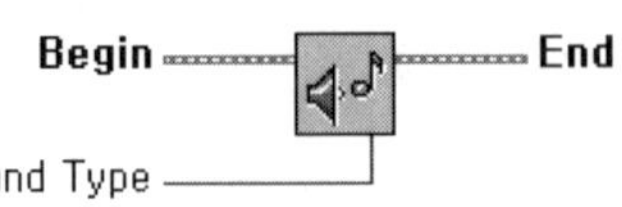

열여섯 종류의 다른 비프음 중의 하나를 발생시키고 종료될 때까지 기다리는 함수입니다.

Default는 6으로 음이 빠르게 증가하면서 변해가는 사운드입니다.

■ Sound Type

1: Key-click

2: Beep Beep

3: Descending Sweep

4: Rising Sweep

5: Buzz

6: Fast Rising Sweep

7: Short Click

8: Exception(error)

9~16: 동일한 사운드를 출력하나 종료될 때까지 기다림은 없습니다.

Play Sound 활용 예

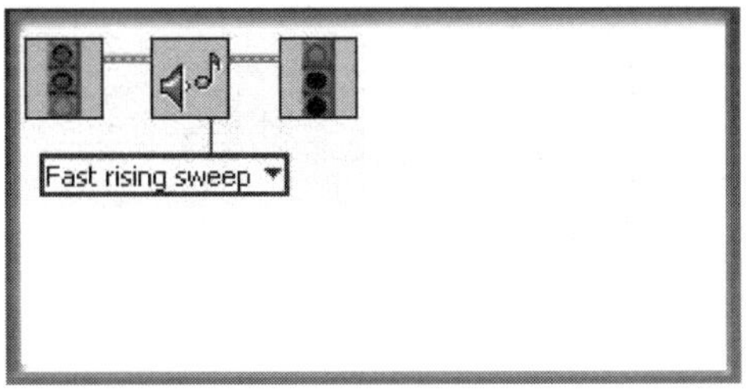

[Play Sound] 함수를 이용하여 Fast rising sweep 사운드를 출력합니다.

Float Outputs

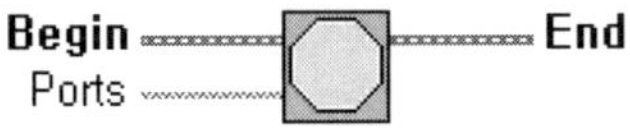

[Float Outputs] 함수는 모터를 천천히 정지시키고자 할 경우에 사용할 수 있는 함수입니다.

Default에서는 모든 포트의 모터를 정지시킵니다.

Float Outputs 활용 예

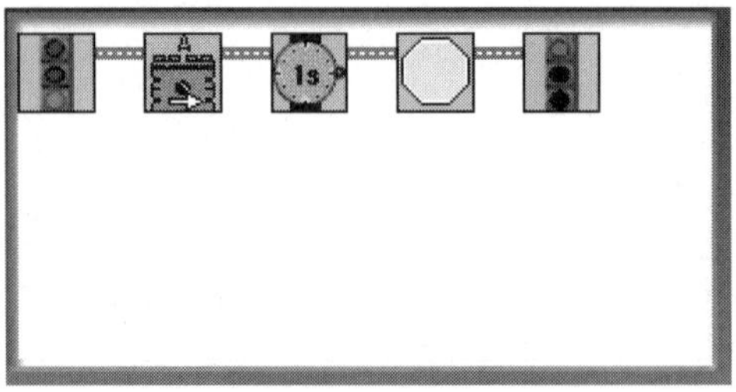

포트 A의 모터를 1초 동안 정방향으로 회전시킨 후 [Float Outputs] 함수를 이용하여 정지시킵니다.

Wait For 함수 모음

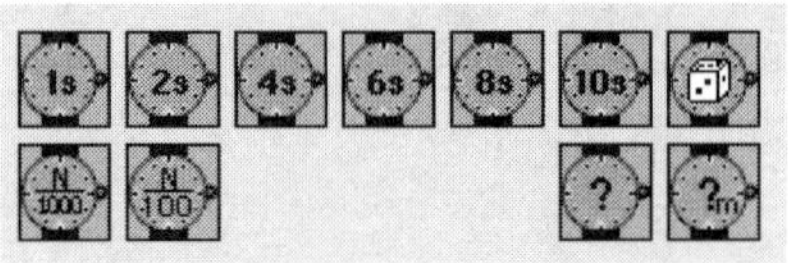

Wait for 1 sec

[Wait for 1 sec] 함수는 1초간 대기하는 명령입니다.

Wait for 1 sec 활용 예

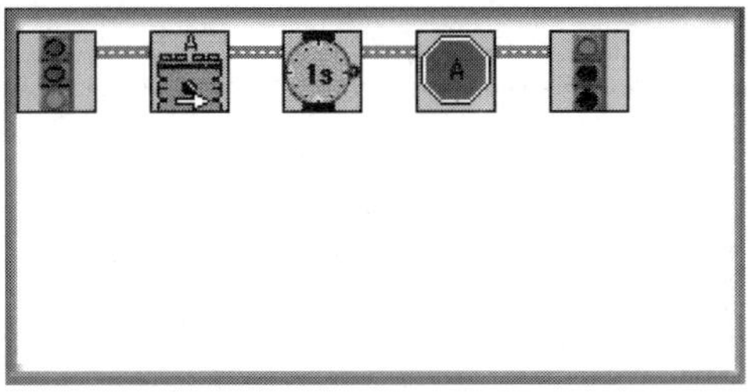

위 프로그램 코드는 모터 A를 정방향 회전시킵니다. [Wait for 1 sec] 함수에 의해 1초간 동작한 뒤 정지합니다.

Wait for 2 sec

[Wait for 2 sec] 함수는 2초간 대기하는 명령입니다.

Wait for 2 sec 활용 예

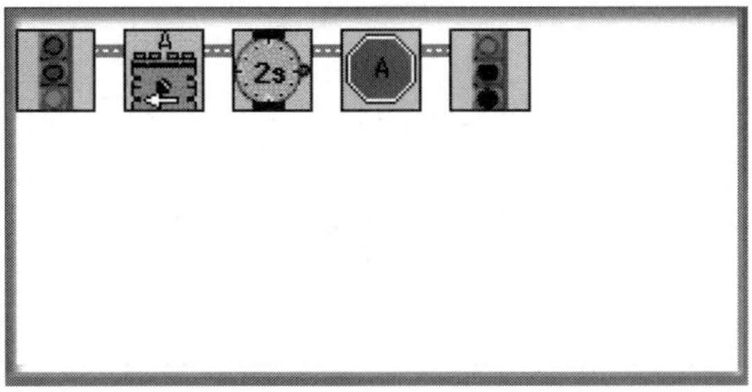

위 프로그램 코드는 모터 A를 역방향 회전시킵니다. [Wait for 2 sec] 함수에 의해 2초간 동

작한 뒤 정지합니다.

Wait for 4 sec

[Wait for 4 sec] 함수는 4초간 대기하는 명령입니다.

Wait for 4 sec 활용 예

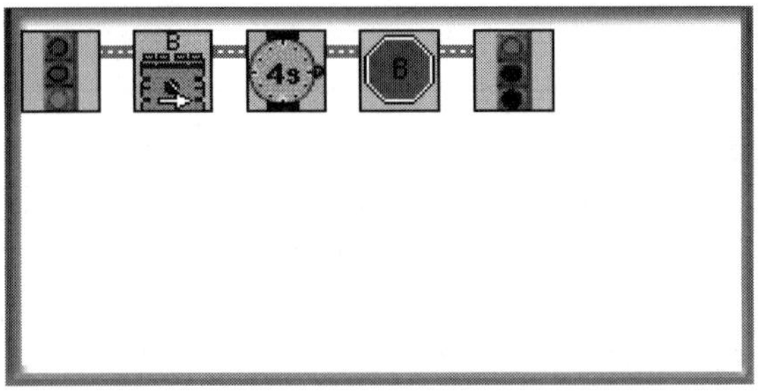

위 프로그램 코드는 모터 B를 정방향 회전시킵니다. [Wait for 4 sec] 함수에 의해 4초간 동작한 뒤 정지합니다.

Wait for 6 sec

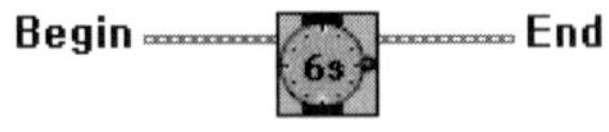

[Wait for 6 sec] 함수는 6초간 대기하는 명령입니다.

Wait for 6 sec 활용 예

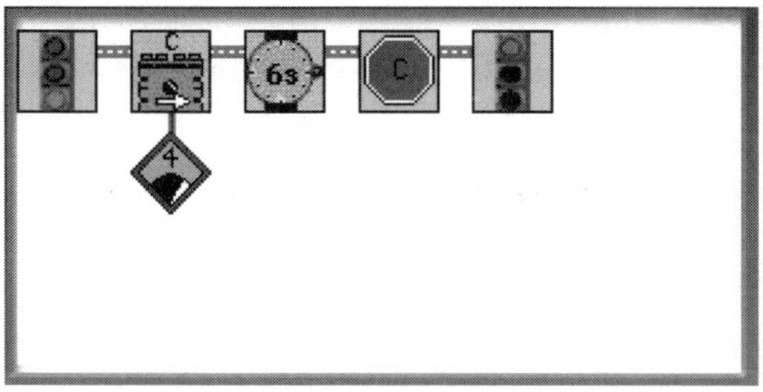

위 프로그램 코드는 모터 C를 파워레벨 4로 정방향 회전시킵니다. [Wait for 6 sec] 함수에 의해 6초간 동작한 뒤 정지합니다.

Wait for 8 sec

[Wait for 8 sec] 함수는 8초간 대기하는 명령입니다.

Wait for 8 sec 활용 예

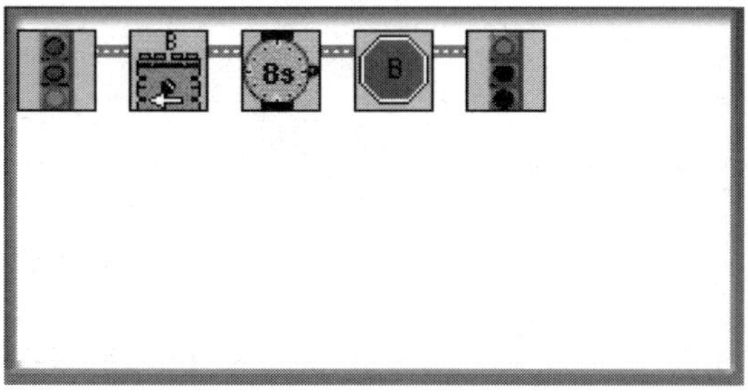

위 프로그램 코드는 모터 B를 역방향으로 회전시킵니다. [Wait for 8 sec] 함수에 의해 8초

간 동작한 뒤 정지합니다.

Wait for 10 sec

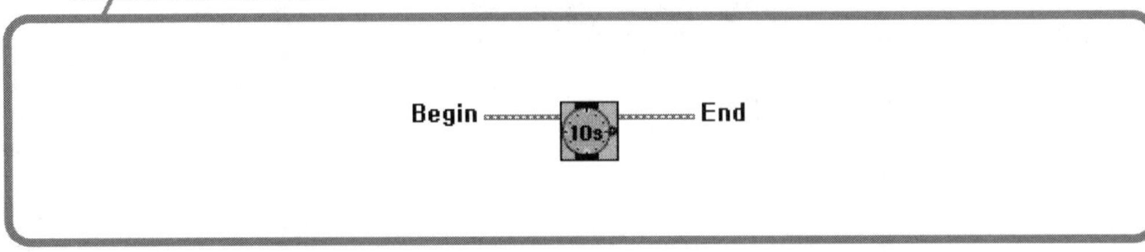

[Wait for 10 sec] 함수는 10초간 대기하는 명령입니다.

Wait for 10 sec 활용 예

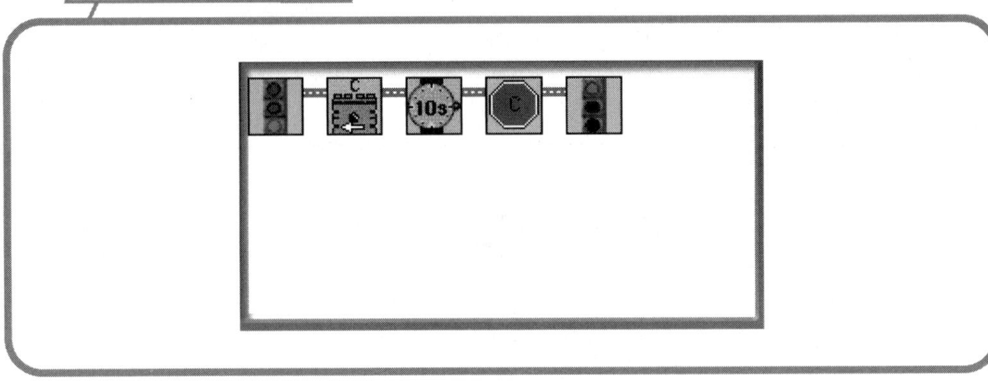

위 프로그램 코드는 모터 C를 10초간 역방향으로 회전시킨 뒤 정지합니다.

Wait for Random Time

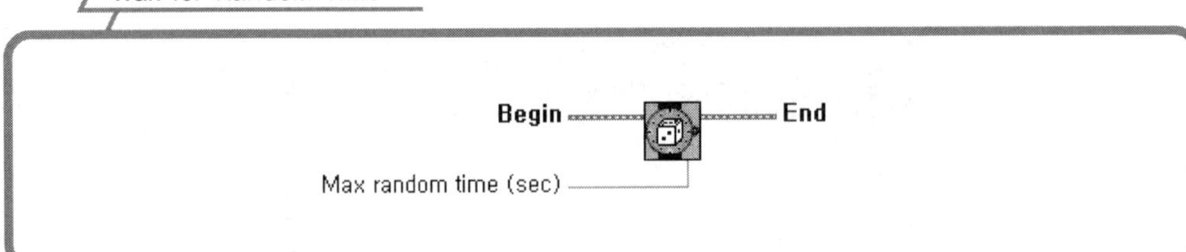

[Wait for Random Time] 함수는 임의의 시간 동안 대기합니다. Default는 0에서 5초 내의 임의의 시간동안 대기하는 함수입니다. 대기 시간을 증가시키려면 Max random time(sec)의 입력값을 조절하십시오.

Wait for Random Time 활용 예

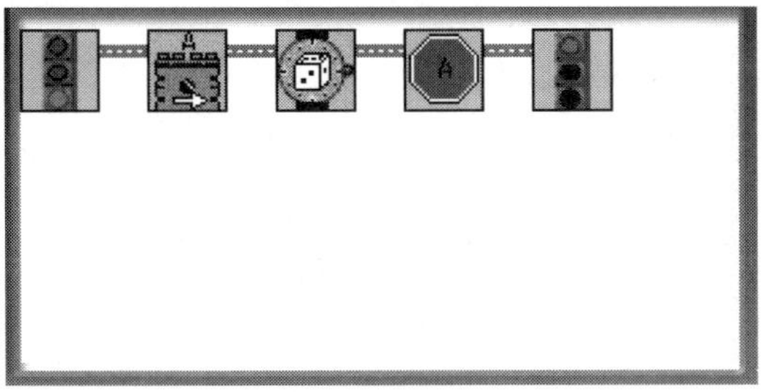

위 프로그램 코드는 모터 A를 정방향으로 회전시킵니다. [Wait for Random Time] 함수에 의해 0에서 5초 사이의 동작 후 정지합니다.

Wait for N thousandths

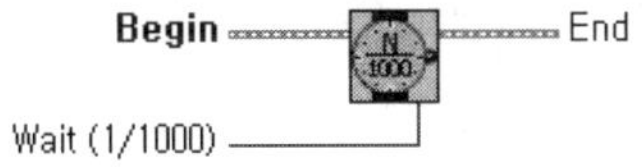

[Wait for N thousandths] 함수는 지정된 시간만큼 대기합니다. Default는 1000[ms]입니다.

Wait for N thousandths 활용 예

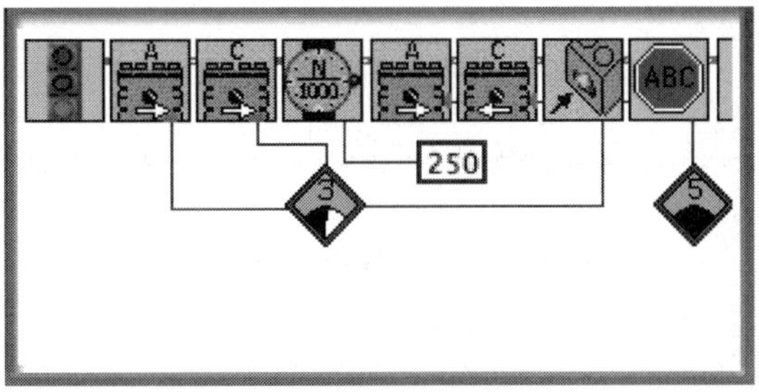

위 프로그램 코드는 모터 A와 모터 C를 250/1000초 동안 정방향 회전시킵니다. 이후 모터

A는 정방향 회전하고, 모터 C는 터치센서가 눌려질 때까지 역방향으로 회전하여 로봇을 회전시킨 후 정지합니다.

Wait for N hundredths of a sec

[Wait for N hundredths of a sec] 함수는 지정된 시간만큼 대기합니다. Default는 1초입니다.

Wait for N hundredths of a sec 활용 예

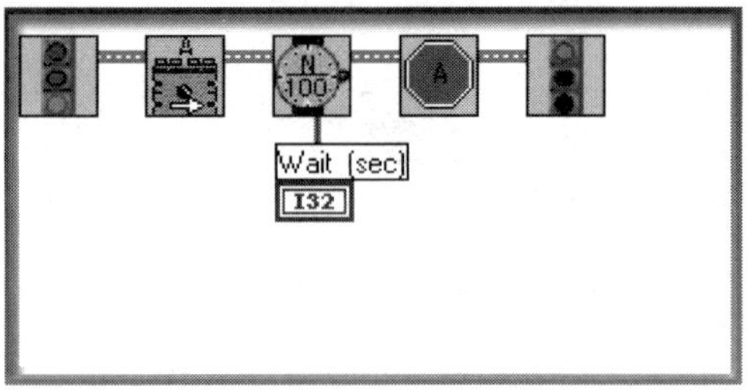

위 프로그램 코드는 모터 A를 정방향 회전시킵니다. 컨트롤 단자 Wait(sec)에 입력된 값을 100으로 나눈 값만큼 대기한 뒤 모터를 정지합니다.

Wait for Time

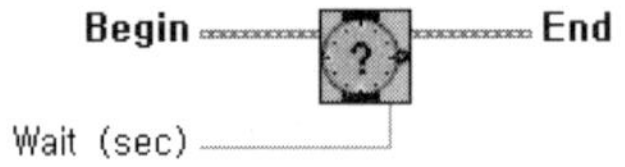

[Wait for Time] 함수는 지정된 시간만큼 대기합니다. Default는 1초입니다.

Wait for Time 활용 예

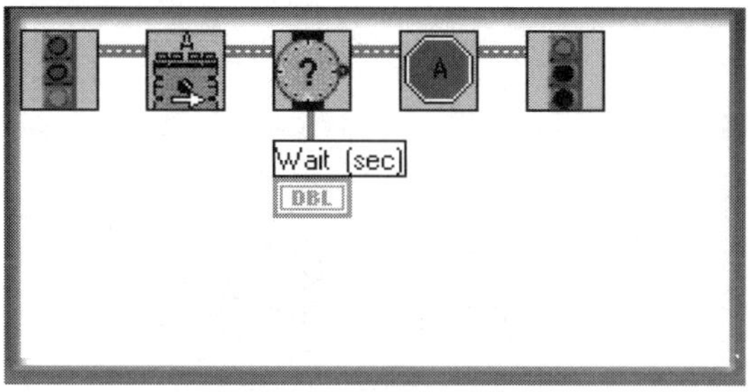

위 프로그램 코드는 모터 A를 Wait(sec) 컨트롤 단자에 입력된 값만큼 정방향 회전시킨 뒤 정지시킵니다.

Wait for Time (min)

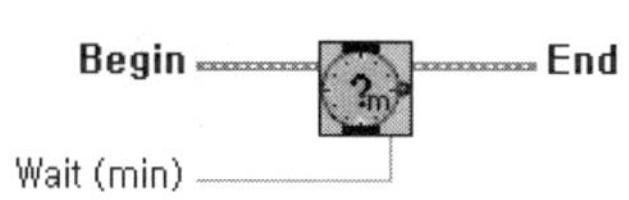

[Wait for Time (min)] 함수는 1분 내의 지정된 시간만큼 대기합니다. Default는 1분입니다.

Wait for Time (min) 활용 예

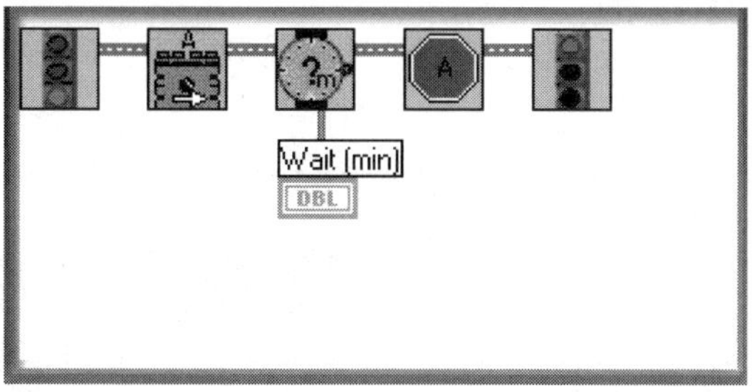

위 프로그램 코드는 모터 A를 Wait(sec) 컨트롤 단자에 입력된 값만큼 정방향 회전시킨 뒤 정지시킵니다.

Behaviors

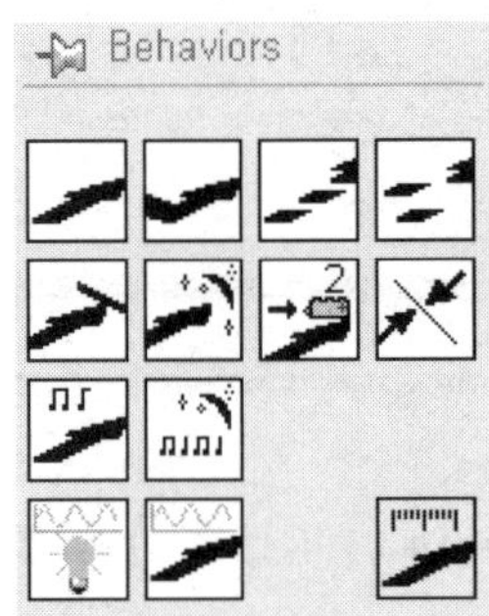

Go Straight

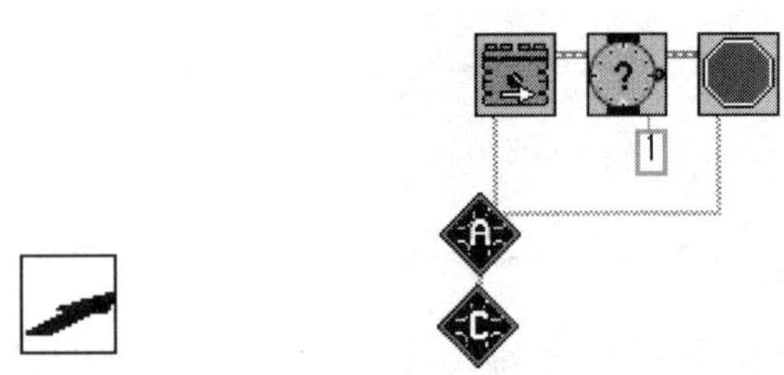

[Go Straight] 함수는 모터 A와 C를 1초 동안 회전시킵니다. 동일한 방향으로 결합된 상태에서는 로봇이 전진을 하게 됩니다.

Turn

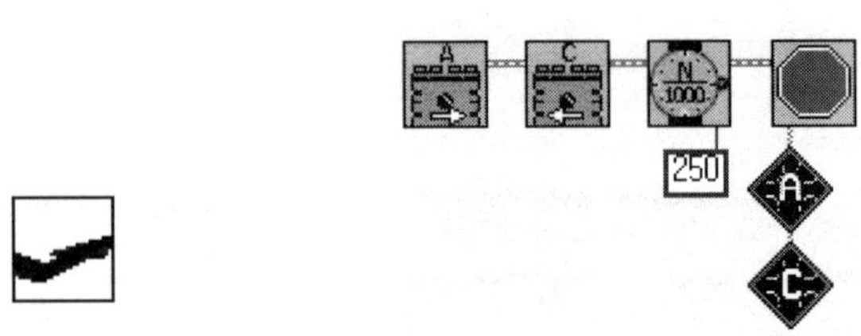

[Turn] 함수는 두 개의 모터와 하나의 추축(Pivot)을 가지는 "tricycle", 즉 세 개의 바퀴를 가지는 형태의 로봇을 1/4 만큼 회전시키는 기능을 가집니다. 모터 A는 정방향, 모터 C는 역방향으로 250/1000만큼 구동시키게 되므로 1/4만큼 회전하게 되는 것입니다.

Lurch

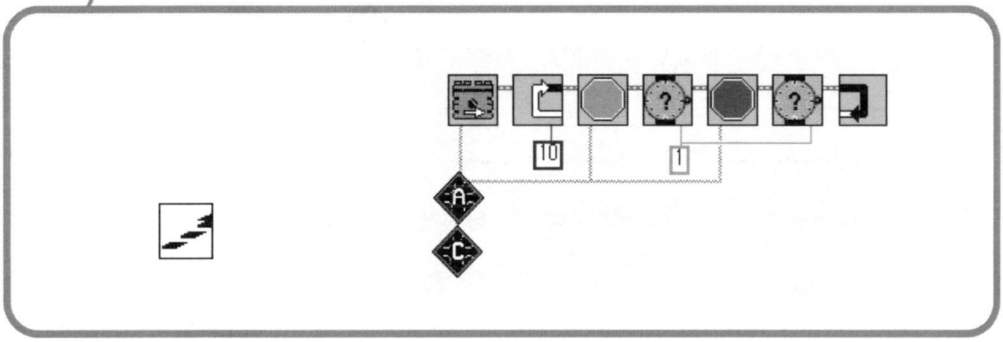

[Lurch] 함수는 모터 A와 모터 C를 1초 동안 회전시키고 1초 동안 멈추는 동작을 10회 반복합니다. 20초 동안 동작함을 알 수 있습니다.

Snake

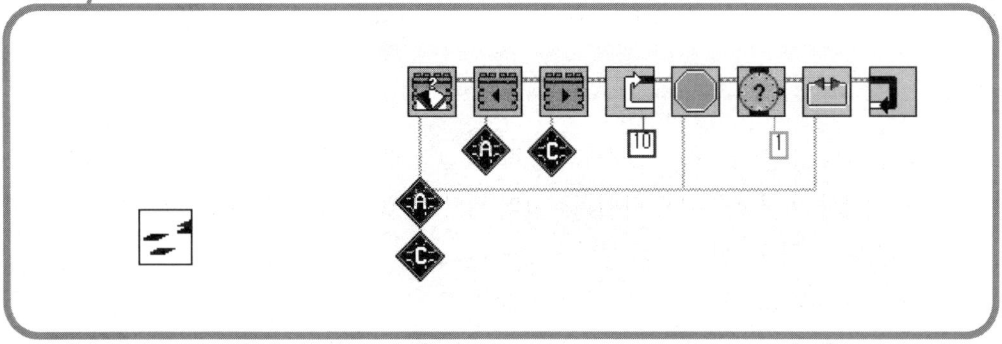

[Snake] 함수는 왼쪽, 오른쪽 회전 동작을 10회 반복합니다.

Drive To Bump

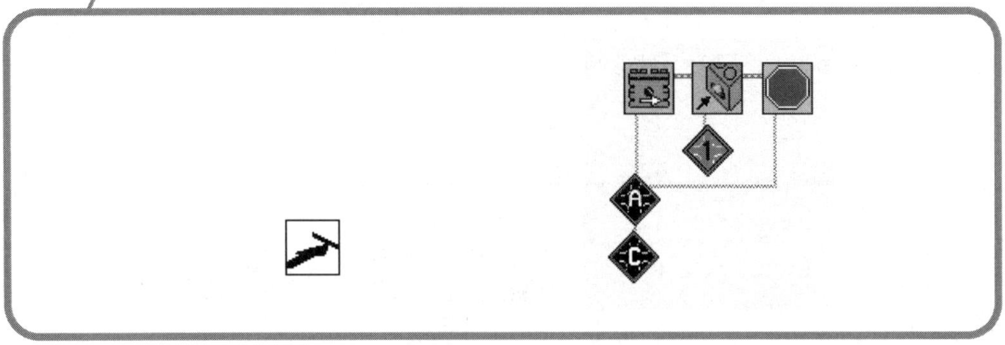

[Drive To Bump] 함수는 모터 A와 모터 C를 터치센서가 눌려질 때까지 회전시킵니다.

Drive To Dark

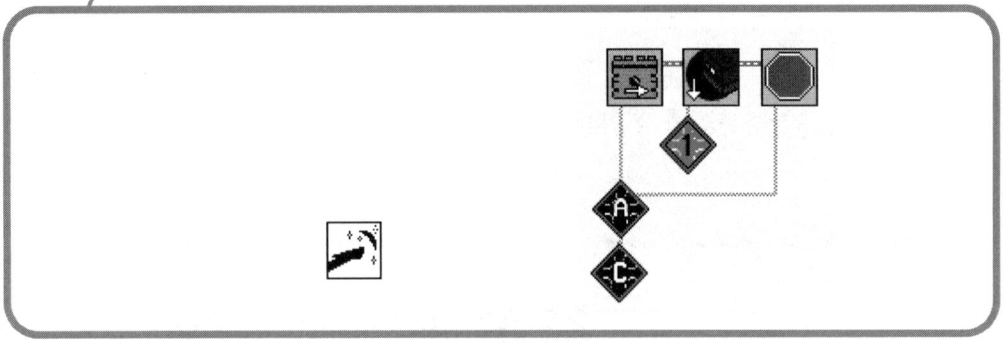

[Drive To Dark] 함수는 라이트센서의 입력 빛 값의 레벨이 50에 도달할 때까지 모터 A와 모터 C를 정방향 회전시킵니다. 라이트센서의 입력 빛 레벨 값을 조절하여 정지시키는 빛의 세기를 제어할 수 있습니다.

Two Button Remote

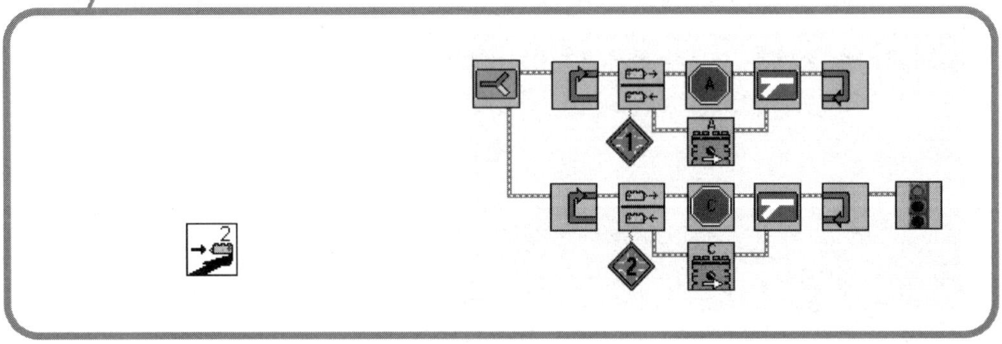

[Two Button Remote] 함수는 모터 A를 채널 1의 터치센서를 이용하여 제어하고 모터 C는 채널 2의 터치센서를 이용하여 제어할 때 사용합니다. 터치센서가 눌려질 때 모터가 동작합니다.

NXT와 관련된 Wait For 함수 모음

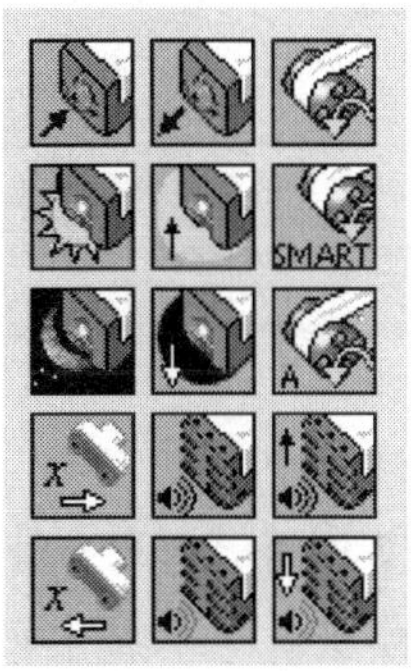

NXT Wait for Push

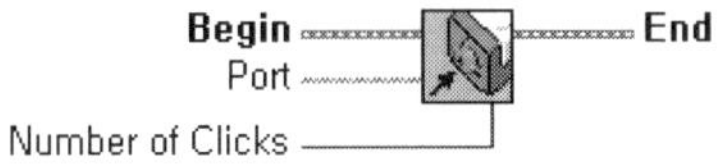

[NXT Wait for Push] 함수는 NXT의 터치센서가 눌려질 때까지 대기합니다. Default는 포트 1에 연결된 터치센서의 입력입니다. 만약 터치센서가 프로그램이 [NXT Wait for Push] 명령을 수행하기 전에 눌려진다면 NXT는 터치센서가 다시 눌려질 때까지 대기합니다. Number of Clicks에 정수값을 입력하게 되면 해당 입력값 만큼의 눌려짐이 발생할 때까지 대기합니다.

NXT Wait for Push 활용 예

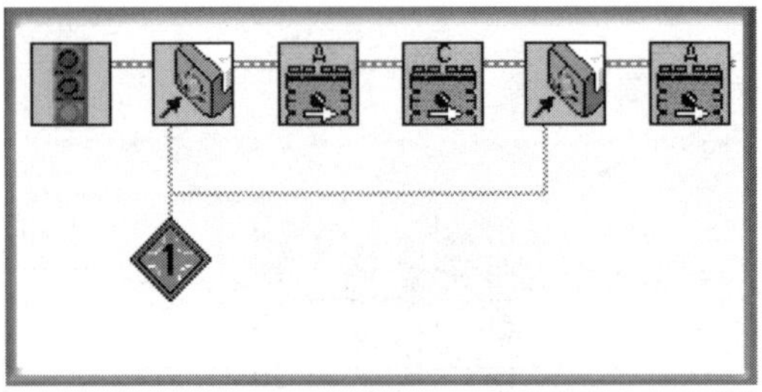

위의 프로그램 코드는 [NXT Wait for Push] 함수를 이용하여 포트 1의 NXT 터치센서가 눌려질 때까지 대기합니다. 터치센서가 눌려지면 모터 A와 모터 C가 정방향 구동을 시작하여 포트 1의 터치센서가 다시 눌려질 때까지 모터는 회전하게 됩니다.

NXT Wait for LetGo

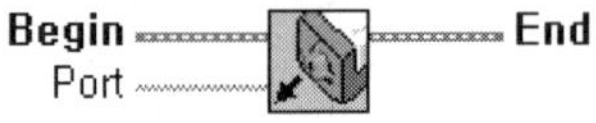

[NXT Wait for LetGo] 함수는 NXT의 터치센서가 눌렸다 떨어질 때까지 대기합니다. Default는 포트 1에 연결된 터치센서의 입력입니다. 만약 터치센서가 프로그램이 [NXT Wait for Push] 명령을 수행하기 전에 눌렸다 떨어진다면 NXT는 터치센서가 다시 눌려져서 떨어질 때까지 대기합니다.

NXT Wait for LetGo 활용 예

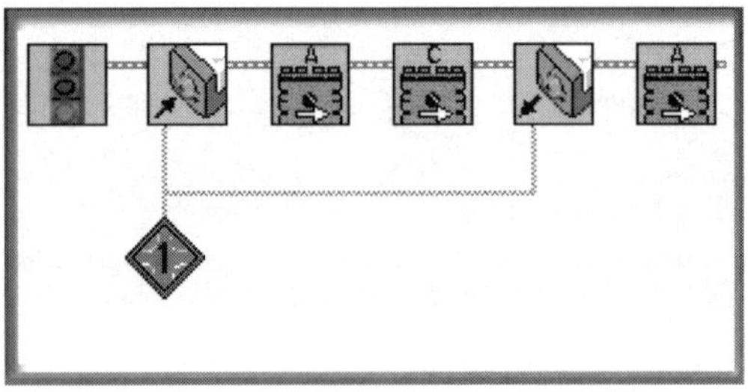

위의 프로그램 코드는 [NXT Wait for Push] 함수를 이용하여 포트 1의 NXT 터치센서가 눌려질 때까지 대기합니다. 터치센서가 눌려지면 모터 A와 모터 C가 정방향 구동을 시작합니다. [NXT Wait for LetGo] 함수가 있으므로 포트 1의 터치센서가 떨어질 때까지 모터는 회전하게 됩니다.

NXT Wait for Light

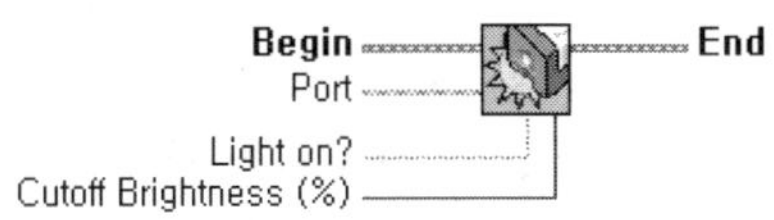

[NXT Wait for Light] 함수는 NXT 라이트 센서로부터 특정 밝기 이상의 값이 검출될 때까지 대기합니다. 라이트 센서의 Default는 포트 1이며 밝기의 기준은 55입니다. NXT의 라이트 센서는 1부터 100까지의 밝기를 구별할 수 있습니다. Light On 터미널의 Default는 TRUE이며 이때는 LED를 켜게 되고, FALSE인 경우에는 LED를 끕니다.

NXT Wait for Light 활용 예

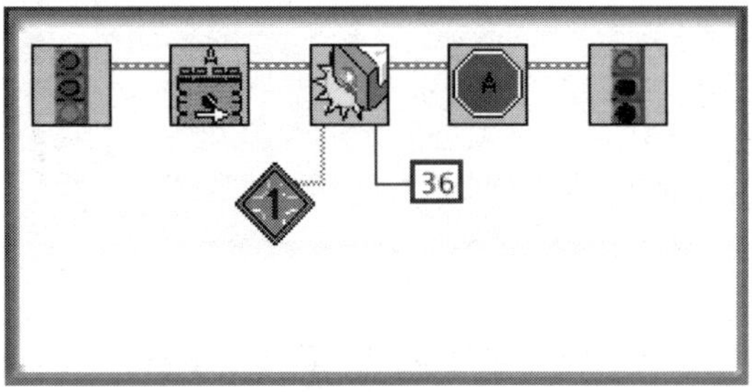

위의 프로그램 코드에서는 모터 A가 정방향으로 구동하며 [NXT Wait for Light] 함수를 이용하여 NXT의 라이트 센서에 36 이상의 밝기 값이 검출되면 모터를 정지시키게 됩니다.

NXT Wait for Brighter

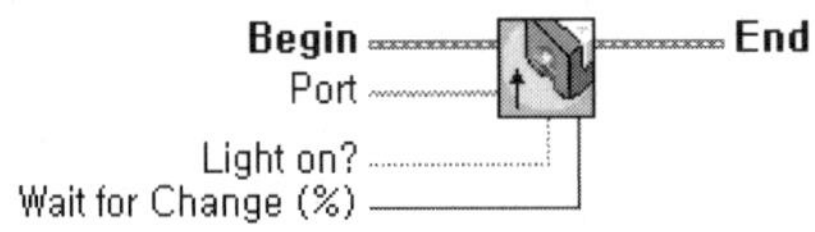

[NXT Wait for Brighter] 함수는 NXT의 라이트 센서가 현재값보다 더 밝은 값을 검출할 때까지 대기합니다. Default는 포트 1의 라이트 센서의 값이 5만큼 증가할 때까지 대기합니다. Light On 터미널의 Default는 TRUE로서 LED가 ON 상태가 되며, FALSE 입력에서는 LED가 OFF 됩니다. Wait for change 터미널의 입력값 조절을 통해서 특정값 만큼의 증가가 있는 경우까지 대기하도록 설정할 수 있습니다.

NXT Wait for Brighter 활용 예

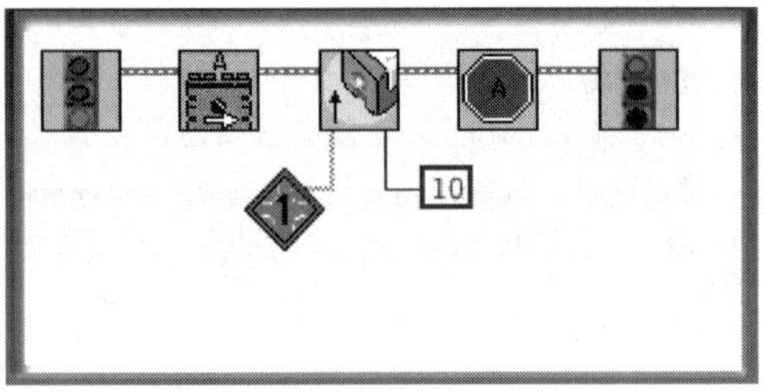

위의 프로그램 코드는 모터 A를 정방향 회전시킵니다. [NXT Wait for Brighter] 함수를 이용하므로 포트 1에 10만큼의 증가된 밝기 값이 검출되면 모터를 정지시킵니다.

NXT Wait for Dark

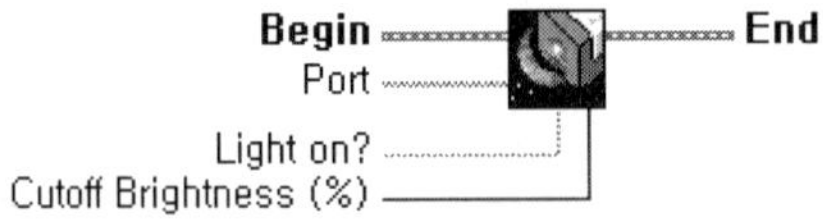

[NXT Wait for Dark] 함수는 NXT의 라이트 센서가 설정된 특정값보다 더 어두운 값을 검출할 때까지 대기합니다. Default는 포트 1의 라이트 센서의 값이 55 보다 더 어두운 값을 검출할 때까지 대기합니다. 라이트 센서의 값은 1부터 100 사이의 값입니다. Light On 터미널의 Default는 TRUE로서 LED가 ON 상태가 되며, FALSE 입력에서는 LED가 OFF 됩니다. Cutoff Brightness 터미널의 입력값 조절을 통해서 1부터 100 사이의 값 설정이 가능합니다.

NXT Wait for Dark 활용 예

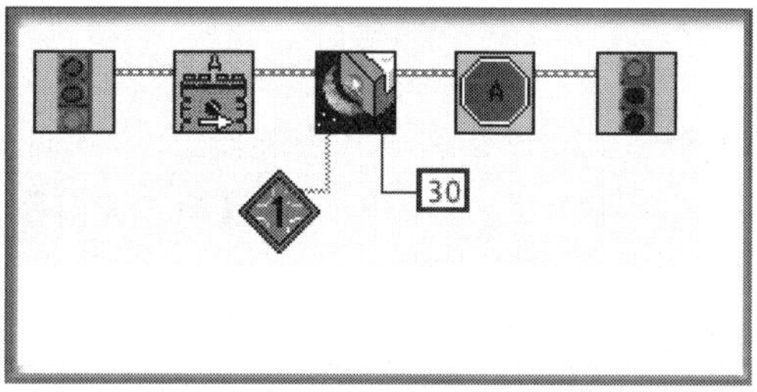

위의 프로그램 코드는 모터 A를 정방향 회전시킵니다. [NXT Wait for Dark] 함수를 이용하므로 포트 1에 30보다 어두운 밝기 값이 검출되면 모터를 정지시킵니다.

NXT Wait for Darker

[NXT Wait for Darker] 함수는 NXT의 라이트 센서가 현재값보다 더 어두운 값을 검출할 때까지 대기합니다. Default는 포트 1의 라이트 센서의 현재 값보다 5 이상 감소할 때까지 대기합니다. Light On 터미널의 Default는 TRUE로서 LED가 ON 상태가 되며, FALSE 입력에서는 LED가 OFF 됩니다. Wait for change 터미널의 입력값 조절을 통해서 특정값 만큼의 감소가 있는 경우까지 대기하도록 설정할 수 있습니다.

NXT Wait for Darker 활용 예

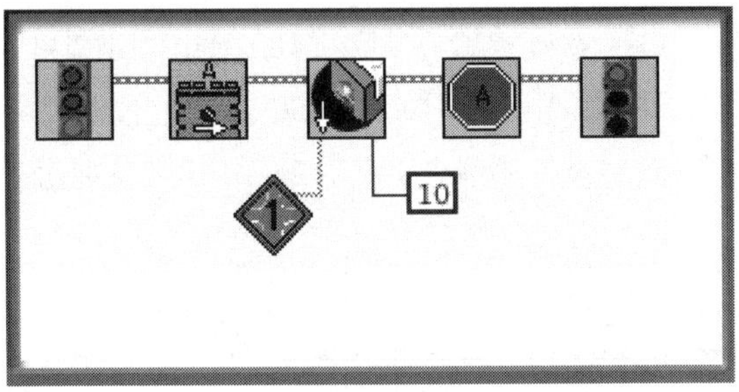

위의 프로그램 코드는 모터 A를 정방향 회전시킵니다. [NXT Wait for Darker] 함수를 이용하므로 포트 1에 10만큼의 감소된 어두운 밝기 값이 검출되면 모터를 정지시킵니다.

NXT Wait for Rotation

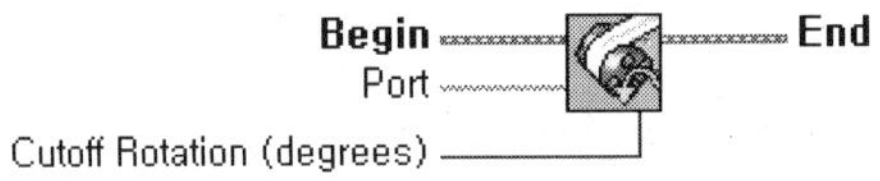

[NXT Wait for Rotation] 함수는 NXT의 모터에 내장된 엔코더의 각도값이 특정 각도 이상으로 발생할 때까지 대기합니다. Default는 포트 A의 각도값이 360도(한바퀴) 만큼 될 때까지 대기합니다. Cutoff Rotation 입력값을 통해 특정 각도가 될 때까지 대기하도록 제어할 수 있습니다.

NXT Wait for Rotation 활용 예

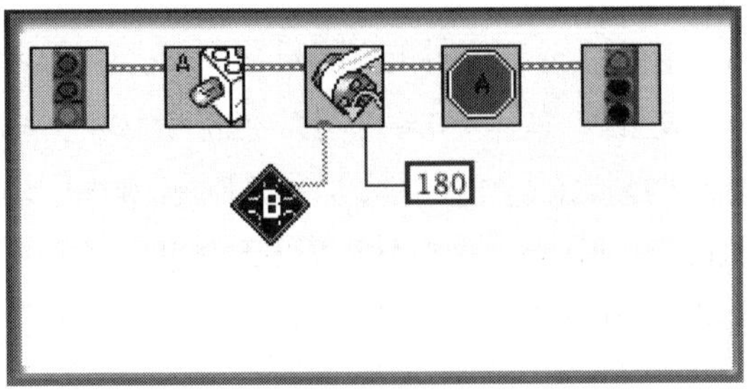

이 프로그램 코드는 램프 A를 켭니다. 포트 B의 엔코더 각도 값이 180도(반바퀴)에 도달하면 램프 A가 꺼집니다.

NXT Wait for Location

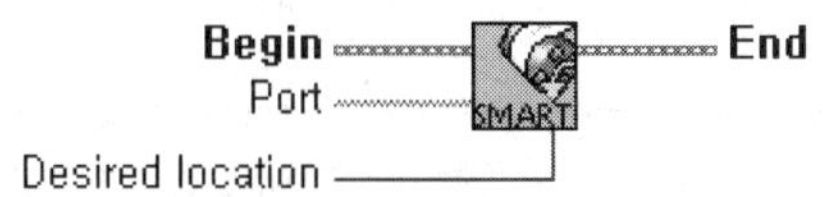

[NXT Wait for Location] 함수는 비례 제어를 이용하여 모터를 특정 위치로 이동시킵니다. 만약 여러 대의 모터를 연결한다면 첫 번째 하나만을 추종하게 됩니다.

NXT Wait for Location 활용 예

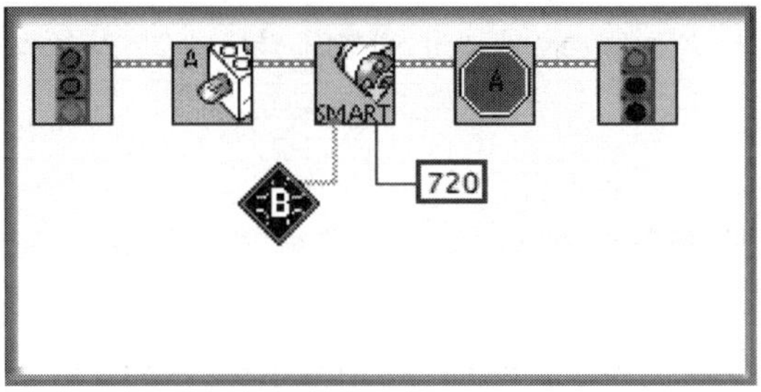

위 프로그램 코드는 램프 A를 ON 시킵니다. 포트 B의 엔코더 각도가 720도(두바퀴) 보다 큰 값이 입력될 때 램프 A를 OFF 시킵니다.

NXT Wait for Rotation w/o Reset

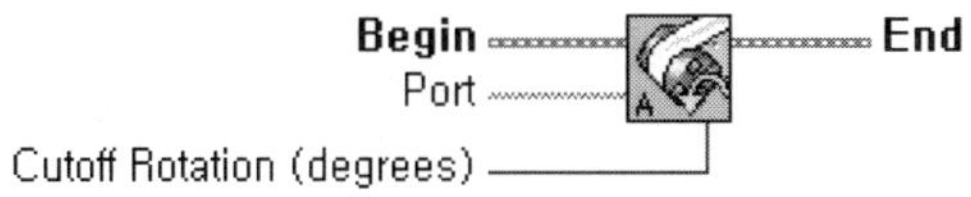

[NXT Wait for Rotation w/o Reset] 함수는 NXT의 모터에 내장된 엔코더의 각도값이 특정

각도 이상으로 발생할 때까지 대기합니다. Default는 포트 A의 각도값이 360도(한바퀴) 이상이 될 때까지 대기합니다. Cutoff Rotation 입력값을 통해 특정 각도가 될 때까지 대기하도록 제어할 수 있습니다.

NXT Wait for Rotation w/o Reset 활용 예

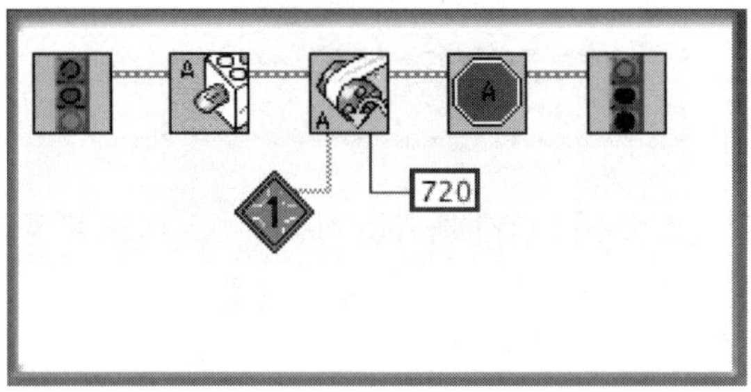

위 프로그램 코드는 램프 A를 ON 시키고 엔코더 각도가 720도(두바퀴)가 될 때 램프 A를 OFF 시킵니다.

NXT Forward Distance X

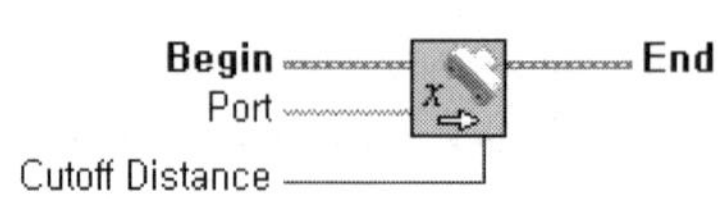

[NXT Forward Distance X] 함수는 NXT의 거리센서(초음파센서)가 출발값으로부터 특정 거리(cm) 이상이 될 때까지 대기합니다. Default는 포트 1의 거리센서에 20cm 이상의 값이 검출될 때까지 대기합니다. 거리센서는 1cm부터 200cm 사이의 값을 검출할 수 있습니다.

NXT Forward Distance X 활용 예

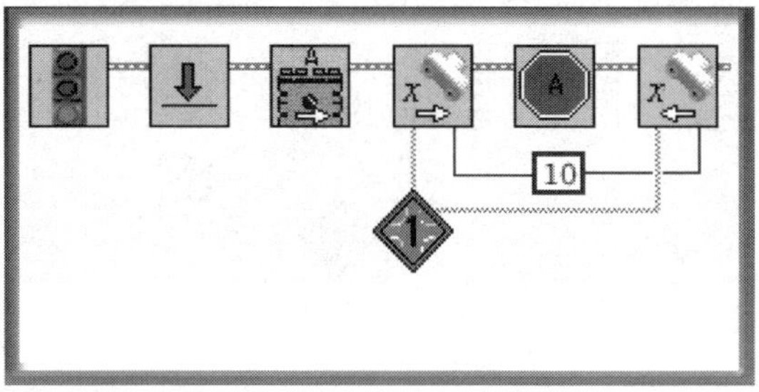

위 프로그램 코드는 모터 A를 정방향으로 회전시킵니다. [NXT Forward Distance X] 함수에 의해 포트 1의 거리센서의 값이 10cm 보다 커지면 모터는 정지합니다. 다시 거리센서의 입력값이 10cm 이하로 떨어지면 프로그램의 시작점으로 돌아가 모터 A를 다시 회전시키게 됩니다.

NXT Reverse Distance X

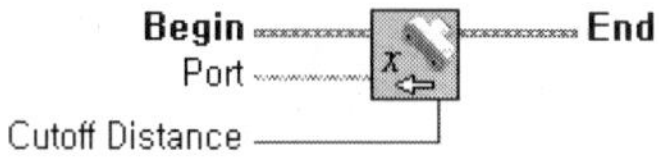

[NXT Reverse Distance X] 함수는 NXT의 거리센서(초음파센서)가 출발값으로부터 특정거리(cm) 이하가 될 때까지 대기합니다. Default는 포트 1의 거리센서에 20cm 이하의 값이 검출될 때까지 대기합니다. 거리센서는 1cm부터 200cm 사이의 값을 검출할 수 있습니다.

NXT Reverse Distance X 활용 예

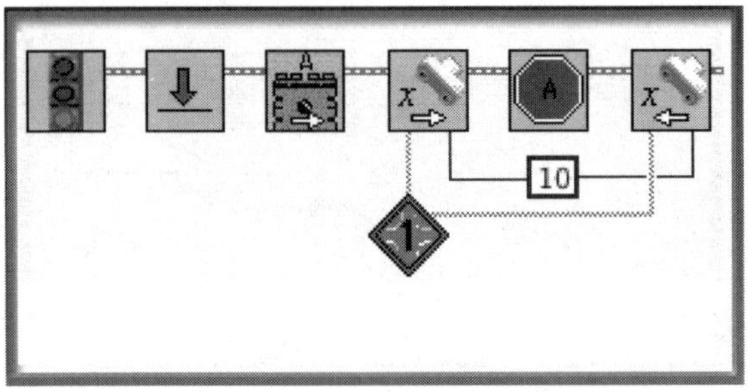

위 프로그램 코드는 모터 A를 정방향으로 회전시킵니다. 포트 1의 거리센서의 값이 10cm보다 커지면 모터는 정지합니다. 다시 거리센서의 입력값이 10cm 이하로 떨어지면 [NXT Reverse Distance X] 함수에 의해 프로그램의 시작점으로 돌아가 모터 A를 다시 회전시키게 됩니다.

NXT Wait for Loud

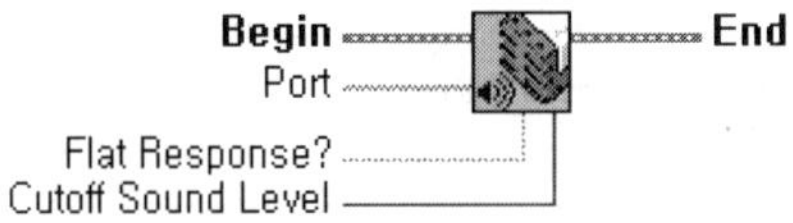

[NXT Wait for Loud] 함수는 NXT 사운드 센서가 소리의 증가를 검출할 때까지 대기합니다. Default는 포트 1의 사운드 센서 입력입니다. Cutoff Sound Level 터미널에는 dB 단위로 소리의 크기를 입력합니다. Default는 70dB입니다. Flat Response 터미널을 통해 모든 주파수 대역의 소리를 동일하게 처리할 수 있으며, 만약 모든 소리의 크기가 일정할 경우에는 주파수 측정에 활용할 수 있습니다.

NXT Wait for Loud 활용 예

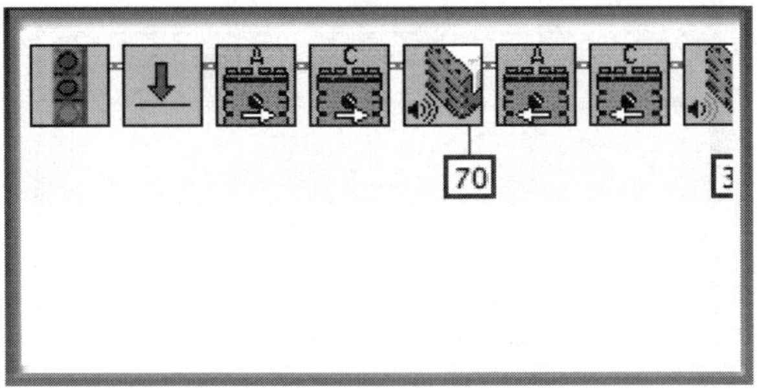

위 프로그램 코드는 모터 A와 모터 C를 정방향으로 회전시킵니다. [NXT Wait for Loud] 함수에 의해 사운드센서에 70dB 이상의 소리가 검출되면 모터 A와 모터 C를 역방향 회전시킵니다. 만약 사운드 센서의 입력이 35 %이하로 떨어지게 되면 시작점으로 점프하여 다시 두 모터를 정방향 회전시키게 됩니다.

NXT Wait for Quiet

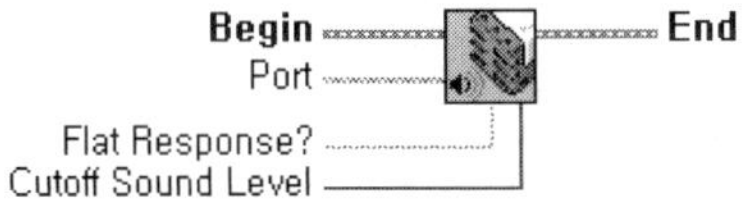

[NXT Wait for Quiet] 함수는 NXT 사운드 센서가 소리의 감소를 검출할 때까지 대기합니다. Default는 포트 1의 사운드 센서 입력입니다. Cutoff Sound Level 터미널에는 % 단위로 소리의 감소 정도를 입력합니다. Default는 70%입니다. Flat Response 터미널을 통해 모든 주파수 대역의 소리를 동일하게 처리할 수 있으며, 만약 모든 소리의 크기가 일정할 경우에는 주파수 측정에 활용할 수 있습니다.

NXT Wait for Quiet 활용 예

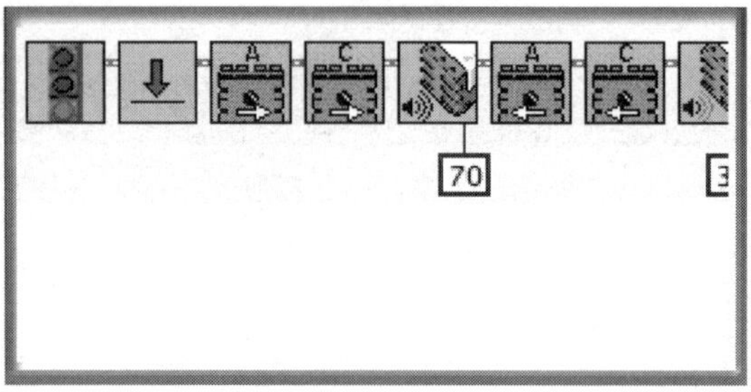

위 프로그램 코드는 모터 A와 모터 C를 정방향으로 회전시킵니다. [NXT Wait for Loud] 함수에 의해 사운드센서에 70dB 이상의 소리가 검출되면 모터 A와 모터 C를 역방향 회전시킵니다. [NXT Wait for Quiet] 함수에 의해 사운드 센서의 입력이 35 %이하로 떨어지게 되면 시작점으로 점프하여 다시 두 모터를 정방향 회전시키게 됩니다.

NXT Wait for Louder

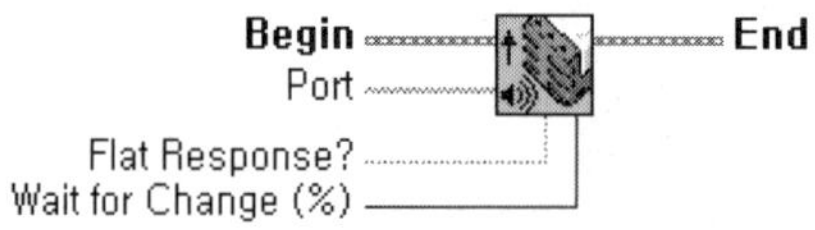

[NXT Wait for Louder] 함수는 사운드 센서가 공간 내의 소리의 크기가 증가하는 것을 감지할 때까지 대기합니다. Default는 포트 1의 센서에서 30%의 증가가 발생할 때까지 대기합니다. Wait for Change (%) 터미널을 이용하여 어느 정도의 소리 크기가 증가하였을 때에 프로그램을 동작시킬 지를 결정하게 됩니다. Flat Response 터미널을 통해 모든 주파수 대역의 소리를 동일하게 처리할 수 있으며, 모든 소리의 크기가 일정할 경우에는 주파수 측정에도 활용할 수 있습니다.

NXT Wait for Louder 활용 예

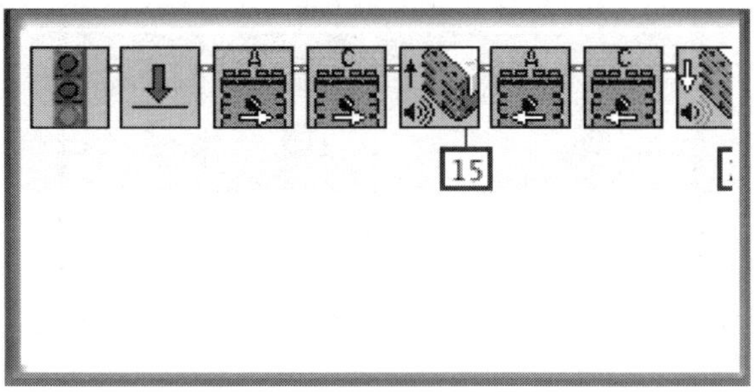

위의 프로그램 코드는 모터 A와 모터 C를 정방향으로 회전시킵니다. [NXT Wait for Louder] 함수에 의해 15% 이상의 소리 크기의 증가 발생이 검출되면 두 모터를 역방향으로 회전시킵니다.

NXT Wait for Quieter

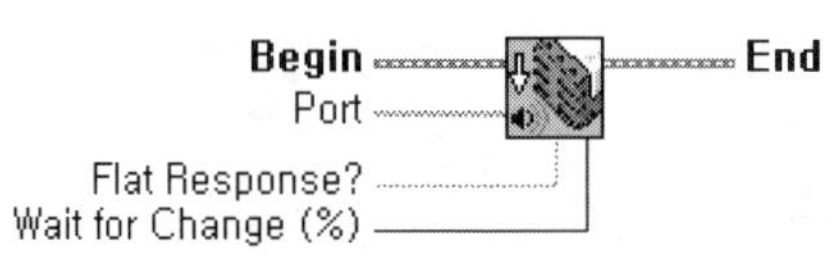

[NXT Wait for Quieter] 함수는 사운드 센서가 공간 내의 소리의 크기가 감소하는 것을 감지할 때까지 대기합니다. Default는 포트 1의 센서에서 30%의 감소가 발생할 때까지 대기합니다. Wait for Change (%) 터미널을 이용하여 어느 정도의 소리 크기가 감소하였을 때에 프로그램을 동작시킬 지를 결정하게 됩니다. Flat Response 터미널을 통해 모든 주파수 대역의 소리를 동일하게 처리할 수 있으며, 모든 소리의 크기가 일정할 경우에는 주파수 측정에도 활용할 수 있습니다.

NXT Wait for Quieter 활용 예

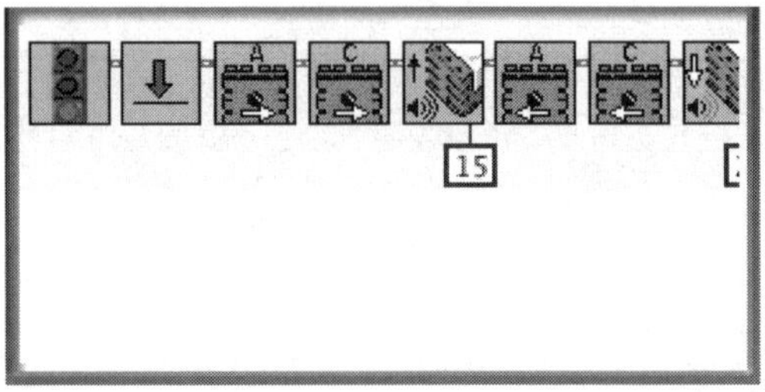

위의 프로그램 코드는 모터 A와 모터 C를 정방향으로 회전시킵니다. [NXT Wait for Louder] 함수에 의해 15% 이상의 소리 크기의 증가 발생이 검출되면 두 모터를 역방향으로 회전시킵니다. [NXT Wait for Quieter] 함수에 의해 20%까지 감소를 보이면 점프기능을 통해 프로그램을 시작점으로 되돌려 모터 A와 모터 C는 정방향 회전을 하게 됩니다.

Wait For

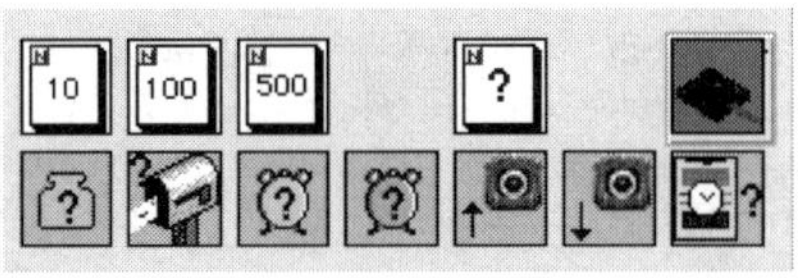

Wait for 10 Points

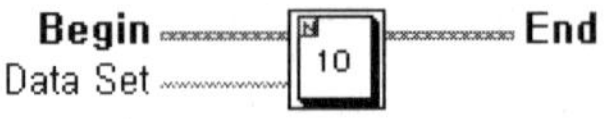

[Wait for 10 Points] 함수는 데이터 집합에 10개의 데이터 포인트가 획득될 때까지 대기합니다. 데이터 집합은 빨강, 노랑, 파랑이 있으며 Default는 빨강 데이터 집합에 10개의 데이터 포인트가 획득될 때까지 대기합니다.

Wait for 10 Points 활용 예

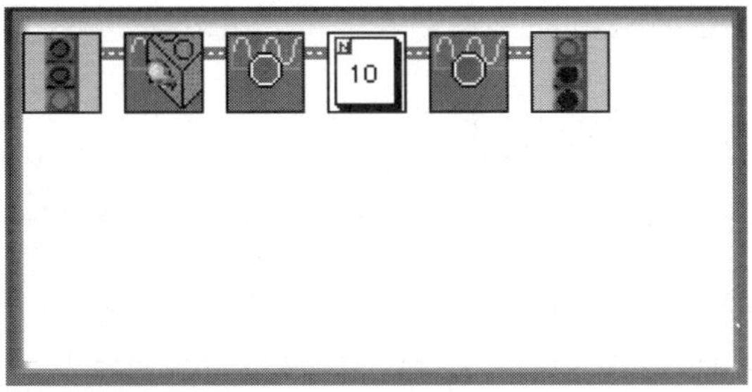

위 프로그램 코드는 터치센서로부터 10개의 데이터 포인트가 수집될 때까지 대기합니다.

Wait for 100 Points

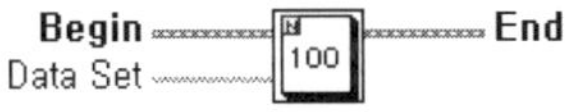

[Wait for 100 Points] 함수는 데이터 집합에 100개의 데이터 포인트가 획득될 때까지 대기합니다. 데이터 집합은 빨강, 노랑, 파랑이 있으며 Default는 빨강 데이터 집합에 100개의 데이터 포인트가 획득될 때까지 대기합니다.

Wait for 100 Points 활용 예

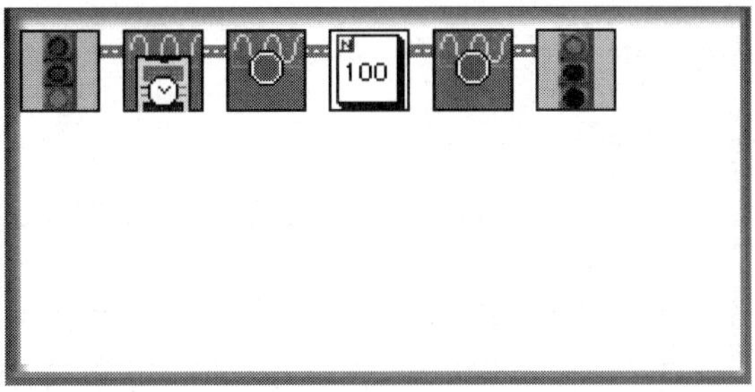

위 프로그램 코드는 시계로부터 100개의 데이터 포인트가 수집될 때까지 대기합니다.

Wait for 500 Points

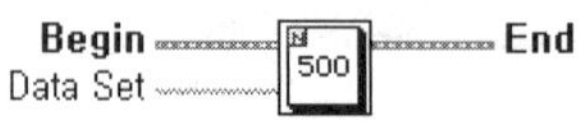

[Wait for 500 Points] 함수는 데이터 집합에 500개의 데이터 포인트가 획득될 때까지 대기합니다. 데이터 집합은 빨강, 노랑, 파랑이 있으며 Default는 빨강 데이터 집합에 500개의 데이터 포인트가 획득될 때까지 대기합니다.

Wait for 500 Points 활용 예

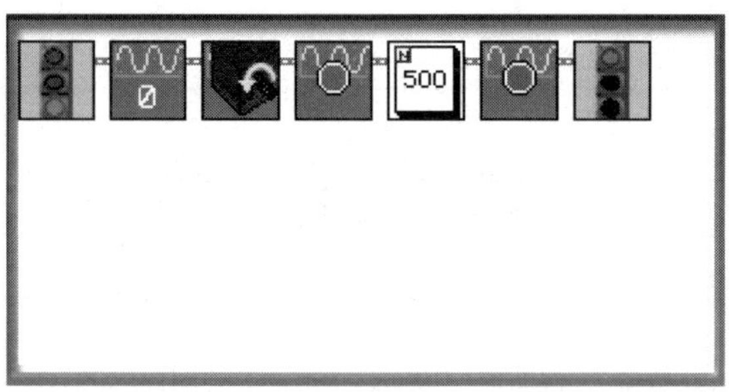

위 프로그램 코드는 데이터 메모리를 지운 뒤 회전센서 데이터를 500 포인터만큼 기록합니다.

Wait for N Points

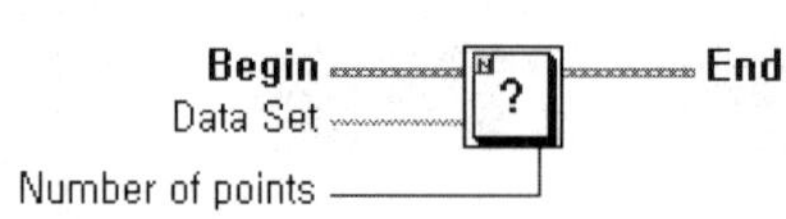

[Wait for N Points] 함수는 데이터 집합에 특정 N개의 데이터 포인트가 획득될 때까지 대기합니다. 데이터 집합은 빨강, 노랑, 파랑이 있으며 Default는 빨강 데이터 집합에 1개의 데이이

터 포인트가 획득될 때까지 대기합니다.

Wait for N Points 활용 예

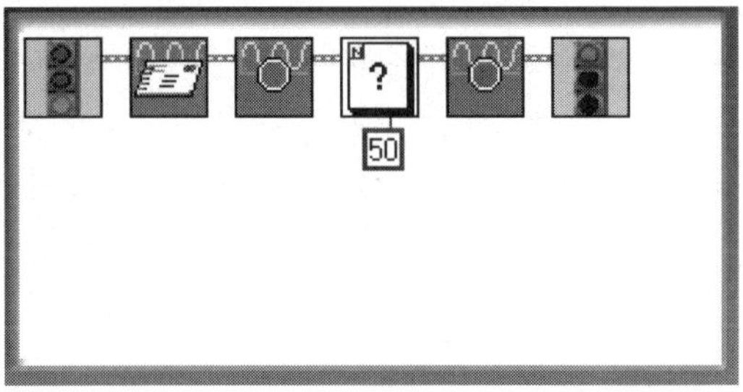

위 프로그램 코드는 메일박스로부터 50개의 데이터 포인터를 받습니다.

Reset 함수

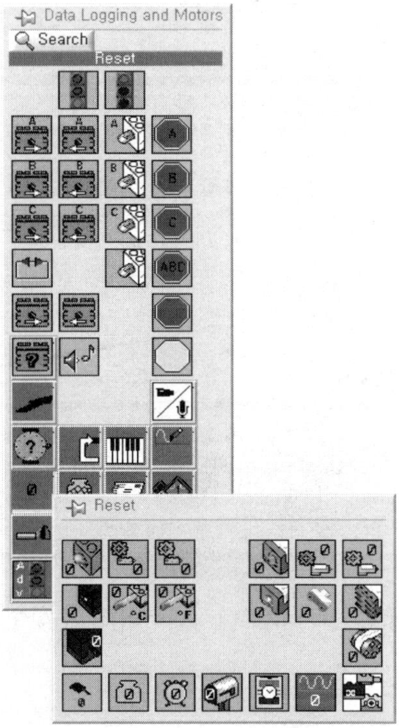

NXT Zero Touch Sensor

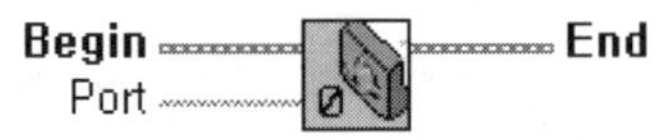

[NXT Zero Touch Sensor] 함수는 NXT 터치센서를 초기화 합니다. Default는 포트 1의 센서입니다.

NXT Zero Touch Sensor 활용 예

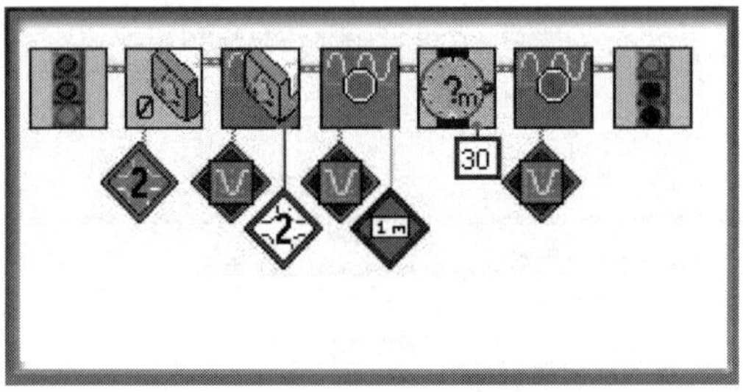

위 프로그램 코드는 포트 2의 NXT 터치센서를 초기화 시킵니다. 그리고 포트 2의 터치센서를 기동하여 데이터 수집을 시작합니다. 매 1분마다 터치센서 데이터를 파랑 데이터 집합에 30분 동안 기록합니다.

NXT Zero Clicks Sensor

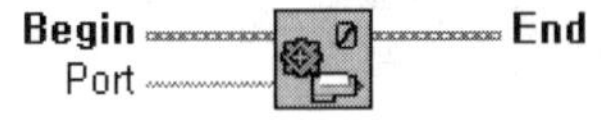

[NXT Zero Clicks Sensor] 함수는 NXT 터치센서의 클릭 횟수를 제로로 만듭니다. Default는 포트 1의 센서 값입니다.

NXT Zero Clicks Sensor 활용 예

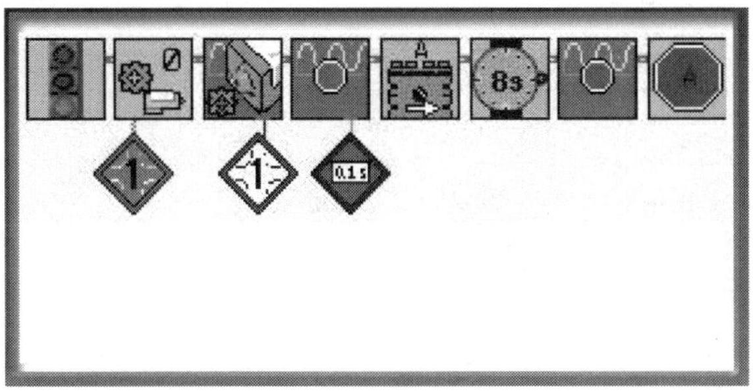

위 프로그램 코드는 NXT 터치센서의 클릭 횟수를 제로로 만듭니다. 포트 1의 센서 클릭을 초기화하여 매 0.1초마다 클릭 데이터를 기록합니다. 모터 A가 정방향으로 회전을 시작하며 8초 동안 구동된 뒤 데이터 수집과 모터 A의 동작이 정지합니다.

NXT Zero Touch and Release Sensor

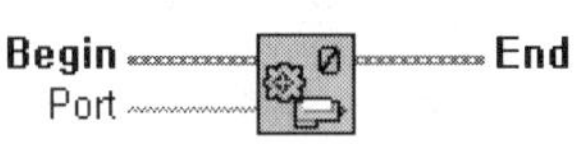

[NXT Zero Touch and Release Sensor] 함수는 NXT 터치센서에 접촉하고 떨어지는 횟수를 초기화 합니다. Default는 포트 1의 센서 값입니다.

NXT Zero Touch and Release Sensor 활용 예

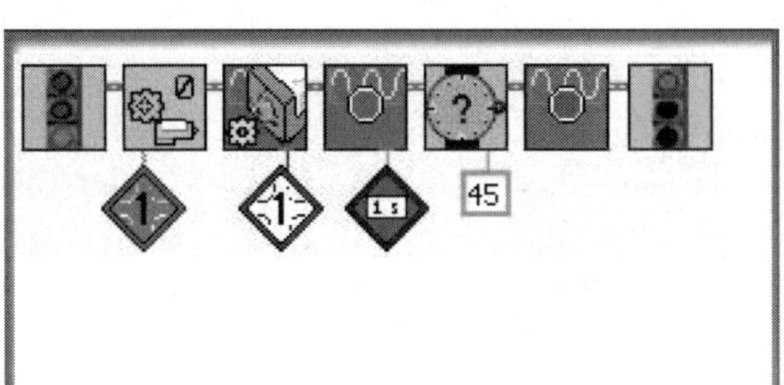

위 프로그램 코드는 NXT 터치센서에 접촉하고 떨어지는 횟수를 제로로 만듭니다. 그리고 접촉과 떨어지는 데이터에 대한 기록을 매초 45초간 기록하고 정지합니다.

NXT Zero Light Sensor

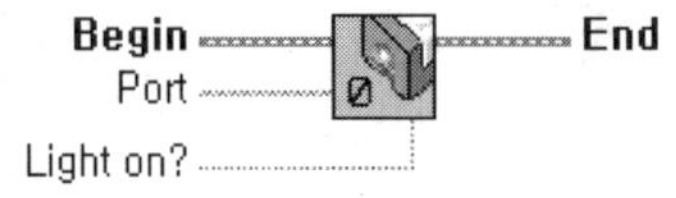

[NXT Zero Light Sensor] 함수는 NXT 라이트 센서를 초기화 합니다. Light On 터미널에 Default가 TRUE 입력이면 LED가 ON되며, FALSE 입력이면 LED가 OFF 상태입니다.

NXT Zero Light Sensor 활용 예

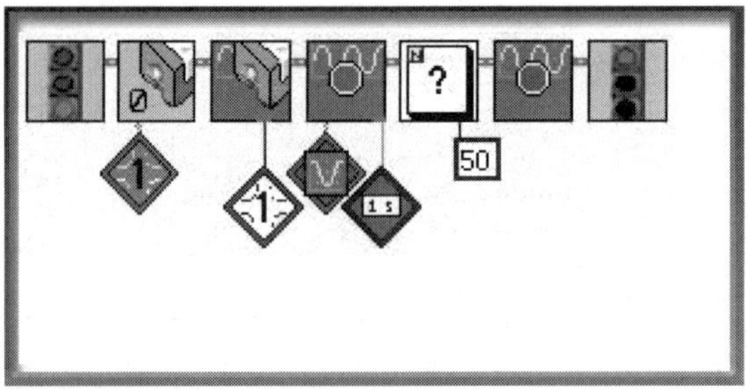

위 프로그램 코드는 라이트 센서를 초기화 시키고 포트 1의 NXT 라이트 센서에 데이터 기록을 시작합니다. 매 1초마다 데이터를 수집하여 50 데이터 포인터가 될 때까지 빨강 데이터 집합에 기록합니다.

NXT Zero Distance Sensor

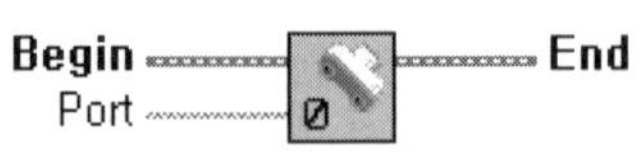

[NXT Zero Distance Sensor] 함수는 NXT 초음파 센서를 0으로 리셋시킵니다. Default는 포트 1의 센서 값입니다.

NXT Zero Distance Sensor 활용 예

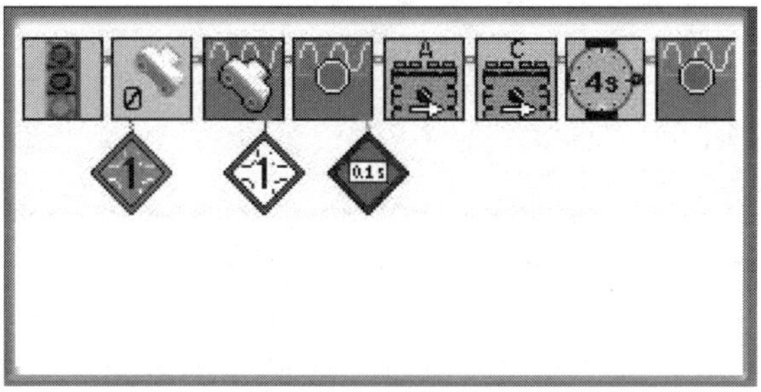

위 프로그램 코드는 포트 1의 NXT 센서를 리셋합니다. 매 0.1초마다 초음파 센서의 데이터를 기록합니다. 모터 A와 모터 C가 정방향으로 회전하며, 4초 후 데이터 수집과 모터의 회전이 정지됩니다.

NXT Zero Sound Sensor

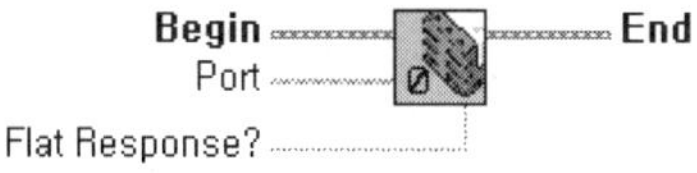

[NXT Zero Sound Sensor] 함수는 NXT 사운드 센서를 초기화 합니다. Default는 포트 1의 센서 값입니다.

NXT Zero Sound Sensor 활용 예

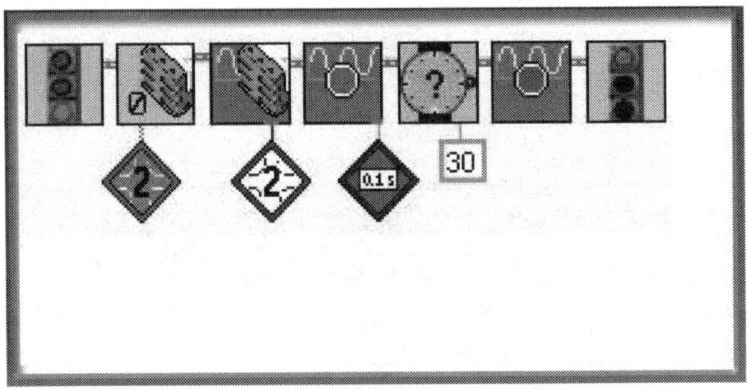

위 프로그램 코드는 포트 2의 NXT 사운드 센서를 초기화시킨 뒤 포트 2의 사운드 센서에 기록을 시작합니다. 매 0.1초마다 기록하고 30초 동안 데이터를 수집합니다.

NXT Zero Angle Sensor

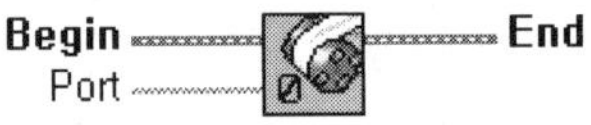

[NXT Zero Angle Sensor] 함수는 NXT 모터의 엔코더를 0으로 리셋 시킵니다. Default는 포트 1의 센서입니다. 이 함수는 엔코더를 이용하는 프로그램의 시작 부분에 유용하게 활용됩니다.

NXT Zero Angle Sensor 활용 예

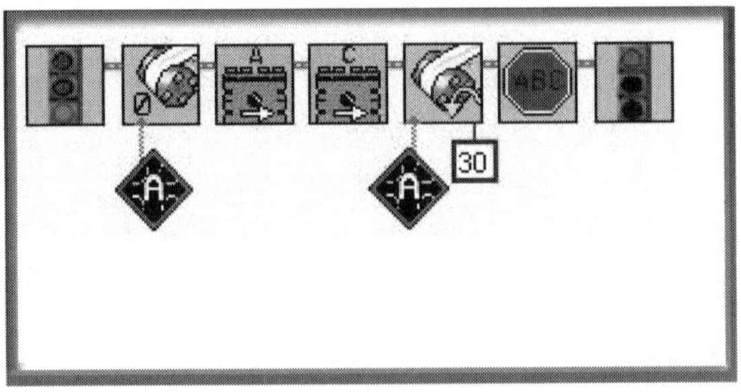

위 프로그램 코드는 모터 A의 NXT 엔코더를 리셋 시킵니다. 모터 A와 모터 C는 각도 센서가 30도를 검출할 때까지 회전한 후에 정지합니다.

Clear Data Log Memory

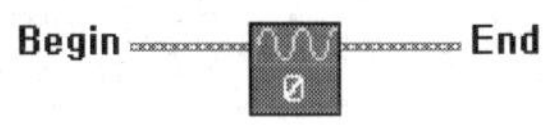

[Clear Data Log Memory] 함수는 데이터 버퍼의 기록을 제거합니다. 장시간 프로그램 운용 시 메모리 공간을 여유롭게 합니다.

Clear Data Log Memory 활용 예

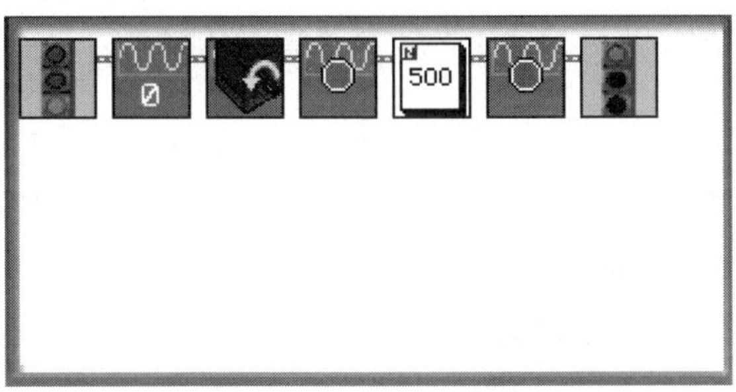

위 프로그램 코드는 [Clear Data Log Memory] 함수를 이용하여 데이터 버퍼의 기록을 제거하고 엔코더(rotation)로부터 500 포인터의 데이터를 기록합니다.

Reset Sensor Ports

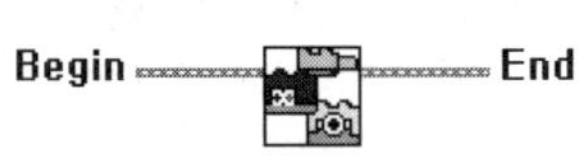

[Reset Sensor Ports] 함수는 포트당 하나 이상의 센서를 초기화 시킬 수 있는 센서 카운터를 리셋 합니다. 이 리셋 요청은 동일한 포트에 하나 이상의 센서를 연결하므로 매우 조심스럽게

이루어져야 합니다. 다른 센서의 값을 요청할 때마다 매번 포트를 리셋시켜야 합니다.

Reset Sensor Ports 활용 예

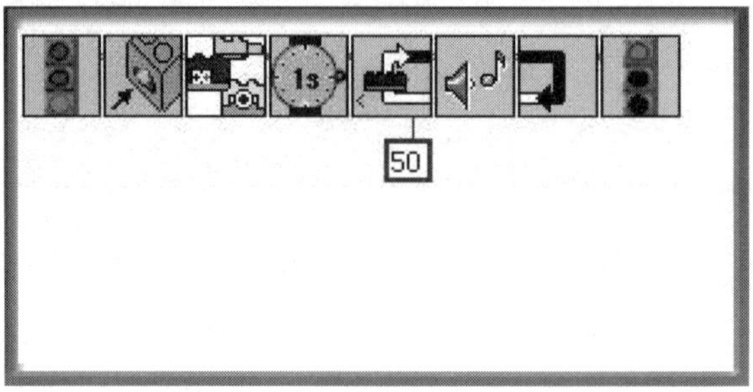

위 프로그램 코드는 터치센서가 눌려지도록 기다립니다. 1초 동안 센서 포트의 리셋을 대기한 후 라이트 값이 50 이상이 될 때까지 Beep를 발생합니다.

Modifier 함수

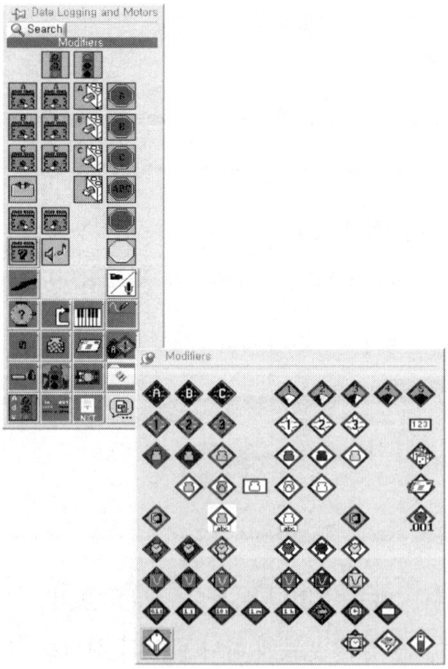

Output A

[Output A] 함수를 이용하여 출력 포트를 변경할 수 있습니다. 하나 이상의 포트를 선택할 경우에는 Additional Ports 터미널을 이용하여 추가적으로 출력 포트를 선택하십시오.

Output B

[Output B] 함수를 이용하여 출력 포트를 변경할 수 있습니다. 하나 이상의 포트를 선택할 경우에는 Additional Ports 터미널을 이용하여 추가적으로 출력 포트를 선택하십시오.

Output A와 Output B 활용 예

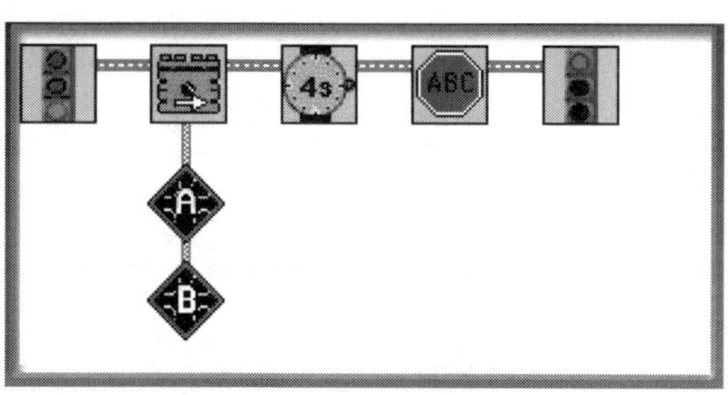

위 프로그램 코드는 포트 A와 포트 B에 연결된 모터를 정방향으로 4초 동안 회전시킨 후 정지시킵니다.

Output C

[Output C] 함수를 이용하여 출력 포트를 변경할 수 있습니다. 하나 이상의 포트를 선택할 경우에는 Additional Ports 터미널을 이용하여 추가적으로 출력 포트를 선택하십시오.

Output C 활용 예

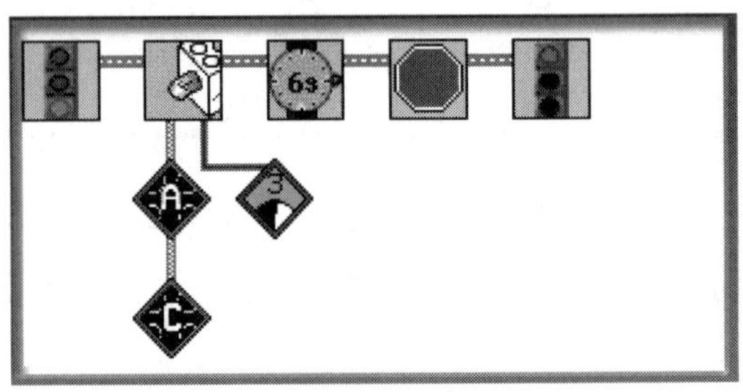

위 프로그램 코드는 포트 A와 포트 C에 연결된 램프를 파워레벨 3으로 6초 동안 ON 시킨 후에 OFF 시킵니다.

Input 1

[Input 1] 함수를 이용하여 입력 포트를 포트 1로 변경할 수 있습니다.

Input 1 활용 예

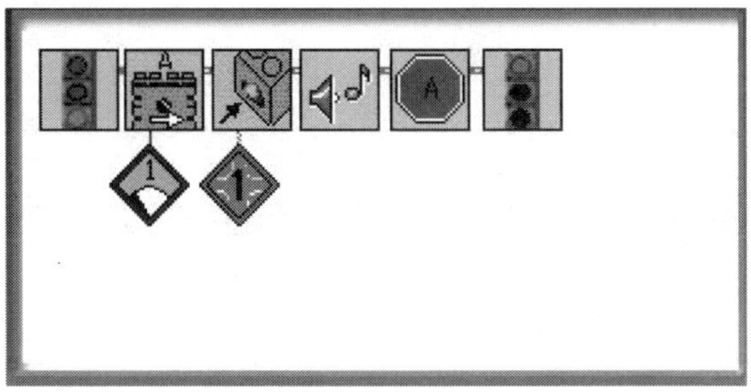

위 프로그램 코드는 모터 A를 파워레벨 1로 정방향 회전시킵니다. 포트 1에 연결된 터치센서가 눌려지면 사운드가 발생하고 모터 A가 정지합니다.

Input 2

[Input 2] 함수를 이용하여 입력 포트를 포트 2로 변경할 수 있습니다.

Input 3

[Input 3] 함수를 이용하여 입력 포트를 포트 3으로 변경할 수 있습니다.

Input 4

[Input 4] 함수를 이용하여 입력 포트를 포트 4로 변경할 수 있습니다. 이 함수는 NXT 전용입니다.

Input 4 활용 예

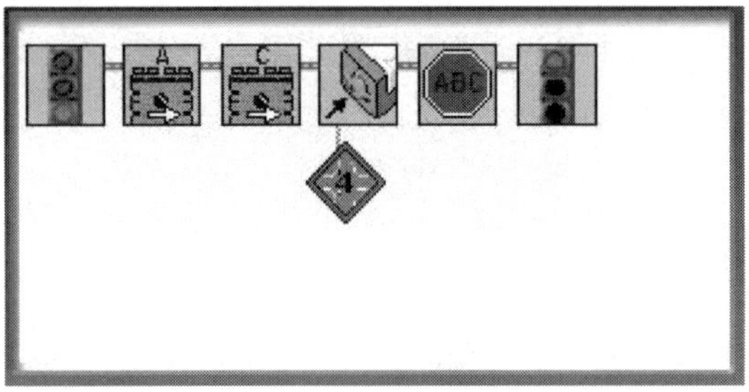

위 프로그램 코드는 모터 A와 모터 C를 정방향으로 구동시킵니다. 포트 4의 NXT 터치센서가 눌려지면 모터는 정지합니다.

Power Level 1

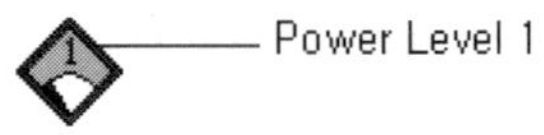

[Power Level 1] 함수를 모터나 램프의 파워레벨 터미널에 연결하여 인가되는 파워 크기를 1로 조절합니다.

Power Level 1 활용 예

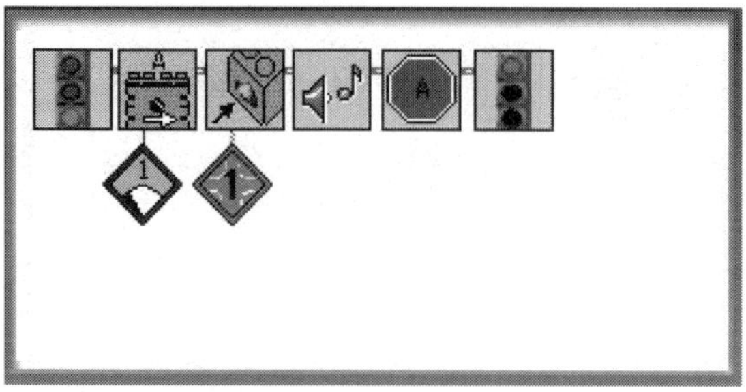

위 프로그램 코드는 모터 A를 정방향으로 파워레벨 1로 회전시킵니다. 포트 1에 연결된 터치센서가 눌려지면 사운드가 발생되고 모터 A가 정지합니다.

Power Level 2

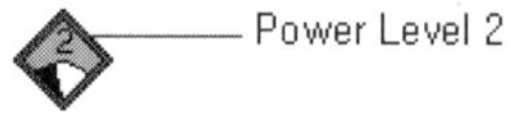

[Power Level 2] 함수를 모터나 램프의 파워레벨 터미널에 연결하여 인가되는 파워 크기를 2로 조절합니다.

Power Level 3

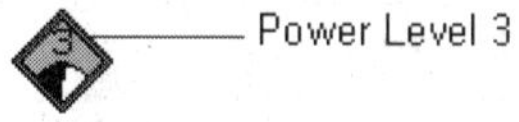

[Power Level 3] 함수를 모터나 램프의 파워레벨 터미널에 연결하여 인가되는 파워 크기를 3으로 조절합니다.

Power Level 3 활용 예

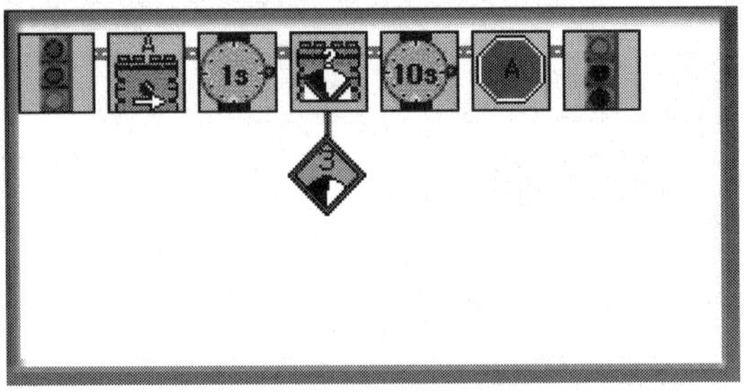

위 프로그램 코드는 포트 A의 모터를 1초 동안 Default 파워레벨 5로 정방향 회전시킵니다. 이후 [Power Level 3] 함수에 의해 파워레벨이 3으로 떨어지며 10초 동안 회전한 뒤 정지합니다.

Power Level 4

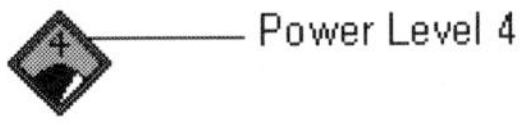

[Power Level 4] 함수를 모터나 램프의 파워레벨 터미널에 연결하여 인가되는 파워 크기를 4로 조절합니다.

Power Level 4 활용 예

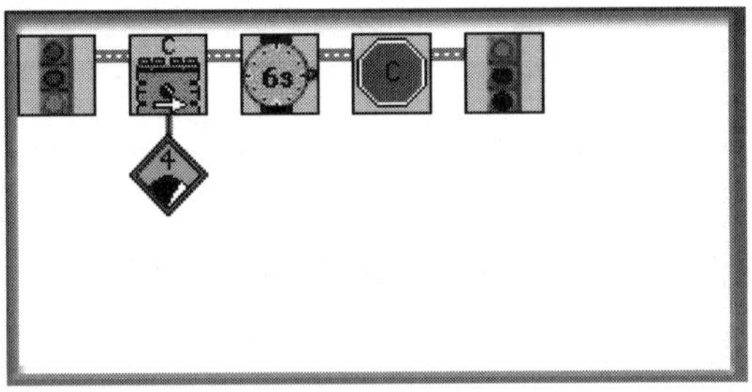

위 프로그램 코드는 모터 C를 정방향으로 파워레벨 4로 6초 동안 구동시킴 후 정지합니다.

Power Level 5

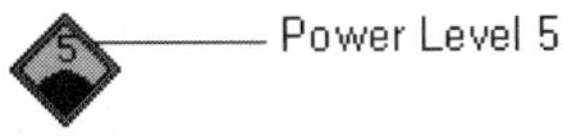

[Power Level 5] 함수를 모터나 램프의 파워레벨 터미널에 연결하여 인가되는 파워 크기를 5로 조절합니다. 파워레벨은 최소 1이며 최대 5입니다.

Value of Port 1

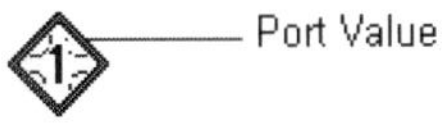

[Value of Port 1] 함수를 이용하여 포트 1의 값을 지정할 수 있습니다.

Value of Port 1 활용 예

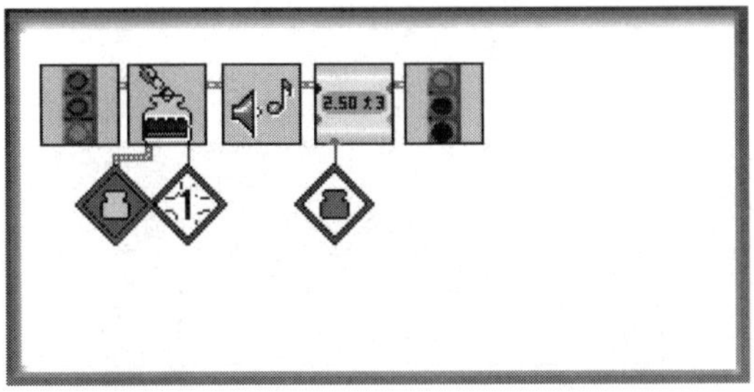

위 프로그램 코드는 포트 1의 라이트 센서에서 검출되는 값을 빨강 컨테이너에 채웁니다. 이후 소리를 발생시키고 빨강 컨테이너에 저장된 값을 RCX에 디스플레이 시킵니다.

Value of Port 2

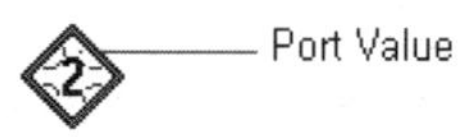

[Value of Port 2] 함수를 이용하여 포트 2의 값을 지정할 수 있습니다.

Value of Port 3

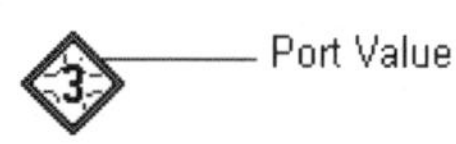

[Value of Port 3] 함수를 이용하여 포트 3의 값을 지정할 수 있습니다.

NXT Commands

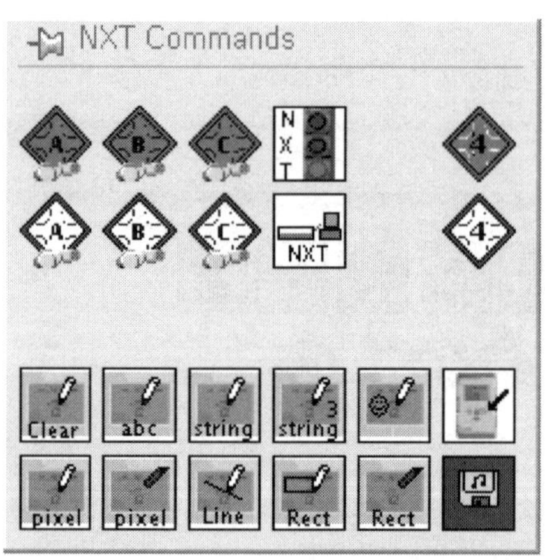

NXT에만 적용되는 Modifier 함수는 [NXT Commands] 그룹 폴더에 제공됩니다.

Value of Port 4

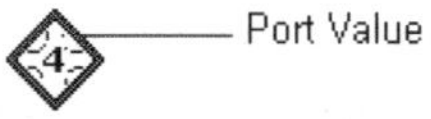

[Value of Port 4] 함수를 이용하여 포트 4의 값을 지정할 수 있습니다.

Value of Port 4 활용 예

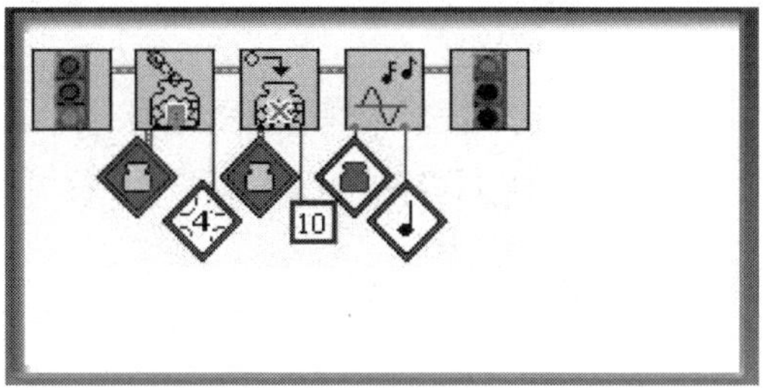

위 프로그램 코드는 포트 4의 NXT 라이트 센서로부터 검출된 값을 빨강 컨테이너에 저장합니다. 그리고 빨강 컨테이너에 10을 곱합니다. 이 값은 1/4 음표의 반복 값으로 이용됩니다.

Numeric Constant

Value of Red Container

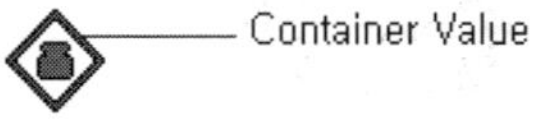

빨강 컨테이너에 데이터를 저장합니다.

Value of Red Container 활용 예

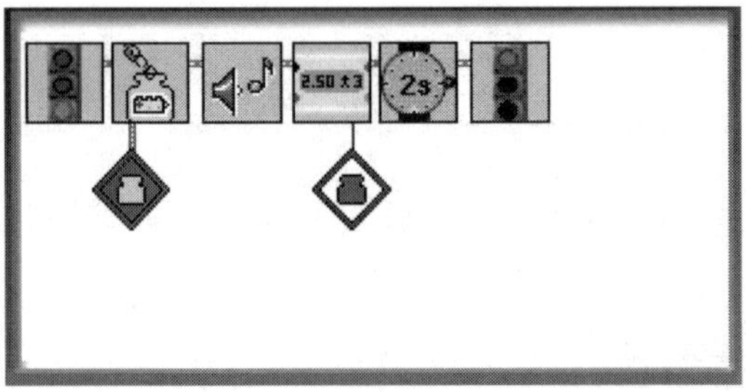

위 프로그램 코드는 터치센서의 값을 빨강 컨테이너에 저장합니다. 소리가 발생되고 빨강 컨테이너의 값이 RCX에 디스플레이 됩니다. 만약 터치센서가 눌려져서 1의 값이 발생되면 RCX에는 1이 표시됩니다.

Value of Blue Container

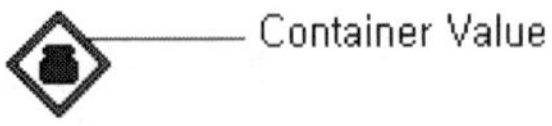

파랑 컨테이너에 데이터를 저장합니다.

Value of Blue Container 활용 예

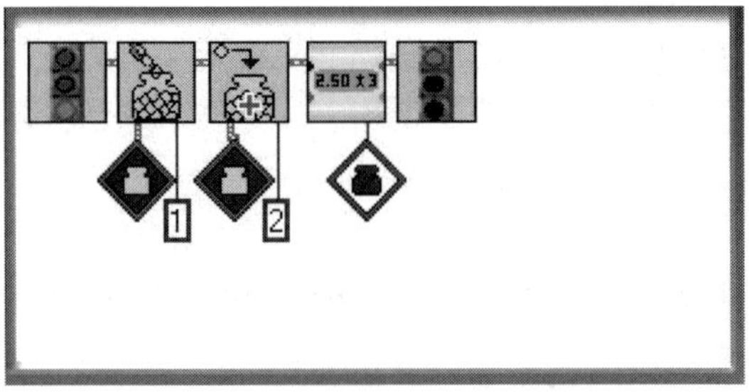

위 프로그램 코드는 1을 파랑 컨테이너에 저장합니다. 그리고 2를 파랑 컨테이너에 추가합니다. 그러면 RCX에 디스플레이 되는 파랑 컨테이너의 값은 3이 됩니다.

Value of Yellow Container

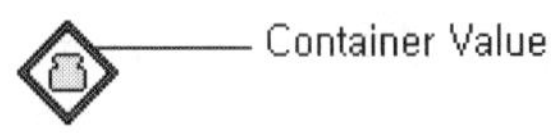

노랑 컨테이너에 데이터를 저장합니다.

Value of Yellow Container 활용 예

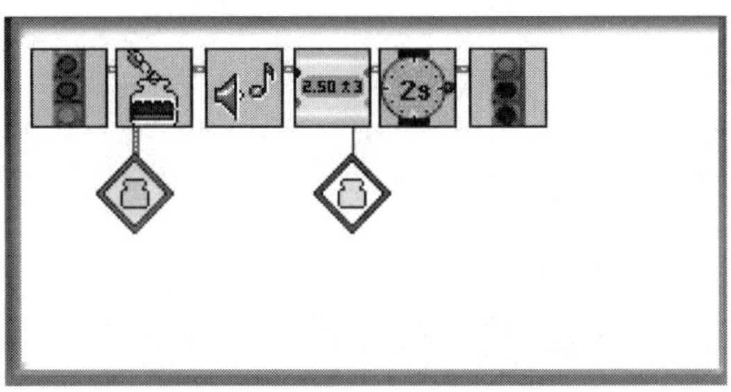

위 프로그램 코드는 라이트 센서의 값을 노랑 컨테이너에 저장합니다. 사운드가 발생되고 노랑 컨테이너의 값이 RCX에 디스플레이 됩니다. 만약 라이트 센서 값이 41이면 RCX에는 41이 표시됩니다.

Random Number

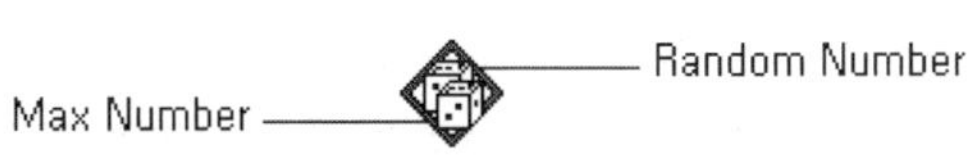

[Random Number] 함수는 0에서 8사이의 무작위 수를 발생시킵니다.

Random Number 활용 예

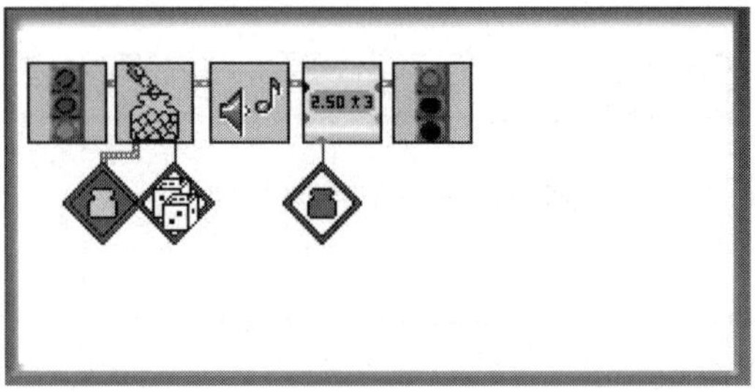

위 프로그램 코드는 0~8 사이의 랜덤 수를 빨강 컨테이너에 저장합니다. RCX는 디스플레이합니다.

NXT Commands

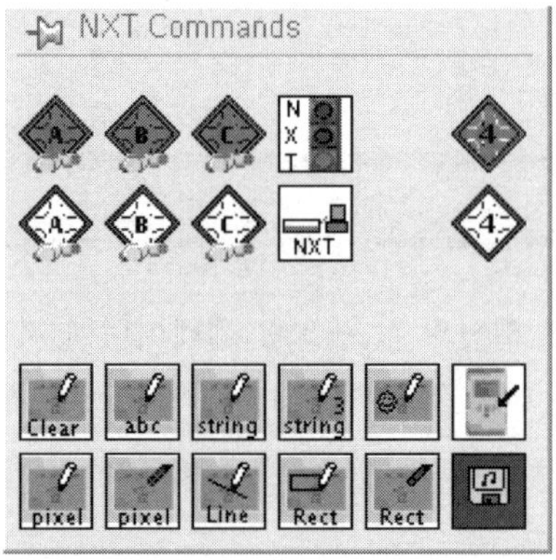

Encoder A

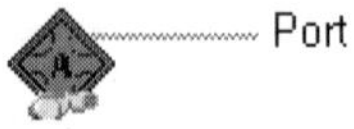

[Encoder A] 함수는 엔코더 A를 설정합니다.

Encoder B

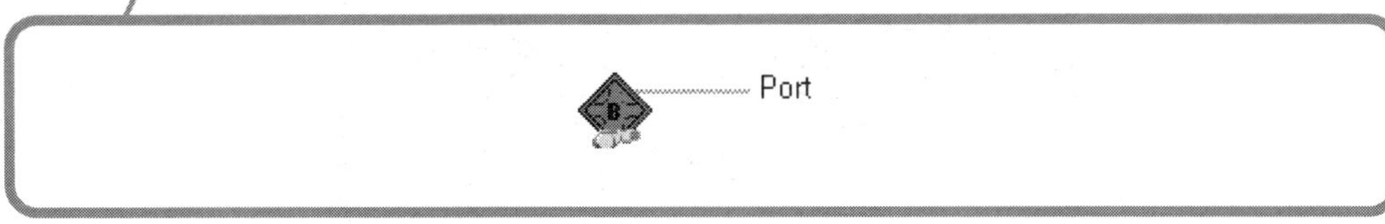

[Encoder B] 함수는 엔코더 B를 설정합니다.

Encoder C

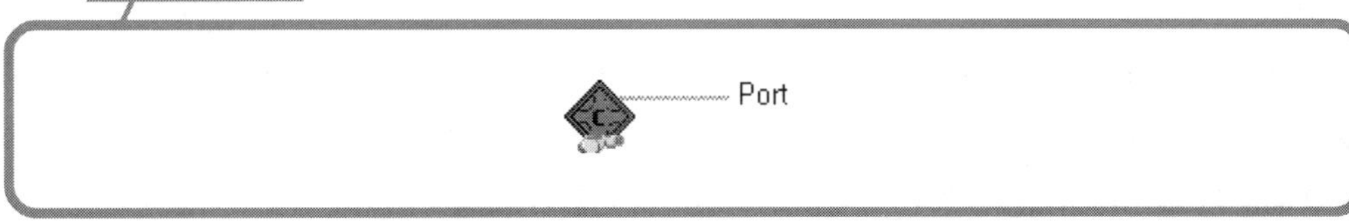

[Encoder C] 함수는 엔코더 C를 설정합니다.

Value of Encoder A

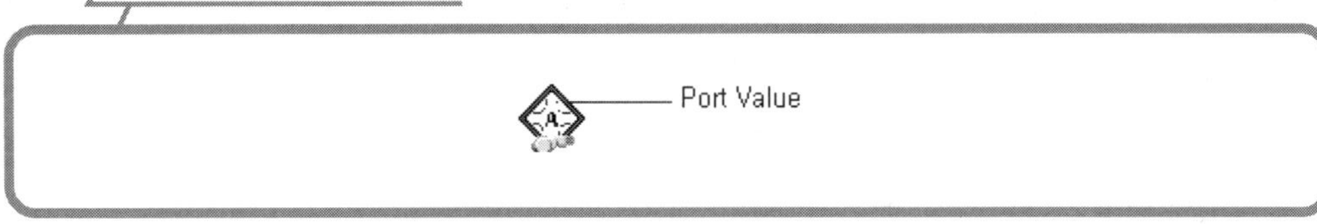

모터 A에 내장된 엔코더의 값입니다.

Value of Encoder A 활용 예

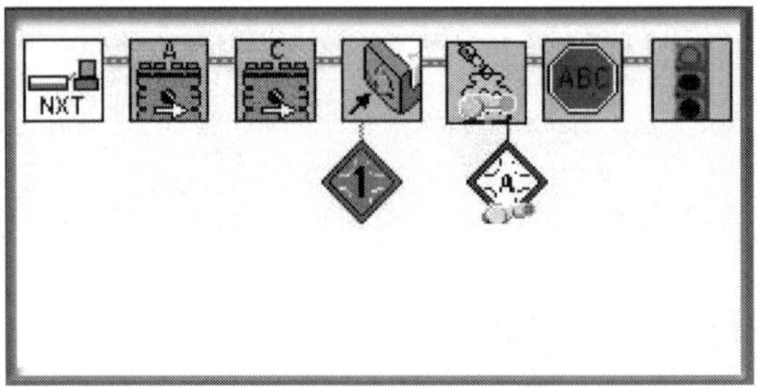

위 프로그램 코드는 Direct 모드에서 동작합니다. 따라서 NXT는 컴퓨터에 연결되어 있어야 합니다. 포트 1의 터치센서가 눌려질 때까지 모터 A와 모터 C가 정방향으로 회전합니다. 모터 A에 내장된 엔코더의 값이 컨테이너에 저장되며 모터는 정지합니다.

Value of Encoder B

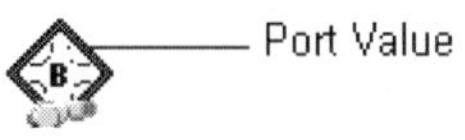

모터 B에 내장된 엔코더의 값입니다.

Value of Encoder B 활용 예

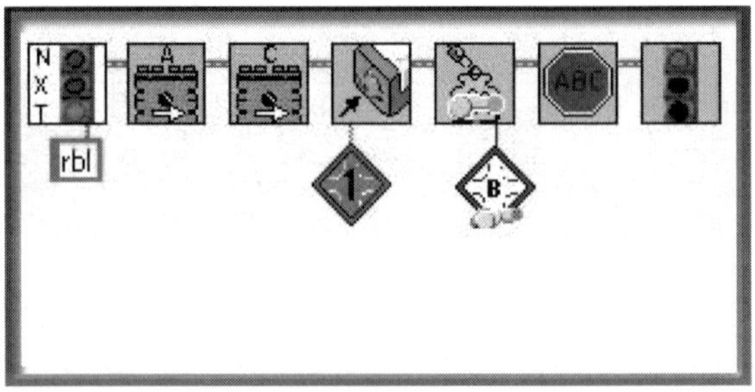

위 프로그램 코드는 포트 1의 터치센서가 눌려질 때까지 모터 A와 모터 C를 구동시킵니다. 모터 B에 내장된 엔코더의 값이 컨테이너에 저장되며 모터는 정지합니다.

Value of Encoder C

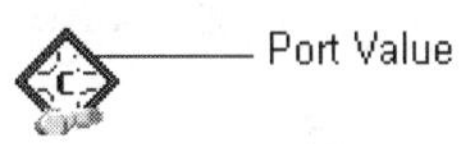

모터 C에 내장된 엔코더의 값입니다.

Value of Encoder C 활용 예

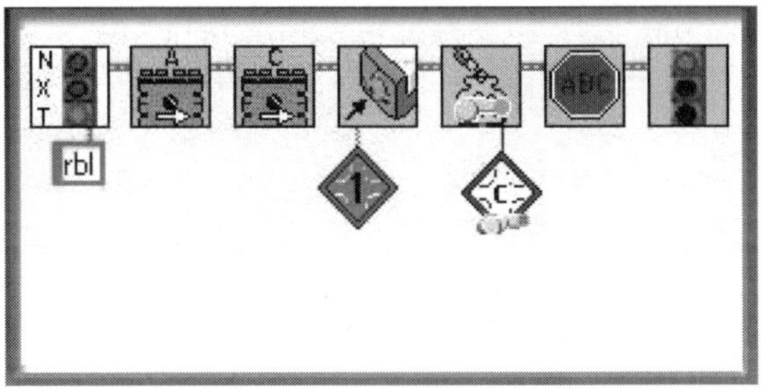

위 프로그램 코드는 포트 1의 터치센서가 눌려질 때까지 모터 A와 모터 C를 구동시킵니다. 모터 C에 내장된 엔코더의 값이 컨테이너에 저장되며 모터는 정지합니다.

Begin Direct Mode

Direct NXT 프로그램은 항상 [Begin Direct Mode] 함수로 시작합니다. 이 모드에서는 항상 NXT와 컴퓨터가 연결되어 있어야 합니다. Check-is it there? 터미널의 입력이 Default인 TRUE에서는 NXT와의 연결에 문제가 없는지를 점검합니다. 만약 동일한 명령을 두 번 전송할 경우에는 반드시 이 터미널을 TRUE로 설정하십시오.

Begin Direct Mode 활용 예

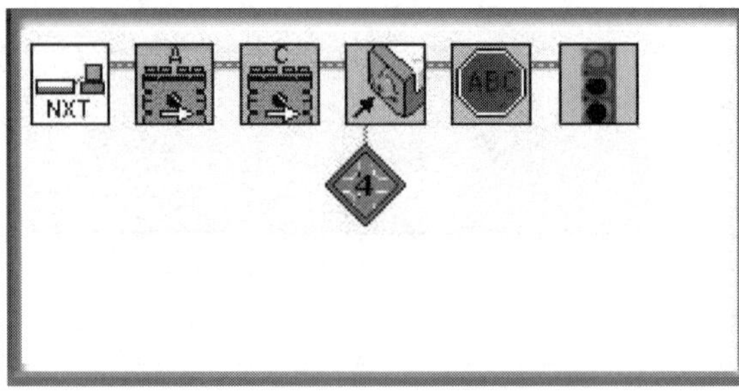

위 프로그램 코드는 NXT Direct 모드입니다. 모터 A와 모터 C를 포트 4의 NXT 터치센서가 눌려질 때까지 정방향 회전합니다. 이 코드가 동작 중인 경우에 반드시 NXT는 컴퓨터와 연결되어 있어야 합니다.

Begin NXT

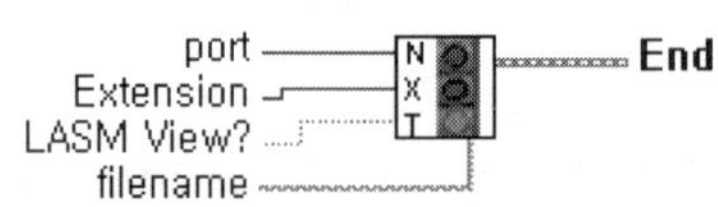

NXT의 INVENTOR 프로그램을 시작합니다. 모든 NXT INVENTOR 프로그램의 시작 명령으로 요구됩니다. Port 터미널은 NXT가 연결된 컴퓨터의 포트 번호를 의미합니다. (NXT=32, NXT2=33) Default는 여러분의 컴퓨터에 설정된 COM 포트입니다. Filename 터미널은 NXT에 저장된 파일 이름이며 Default는 rbl.rxe입니다. 여러 개의 프로그램을 NXT에 이름을 구분하여 저장할 수 있습니다.

NXT Clear Screen

위 명령은 NXT LCD 디스플레이 창을 깨끗이 합니다.

NXT Write Text

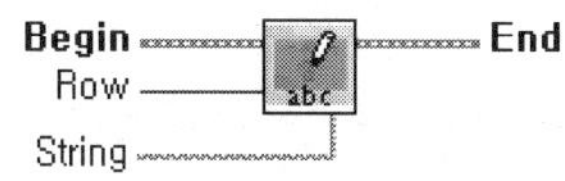

이 명령은 NXT의 LCD 디스플레이 창에 텍스트를 작성할 수 있습니다.

NXT Formatted Text

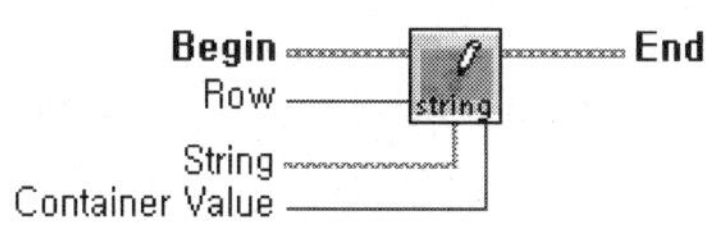

NXT LCD 디스플레이 창에 형식에 맞는 텍스트를 작성할 수 있습니다. 형식은 %d의 경우 integer, %f는 floating point와 같은 C 언어의 규칙을 따릅니다.

NXT Expanded Formatted Text

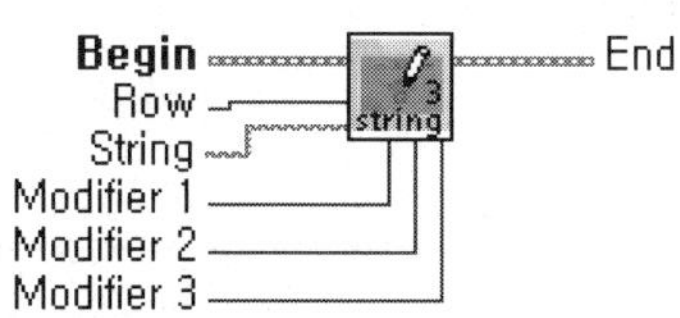

NXT LCD 디스플레이 창에 형식에 맞는 텍스트를 세 개까지 작성할 수 있습니다. 형식은 %d의 경우 integer, %f는 floating point와 같은 C 언어의 규칙을 따릅니다. Default는 c0=%d, c1=%d, c2=%d이며 빨강, 노랑, 파랑 컨테이너 값입니다.

NXT Draw Bitmap

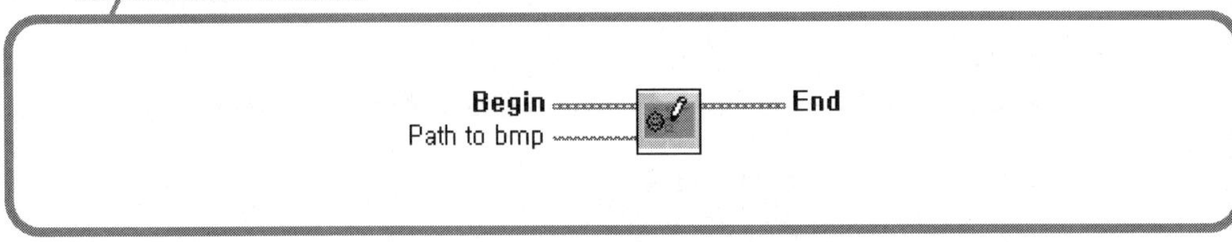

이 명령은 NXT의 LCD 디스플레이 창에 비트맵을 그립니다. 이는 실제 이미지의 100 x 64에 해당하는 영역만을 표시할 수 있습니다. Path to bmp 터미널은 이미지를 저장하는 경로를 지정합니다.

Change View

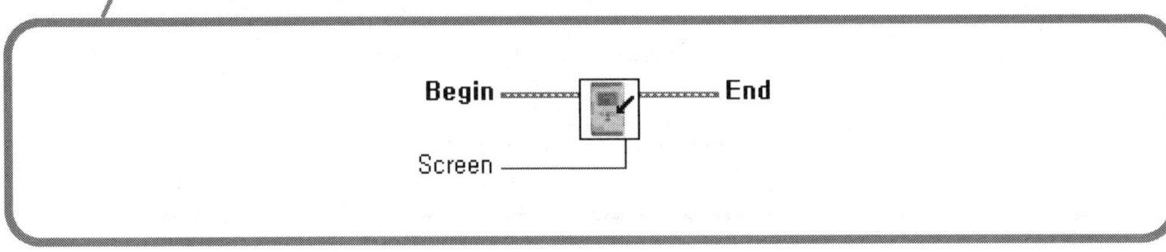

NXT의 4가지 스크린을 변경합니다.

0: 표준 스크린 (Standard Screen)

1: 센서 값 (Sensor Values)

2: 모터 속도 (Motor Speeds)

3: 데이터 기록 그래프 (Data log graph)

NXT Draw Pixel

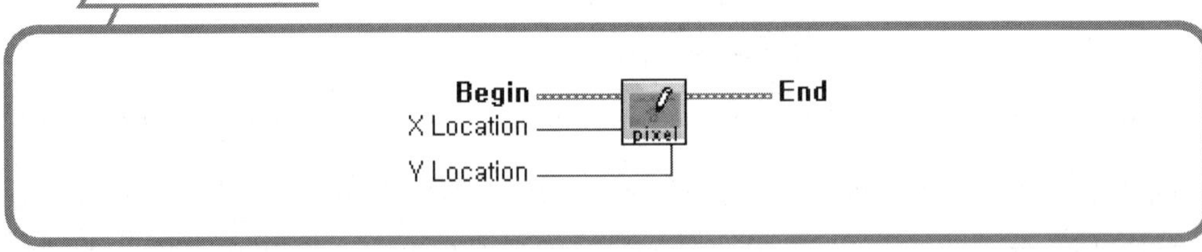

NXT LCD 디스플레이 창에 포인터를 찍습니다. 포인터 (0,0)는 NXT 스크린의 왼쪽 아래 부분임을 기억하십시오. 스크린의 차원은 100 x 64입니다.

NXT Clear Pixel

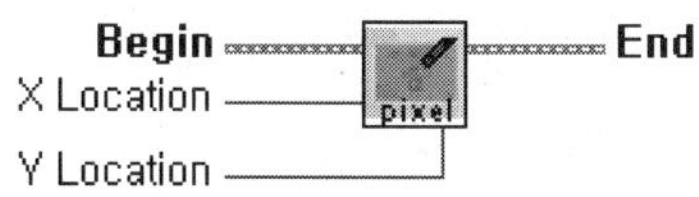

NXT LCD 디스플레이 창의 픽셀을 초기화 시킵니다. 포인터 (0,0)는 NXT 스크린의 왼쪽 아래 부분임을 기억하십시오. 스크린의 차원은 100 x 64입니다.

NXT Draw Line

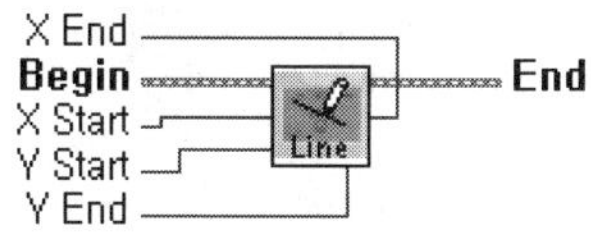

NXT LCD 디스플레이 창에 선을 긋습니다.

NXT Draw Rectangle

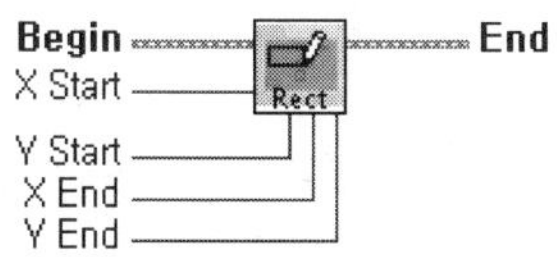

NXT LCD 디스플레이 창에 사각형을 그립니다. 포인터 (0,0)는 NXT 스크린의 왼쪽 아래 부분임을 기억하십시오. 스크린의 차원은 100 x 64입니다.

NXT Erase Rectangle

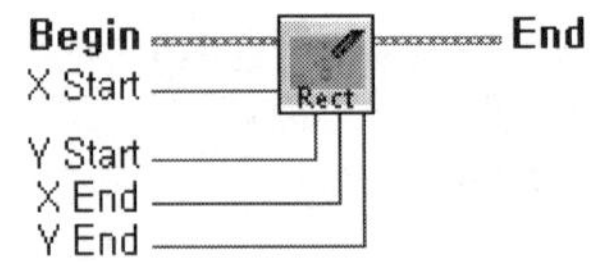

NXT LCD 디스플레이 창의 사각형을 지웁니다. 포인터 (0,0)는 NXT 스크린의 왼쪽 아래 부분임을 기억하십시오. 스크린의 차원은 100 x 64입니다.

NXT Play Sound File

이 함수는 NXT의 사운드 파일(*.rso)을 재생합니다. 이 파일은 프로그램이 종료되면 재생을 멈추게 됩니다. Sound File Name 터미널에 NXT의 rso 사운드 파일을 입력하십시오.

Structure

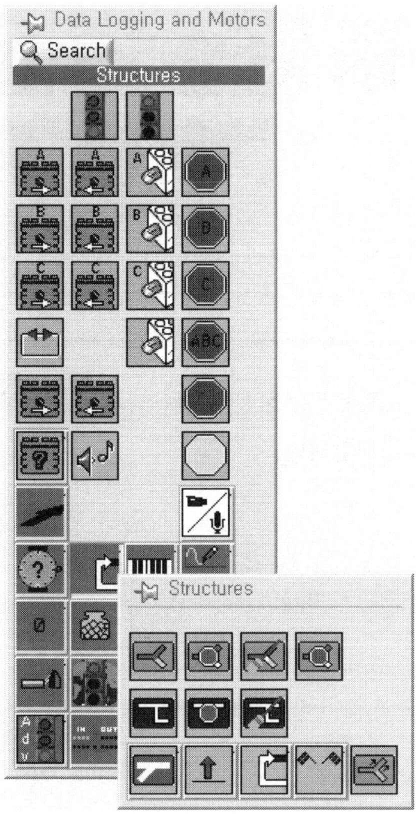

Task Split

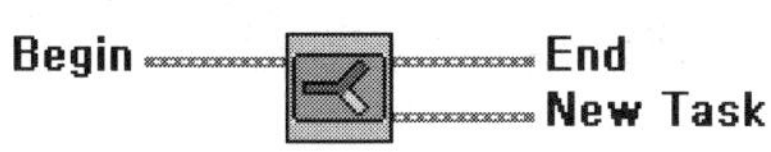

여러 가지의 임무를 동시에 구동시키기 위해서 [Task Split] 함수를 활용합니다. 각 임무의 종료 시에는 분리된 정지 명령이 필요합니다.

Task Split 활용 예

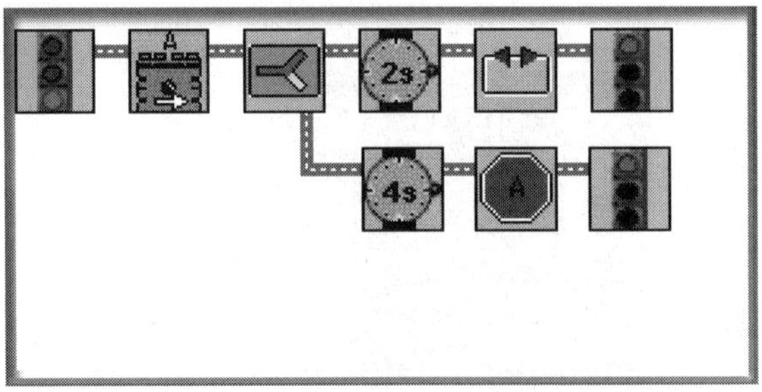

위 프로그램 코드는 모터 A를 정방향 회전시킵니다. 2초 후에 모터 A는 회전 방향을 바꿉니다. 그리고 4초 후에 모터를 정지합니다.

Start Task(s)

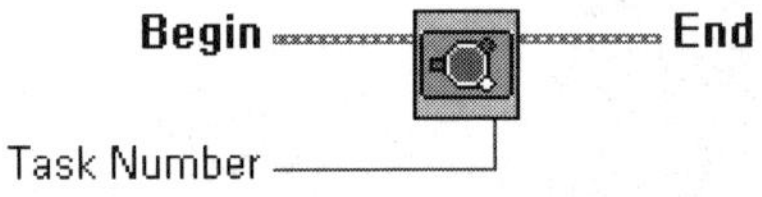

[Start Task(s)] 함수는 임무 수행을 시작합니다. Default는 임무 1을 시작하는 것입니다.

Delete Task(s)

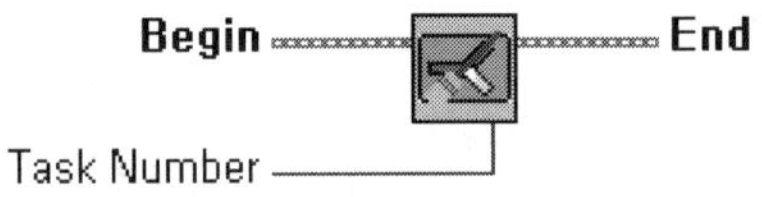

[Delete Task(s)] 함수는 프로그램의 하나 또는 그 이상의 임무를 제거합니다. Default는 프로그램의 모든 임무(Task)를 제거합니다.

Stop Task(s)

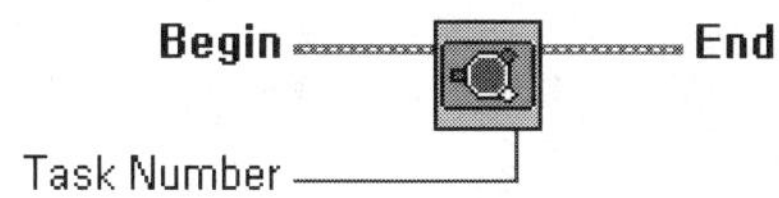

[Stop Task(s)] 함수는 프로그램의 하나 또는 그 이상의 임무를 중지시킵니다. Default는 프로그램의 모든 임무(Task)를 중지시킵니다. Task Number 터미널에는 중지시키고자 하는 임무의 수(1-10)를 입력합니다. 1부터 10 사이의 값이 아닌 다른 값의 입력시 모든 임무는 중지됩니다.

Forks

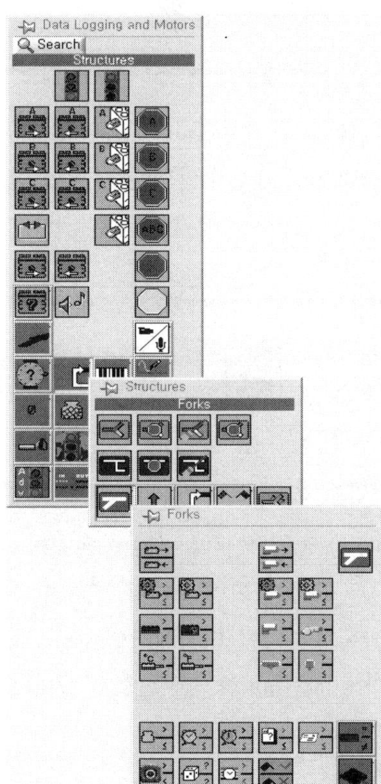

NXT Touch Sensor Fork

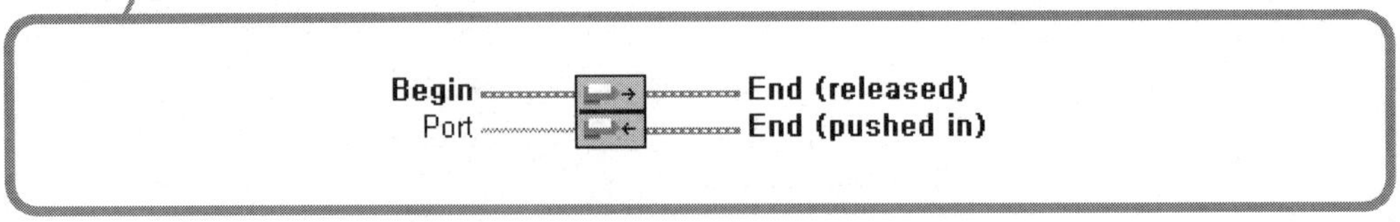

NXT 터치센서의 상태에 따라 두 경로 사이의 프로그램을 선택하게 됩니다. 만약 터치센서가 눌려지면 프로그램은 아래 연결선을 따르며, 터치센서가 눌렸다 떨어지면 위의 연결선을 따르게 됩니다. Default는 포트 1입니다. 모든 [Fork] 함수는 연결선의 마지막에 [Merge] 함수를 필요로 합니다.

Fork Merge

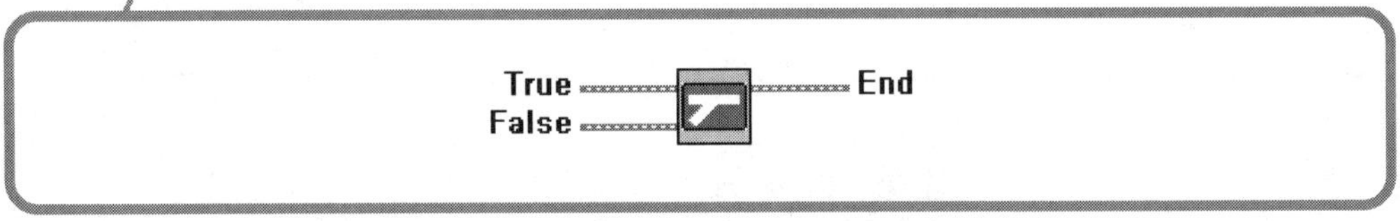

[Fork Merge] 함수는 두 연결선을 합체시킵니다. 모든 [Fork]는 [Merge]를 필요로 합니다. 그러므로 프로그램에서 [Merge]와 [Fork] 함수의 개수는 동일합니다.

NXT Click Fork

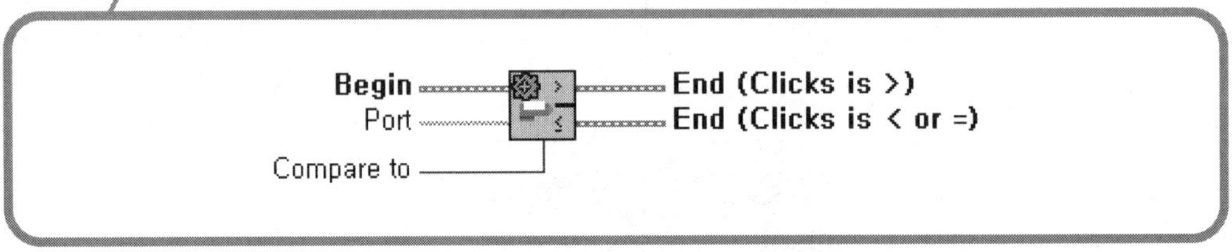

NXT 터치센서는 눌려진 횟수가 특정 수보다 큰지 작은지에 따라 경로를 선택합니다. 만약 특정 수보다 크면 상위 연결선을 따르게 되며 작거나 같으면 아래의 연결선을 따라 프로그램을 실행하게 됩니다. Default는 포트 1의 터치센서의 눌림 횟수를 10과 비교합니다. 모든 [Fork] 함수는 연결선의 마지막에 [Merge] 함수를 필요로 합니다.

NXT Touch and Release Fork

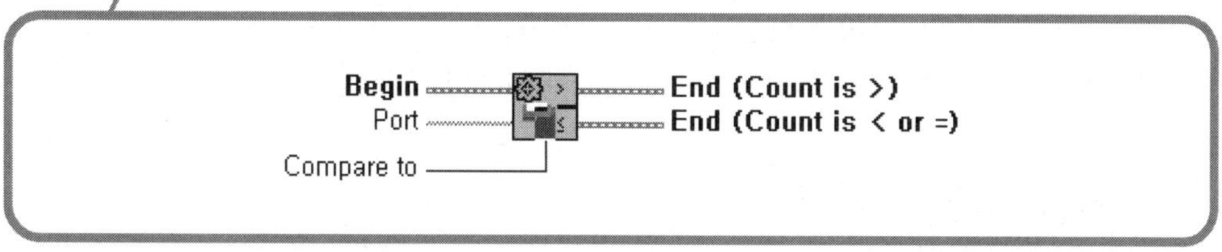

NXT 터치센서는 눌렀다 떨어지는 횟수가 특정 수보다 큰지 작은지에 따라 경로를 선택합니다. 만약 특정 수보다 크면 상위 연결선을 따르게 되며 작거나 같으면 아래의 연결선을 따라 프로그램을 실행하게 됩니다. Default는 포트 1의 터치센서의 입력 횟수를 10과 비교합니다. 모든 [Fork] 함수는 연결선의 마지막에 [Merge] 함수를 필요로 합니다.

NXT Light Sensor Fork

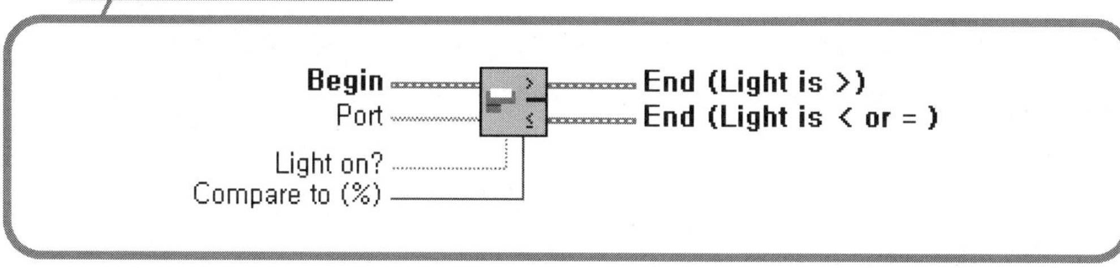

NXT 라이트센서의 입력값이 특정 값보다 큰지 작은지에 따라 경로를 선택합니다. 만약 특정 값보다 크면 상위 연결선을 따르게 되며 작거나 같으면 아래의 연결선을 따라 프로그램을 실행하게 됩니다. Default는 라이트센서의 값을 55와 비교합니다. 라이트센서는 1에서 100까지의 값을 가집니다. 모든 [Fork] 함수는 연결선의 마지막에 [Merge] 함수를 필요로 합니다.

NXT Rotation Sensor Fork

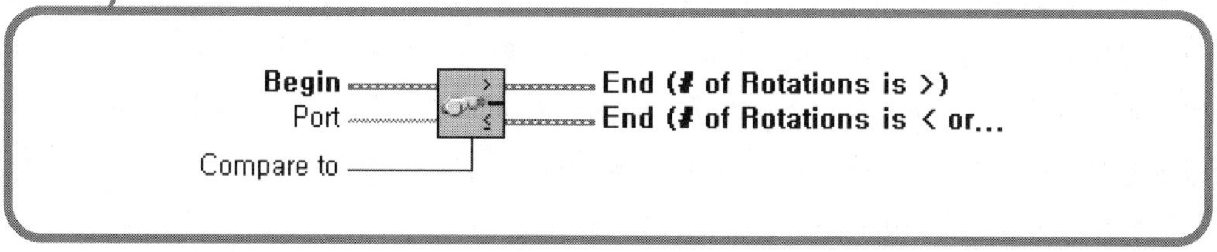

NXT 엔코더(각도 측정)의 입력값이 특정 값보다 큰지 작은지에 따라 경로를 선택합니다. 만약 특정 값보다 크면 상위 연결선을 따르게 되며 작거나 같으면 아래의 연결선을 따라 프로

그램을 실행하게 됩니다. Default는 라이트센서의 값을 55와 비교합니다. 엔코더는 한 바퀴에 360도의 값을 가집니다. 올바른 이용을 위해 이 함수의 앞에는 초기화 함수가 존재해야 합니다. 모든 [Fork] 함수는 연결선의 마지막에 [Merge] 함수를 필요로 합니다.

NXT Distance Sensor Fork

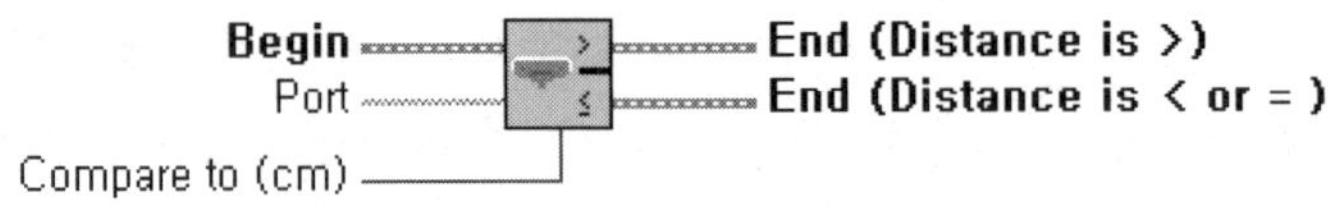

NXT 초음파센서의 입력값이 특정 값보다 큰지 작은지에 따라 경로를 선택합니다. 만약 특정 값보다 크면 상위 연결선을 따르게 되며 작거나 같으면 아래의 연결선을 따라 프로그램을 실행하게 됩니다. Default는 초음파센서의 값을 20cm와 비교합니다. 초음파센서는 1cm에서 200cm까지의 값을 인식할 수 있습니다. 모든 [Fork] 함수는 연결선의 마지막에 [Merge] 함수를 필요로 합니다.

NXT Sound Sensor Fork

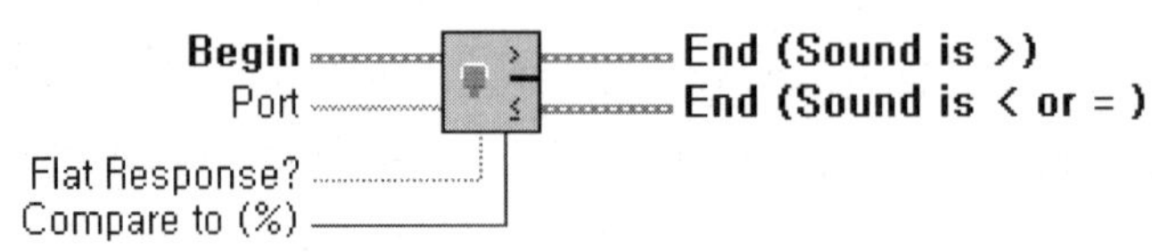

NXT 사운드센서의 입력값이 특정 값보다 큰지 작은지에 따라 경로를 선택합니다. 만약 특정 값보다 크면 상위 연결선을 따르게 되며 작거나 같으면 아래의 연결선을 따라 프로그램을 실행하게 됩니다. Default는 사운드센서의 값을 55와 비교합니다. 사운드센서는 매우 조용한 상태의 1에서 아주 시끄러운 상태의 100까지의 값을 인식할 수 있습니다. 모든 [Fork] 함수는 연결선의 마지막에 [Merge] 함수를 필요로 합니다.

Jumps

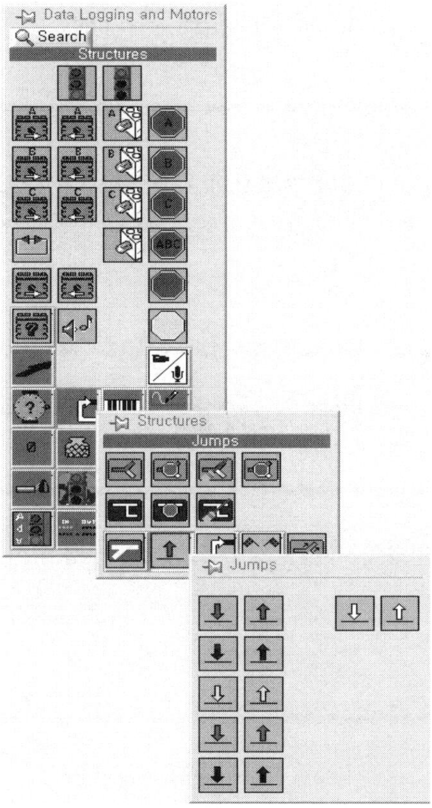

Red Land

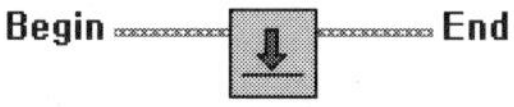

이 명령은 [Red Jump] 명령이 이용될 경우 프로그램 수행 순서가 어디로 점프할지를 알려줍니다.

Red Jump

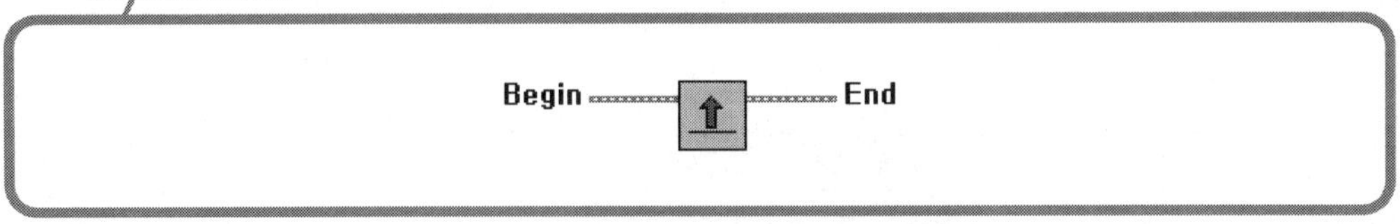

[Red Land] 함수와 함께 이용되어 연결선의 특정 위치로 프로그램 수행순서를 점프시킵니다.

Blue Land

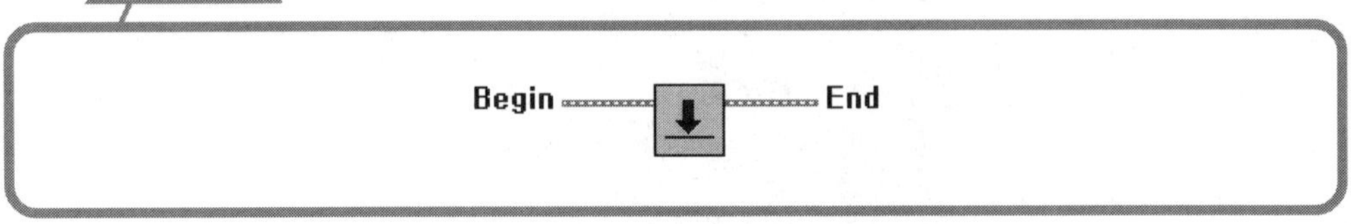

이 명령은 [Blue Jump] 명령이 이용될 경우 프로그램 수행 순서가 어디로 점프할지를 알려줍니다.

Blue Jump

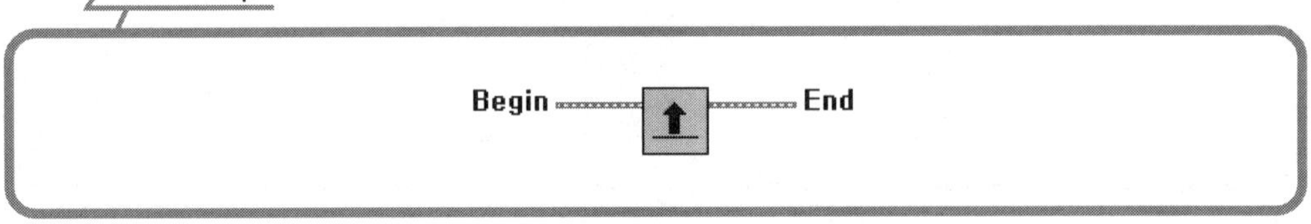

[Blue Land] 함수와 함께 이용되어 연결선의 특정 위치로 프로그램 수행순서를 점프시킵니다.

Yellow Land

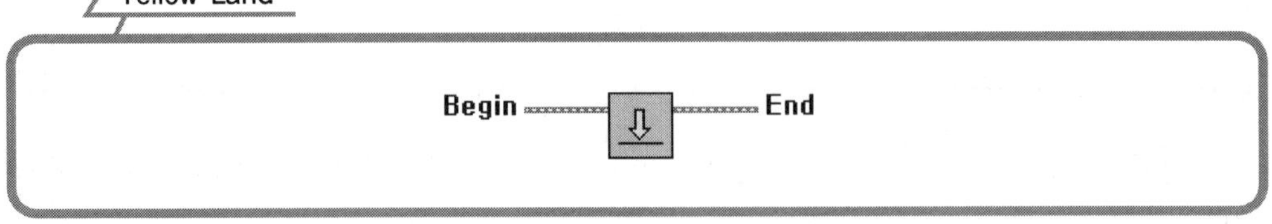

이 명령은 [Yellow Jump] 명령이 이용될 경우 프로그램 수행 순서가 어디로 점프할지를 알려줍니다.

Yellow Jump

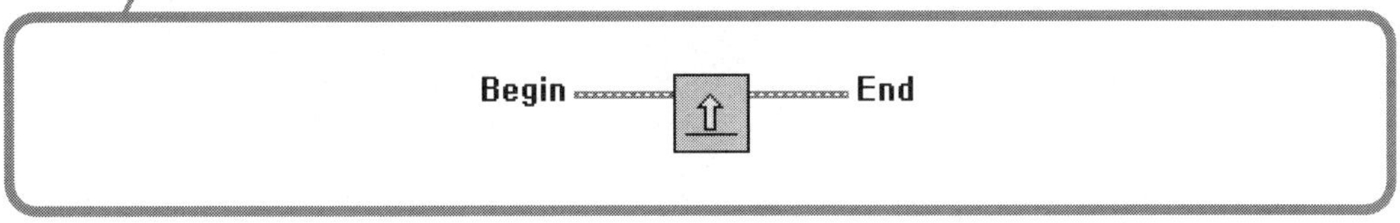

[Yellow Land] 함수와 함께 이용되어 연결선의 특정 위치로 프로그램 수행순서를 점프시킵니다.

Green Land

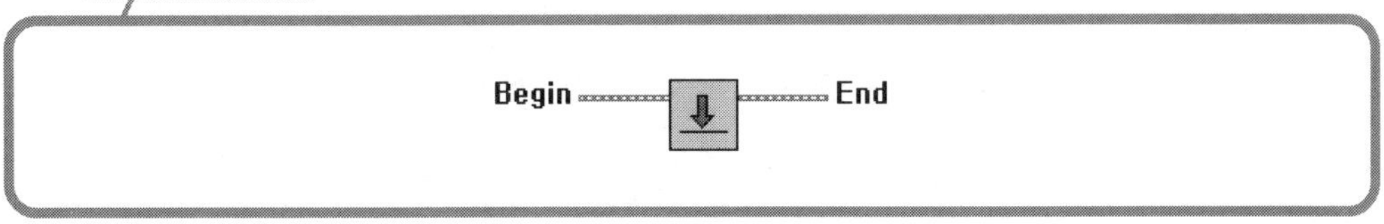

이 명령은 [Green Jump] 명령이 이용될 경우 프로그램 수행 순서가 어디로 점프할지를 알려줍니다.

Green Jump

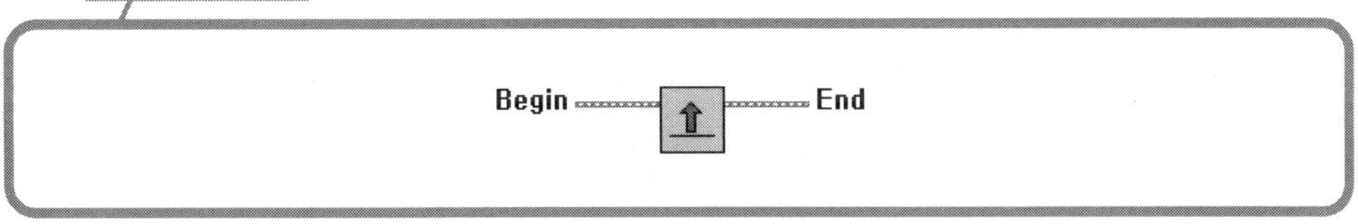

[Green Land] 함수와 함께 이용되어 연결선의 특정 위치로 프로그램 수행순서를 점프시킵니다.

Black Land

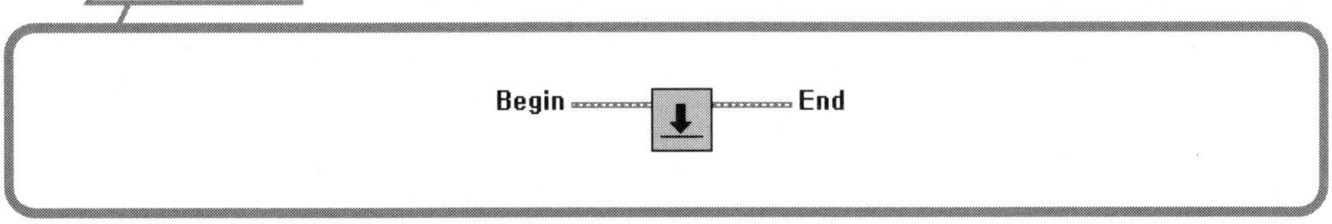

이 명령은 [Black Jump] 명령이 이용될 경우 프로그램 수행 순서가 어디로 점프할지를 알려줍니다.

Black Jump

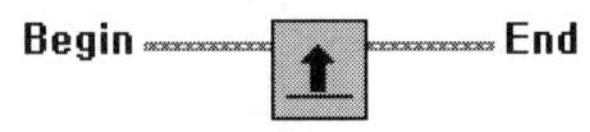

[Black Land] 함수와 함께 이용되어 연결선의 특정 위치로 프로그램 수행순서를 점프시킵니다.

Landing

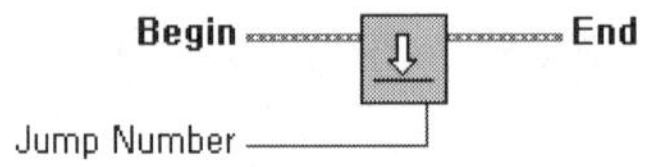

이 명령은 [Jumping] 명령이 이용될 경우 프로그램 수행 순서가 어디로 점프할지를 알려줍니다. Jump Number 터미널에는 1부터 특정 점프 번호를 지정할 수 있습니다. 동일한 점프번호가 대응하는 [Jumping] 명령에도 지정되어야 합니다.

Jumping

[Landing] 함수와 함께 이용되어 연결선의 특정 위치로 프로그램 수행순서를 점프시킵니다. Default는 1입니다. Jump Number 터미널에는 1부터 특정 점프 번호를 지정할 수 있습니다. 동일한 점프번호가 대응하는 [Landing] 명령에도 지정되어야 합니다.

Loops

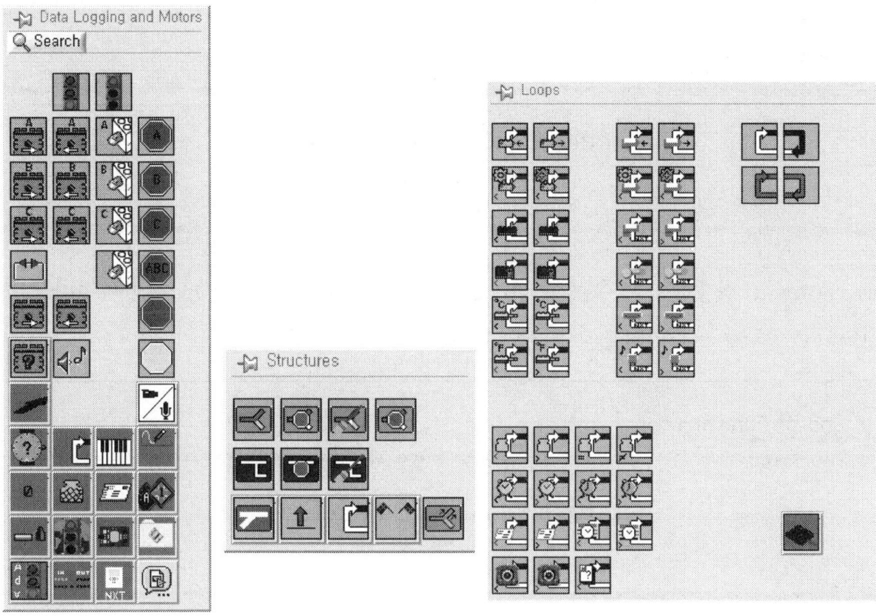

Start of Loop

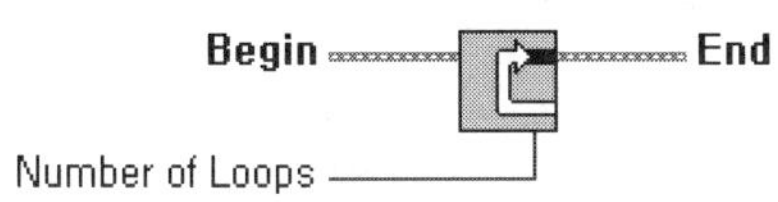

[Start of loop] 함수는 루프를 시작합니다. Default는 루프를 두 번 반복하는 것입니다. 연결선 상에 [End of Loop] 함수가 존재해야 합니다. Number of loops 터미널에는 루프를 대표하는 숫자를 할당하십시오. 최대값은 15입니다.

End of Loop

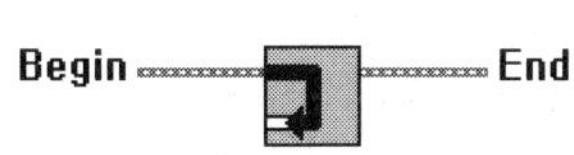

[End of loop] 함수는 [Start of loop] 함수로 점프합니다. [End of Loop] 함수 앞에 [Start of loop]가 존재해야 합니다.

Loop Forever

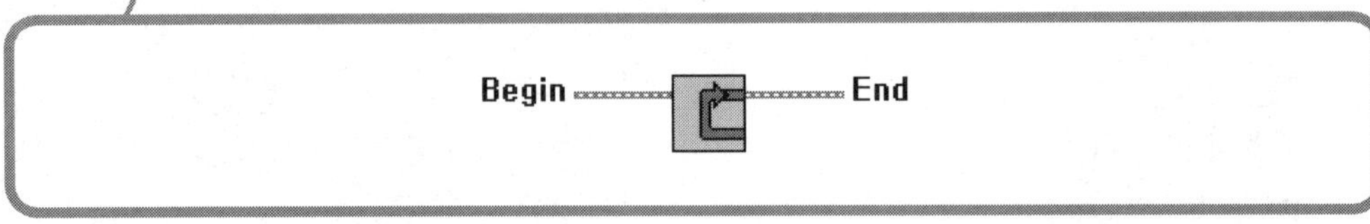

[Loop Forever] 함수는 연속루프(무한루프)를 시작합니다. 이 루프는 절대 빠져나오지 않습니다. [End of Forever Loop]를 이용하여 빠져나오십시오.

End of Forever Loop

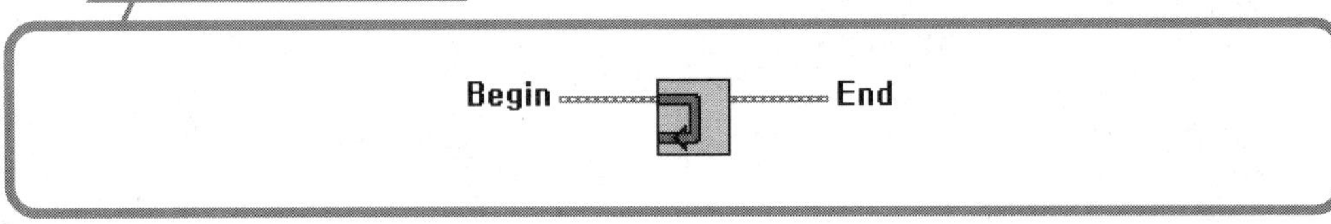

[End of Forever Loop] 함수는 루프의 시작 명령으로 점프합니다.

Loop While Touch Sensor is Pushed

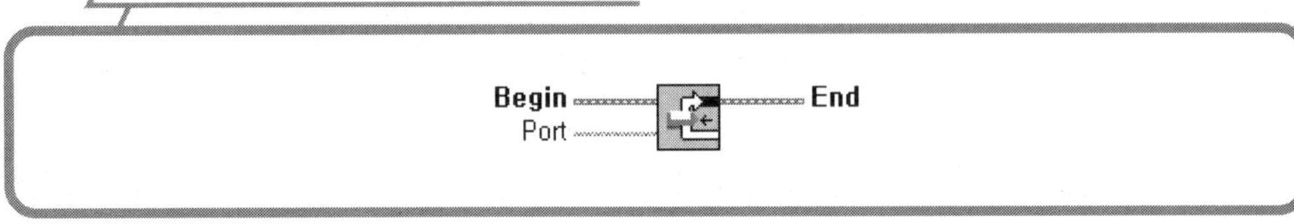

[Loop While Touch Sensor is Pushed] 함수는 NXT 터치센서가 눌려졌을 때 반복 루프를 시작합니다. 기본은 포트 1의 NXT 터치센서가 눌려졌을 때 반복 루프를 시작합니다. [End of Loop] 명령이 동반되어야 합니다.

Loop While Touch Sensor is Released

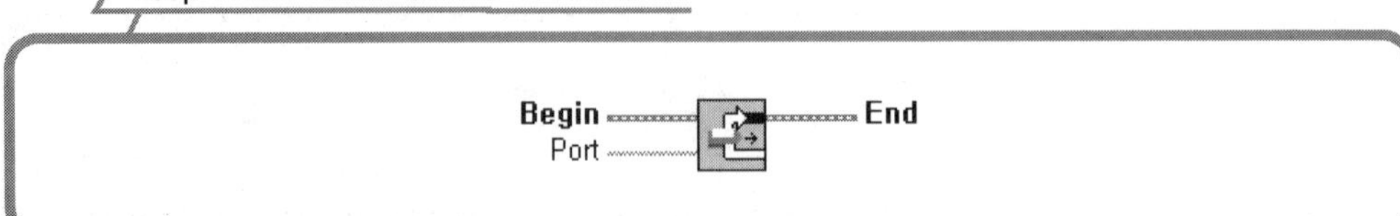

[Loop While Touch Sensor is Released] 함수는 NXT 터치센서가 눌렀다 놓일 때 반복 루프를 시작합니다. 기본은 포트 1의 NXT 터치센서가 눌렀다 놓일 때 반복 루프를 시작합니다. [End of Loop] 명령이 동반되어야 합니다.

Loop While Number of Touches and Releases is Less Than

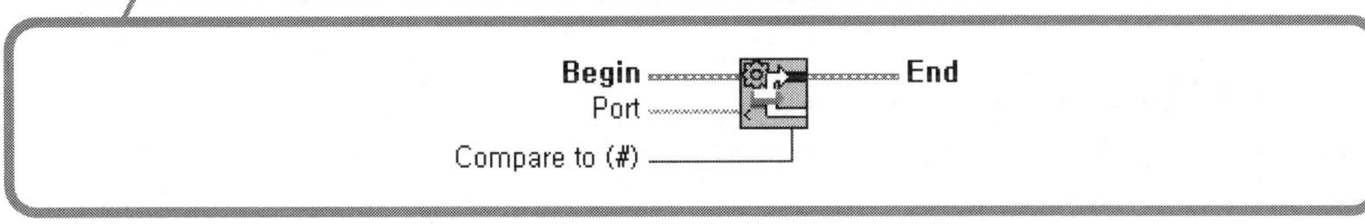

[Loop While Number of Touches and Releases is Less Than] 함수는 NXT 터치센서가 눌렀다 놓인 횟수가 지정된 횟수보다 적은 경우에 반복 루프를 시작합니다. 모든 터치는 누를 때 1번, 떨어질 때 1번으로 2번의 카운터 값을 기록합니다. 기본은 포트 1의 NXT 터치센서가 눌렀다 떨어지는 횟수가 10회 이하일 때 반복 루프를 시작합니다. [End of Loop] 명령이 동반되어야 합니다.

Loop While Number of Clicks Less Than

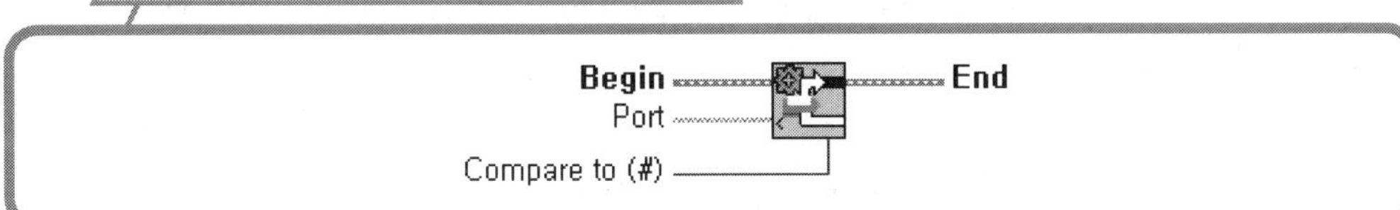

[Loop While Number of Clicks Less Than] 함수는 NXT 터치센서의 클릭된 횟수가 지정된 횟수보다 적은 경우에 반복 루프를 시작합니다. 기본은 포트 1의 NXT 터치센서가 클릭되는 횟수가 10회 이하일 때 반복 루프를 시작합니다. [End of Loop] 명령이 동반되어야 합니다.

Loop While NXT Light Sensor is Less Than

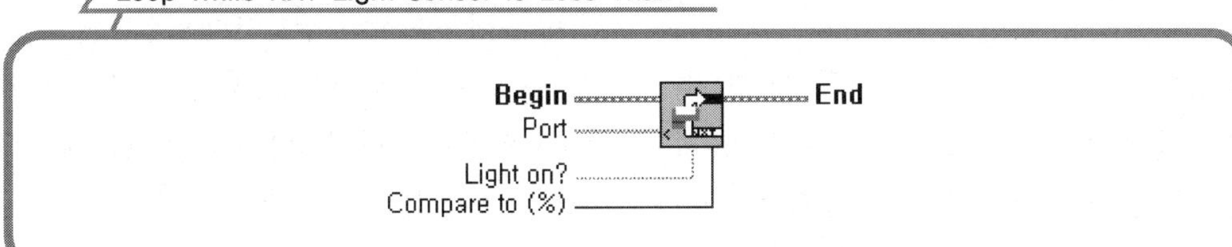

[Loop While NXT Light Sensor is Less Than] 함수는 NXT 라이트센서의 입력값이 특정값

보다 적은 경우에 반복 루프를 시작합니다. 기본은 포트 1의 NXT 라이트센서의 입력값이 55 미만일 때 반복 루프를 시작합니다. [End of Loop] 명령이 동반되어야 합니다. 라이트센서는 가장 어두울 때 1, 가장 밝을 때 100의 값을 검출합니다. Light On 터미널의 기본 값은 TRUE로서 LED가 ON 상태가 되며 FALSE에서 LED는 OFF됩니다. Compare to(%) 터미널에 비교하고자 하는 특정 밝기값을 설정할 수 있습니다.

Loop While NXT Light Sensor is Greater Than

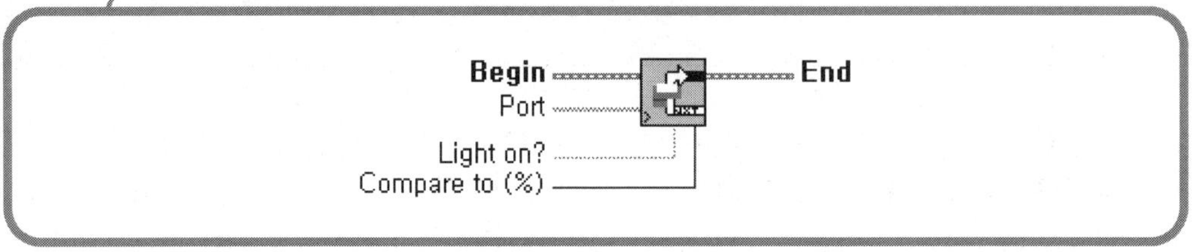

[Loop While NXT Light Sensor is Greater Than] 함수는 NXT 라이트센서의 입력값이 특정 값보다 큰 경우에 반복 루프를 시작합니다. 기본은 포트 1의 NXT 라이트센서의 입력값이 55 보다 클 때 반복 루프를 시작합니다. [End of Loop] 명령이 동반되어야 합니다. 라이트센서는 가장 어두울 때 1, 가장 밝을 때 100의 값을 검출합니다. Compare to(%) 터미널에 비교하고자하는 특정 밝기값을 설정할 수 있습니다.

Loop While NXT Motor Angle Sensor is Less Than

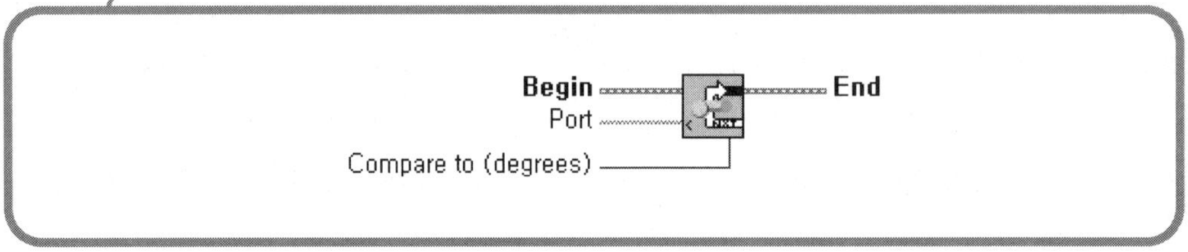

[Loop While NXT Motor Angle Sensor is Less Than] 함수는 NXT 엔코더의 입력값이 특정 값보다 적은 경우에 반복 루프를 시작합니다. 기본은 포트 A의 NXT 엔코더의 입력값이 360도 미만일 때 반복 루프를 시작합니다. [End of Loop] 명령이 동반되어야 합니다. Compare to(%) 터미널에 비교하고자하는 특정 각도를 설정할 수 있습니다.

Loop While NXT Motor Angle Sensor is Greater Than

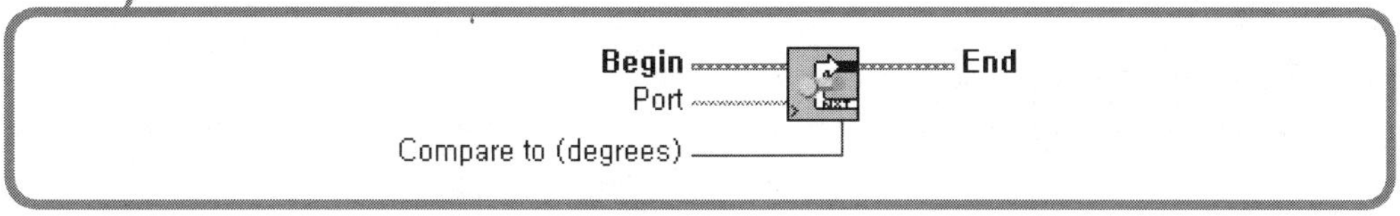

[Loop While NXT Motor Angle Sensor is Greater Than] 함수는 NXT 엔코더의 입력값이 특정값보다 큰 경우에 반복 루프를 시작합니다. 기본은 포트 A의 NXT 엔코더의 입력값이 360도 이상일 때 반복 루프를 시작합니다. [End of Loop] 명령이 동반되어야 합니다. Compare to(%) 터미널에 비교하고자 하는 특정 각도를 설정할 수 있습니다.

Loop While NXT Distance Sensor is Less Than

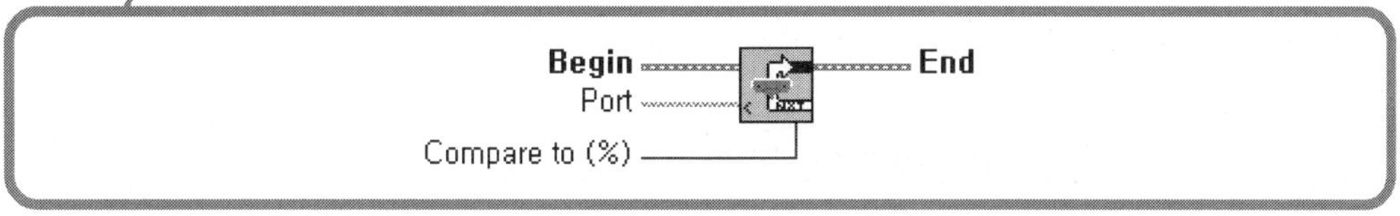

[Loop While NXT Distance Sensor is Less Than] 함수는 NXT 초음파센서의 입력값이 특정값보다 적은 경우에 반복 루프를 시작합니다. 기본은 포트 1의 NXT 초음파센서의 입력값이 55 미만일 때 반복 루프를 시작합니다. [End of Loop] 명령이 동반되어야 합니다. 초음파센서는 1cm에서 200cm 사이의 값을 검출합니다. Compare to(%) 터미널에 비교하고자하는 특정 거리값을 설정할 수 있습니다.

Loop While NXT Distance Sensor is Greater Than

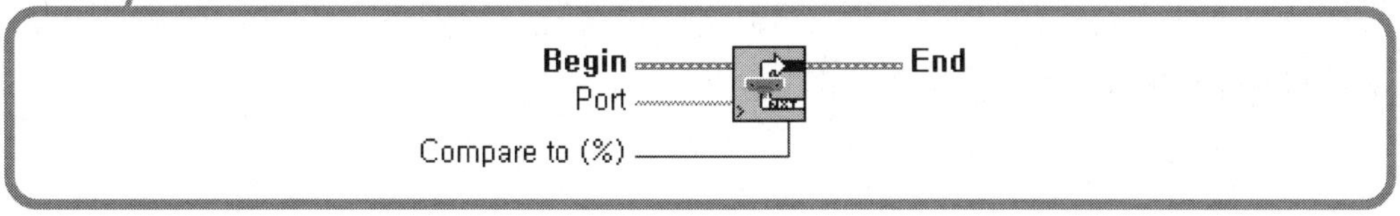

[Loop While NXT Distance Sensor is Greater Than] 함수는 NXT 초음파센서의 입력값이 특정값보다 큰 경우에 반복 루프를 시작합니다. 기본은 포트 1의 NXT 초음파센서의 입력값이 55 이상일 때 반복 루프를 시작합니다. [End of Loop] 명령이 동반되어야 합니다. 초음파센서는 1cm에서 200cm 사이의 값을 검출합니다. Compare to(%) 터미널에 비교하고자하는 특정

거리값을 설정할 수 있습니다.

Loop While NXT Sound Sensor is Less Than

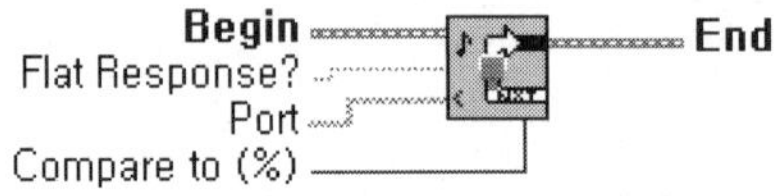

[Loop While NXT Sound Sensor is Less Than] 함수는 NXT 사운드센서의 입력값이 특정값보다 적은 경우에 반복 루프를 시작합니다. 기본은 포트 1의 NXT 사운드센서의 입력값이 55 미만일 때 반복 루프를 시작합니다. [End of Loop] 명령이 동반되어야 합니다. 사운드센서는 매우 조용한 상태의 1에서 아주 시끄러운 상태의 100을 검출합니다. Compare to(%) 터미널에 비교하고자 하는 특정값을 설정할 수 있습니다.

Loop While NXT Sound Sensor is Greater Than

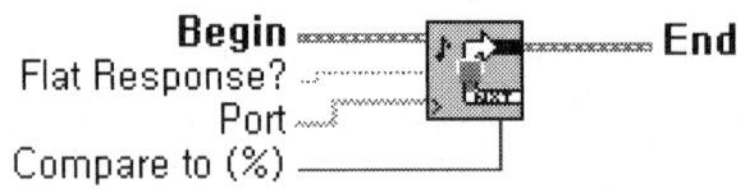

[Loop While NXT Sound Sensor is Greater Than] 함수는 NXT 사운드센서의 입력값이 특정값보다 큰 경우에 반복 루프를 시작합니다. 기본은 포트 1의 NXT 사운드센서의 입력값이 55 이상일 때 반복 루프를 시작합니다. [End of Loop] 명령이 동반되어야 합니다. 사운드센서는 매우 조용한 상태의 1에서 아주 시끄러운 상태의 100을 검출합니다. Compare to(%) 터미널에 비교하고자 하는 특정값을 설정할 수 있습니다.

Container

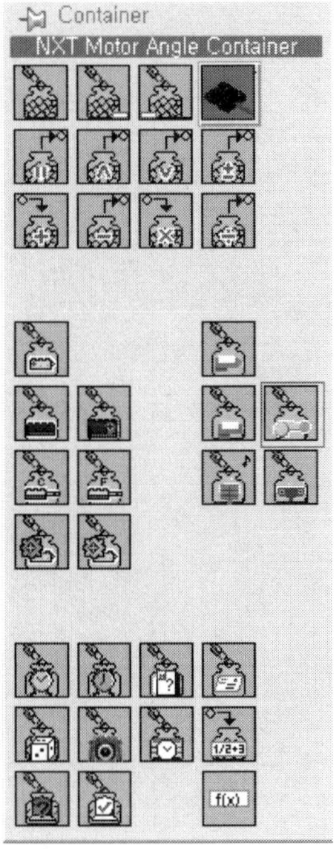

NXT Motor Angle Container

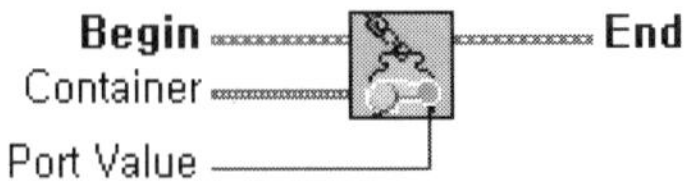

[NXT Motor Angle Container] 함수는 NXT 모터에 내장된 엔코더 값을 컨테이너에 설정합니다. 기본은 빨강 컨테이너를 포트 A에 연결된 모터의 엔코더 값으로 설정합니다. Container 터미널에는 빨강, 파랑, 노랑 컨테이너 중 원하는 컨테이너를 연결하십시오.

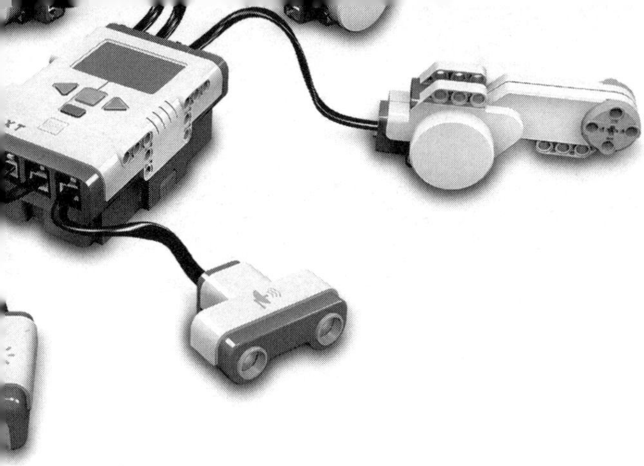

CHAPTER **11**

프로젝트 수행을 위한 팀 편성

CHAPTER 11 프로젝트 수행을 위한 팀 편성

지금까지 여러분은 LEGO의 기본적인 구조 설계법과 간단한 프로그램을 위한 ROBOLAB 프로그램 사용법에 대하여 배워보았습니다. 이제부터는 팀을 편성하여 몇 가지 프로젝트를 수행하면서 공학설계를 경험해 보도록 하겠습니다.

1. 팀의 활동 규칙 만들기

앞 절에서 설명하였듯이 팀에게 구성원 간의 결속력이나 협동심 등 좋은 관계를 맺기보다도 훨씬 더 중요한 요건이 바로 규율(discipline)입니다. 팀 전원이 동의하는 활동규칙들을 작성하고 팀 구성원들이 이 규칙을 따름으로써 팀원 간의 효율적이고 만족스러운 상호 관계를 유지하는데 도움이 될 수 있도록 하여야 합니다.

여러분의 합의에 의해 도출된 팀 활동 규칙이라면 약간 엉뚱한 내용이라도 좋습니다. 하지만 반드시 여러분들에 의해서 지켜져야 함을 명심하십시오.

A반 01조 [연예인] 팀은 활동 규칙을 다음과 같이 정하였습니다.

연예인 팀의 팀 활동규칙 예

- 약속시간은 정확하게 꼭 지키자.
- 브레인스토밍을 하는 도중에는 비판적이거나 부정적인 생각을 하지 않는다.
- 심각한 갈등이 생길 경우에는 합리적인 협상을 시도한다.
- 서로를 존중해준다.
- 주어진 역할을 미루지 않는다.

A반 02조 [무한도전] 팀은 활동 규칙을 다음과 같이 정하였습니다.

무한도전 팀의 팀 활동규칙 예

- 회의 중에는 금연한다.
- 회의 중에는 핸드폰을 꺼놓는다.
- 회의 도중에 상대방을 자극하는 언행을 금지한다.
- 회의가 길어질 경우 1시간에 10분씩 휴식을 취한다.
- 프로젝트가 완료될 때까지 팀원의 사기를 저하시키는 행위를 금지한다.
- 프로젝트가 완료될 때까지 개인행동을 금지한다.
- 특이 사항이 있을 경우 다른 팀원의 동의 하에 개인행동을 허용한다.
- 휴식시간을 정해 놓고 그 외에는 프로젝트의 완료에 몰두한다.
- 규칙 위반 시 패널티
  - 2회 위반까지 경고조치
  - 3회 위반 시 야식 쏘기 or 프로젝트 완료 후 두 조의 부품 모두 정리
  - 4회 위반 시 팀에서 제외

2. 팀 소개 자료

팀이 결성되면 팀을 대외적으로 홍보하기 위한 기본적인 자료를 만들어 둘 필요가 있습니다. 팀명의 탄생 배경, 팀원의 임무와 역할 등을 명시하여 둠으로써 역할분담을 명확히 합니다.

팀에서 구성원들은 팀의 임무와 책임을 나누어서 맡아야 합니다. 일반적으로 팀은 팀장, 기록자, 팀원 등으로 구성되는데 각 역할 담당자의 임무와 책임을 인식하고 행동하여야 합니다.

팀의 규모에 따라서 임무의 적절한 역할 분담이 달라질 수 있지만 보통은 구성원 개인이 하나 이상의 임무를 맡거나 또는 어느 한 가지 임무를 시간대 별로 여러 명의 구성원들이 순차적으로 임무를 나누어서 수행하는 것이 좋습니다. 이때 구성원들의 책임 소재를 명확히 할 수 있도록 책임과 임무를 잘 정의해야 합니다.

다음은 연예인 팀의 역할 및 임무를 정의한 팀 소개입니다. 기본적인 역할과 임무에 대한 정의를 포함한 개성 있는 자료로 만들면 좋습니다.

■ **팀장 : 장동건**

– 학번 : 07학번(현재 전기전자제어공학부 1학년)

– e-mail : jdgun@hanbat.ac.kr

– 휴대폰 : 010-1234-1234

– 역할과 임무 :

1) 회의를 소집하거나 결과를 보고하고 회의를 주재한다.
2) 팀원과 논의를 통해 팀 규칙과 지침을 작성한다.
3) 팀 구성원들의 역할과 책임을 명확하게 정의한다.
4) 필요한 과제 수행을 위해 각 팀원에게 책임을 부여한다.
5) 회의를 정시에 시작해서 의사일정에 따라 회의를 진행한다.
6) 팀 회의에서 팀원의 한 사람으로 의견을 제시할 수도 있다.
7) 결정된 주요 사항과 행동조치들을 팀 구성원에게 이해시킨다.
8) 회의 진행방법을 바꿀 수 있는 권한을 가진다.
9) 회의 진행시 참가자 전원이 참여할 수 있도록 유도해야 한다.
10) 토론이 격화될 때 이를 적절히 조절해야 한다.
11) 팀 구성원의 아이디어가 공격 받지 않도록 보호해 준다.

■ **팀원(기록자) : 이나영**

– 학번 : 07학번 (현재 전기전자제어공학부 1학년)
– e-mail : nylee@hanbat.ac.kr
– 휴대폰 : 010-1235-1235
– 역할과 임무 :

1) 팀 발표 준비와 보고서 작성을 담당한다.
2) 팀 구성원의 임무 보고서를 요약하고 팀의 결정사항을 기록한다.
3) 할당된 임무를 열거하며 요약된 문서를 다음 회의의 의제와 함께 모든 팀 구성원들에게 전달한다.
4) 회의에서 논의 또는 결정된 사항을 회의록에 정확히 기록하고 이를 수시로 확인 점검하여야 하며 아래의 지침을 준수한다.
   · 올바른 정보 파악이 필요할 경우에는 좀 더 분명하게 이야기하도록 요구한다.
   · 임의대로 해석하지 말고 표현된 단어 중 핵심 단어와 문구만을 기록한다. 모든 단어를 기록할 필요는 없다.
   · 회의 참가자 모두가 쉽게 볼 수 있도록 큰 글자로 플립차트나 화이트보드에 기록한다.
   · 자신이 동의하지 않더라도 다른 팀원의 아이디어나 문구를 삭제하지 않는다.
   · 중요 아이디어, 문구, 결정내용, 행동조치에 대해서는 원을 그리거나 밑줄 표시를 한다.

■ **팀원(촉진자) : 김태희**

— 학번 : 07학번 (현재 전기전자제어공학부 1학년)

— e-mail : thkim@hanbat.ac.kr

— 휴대폰 : 010-1236-1236

— 역할 및 임무 :

1) 팀 발표를 담당한다.
2) 상세명세서 작성을 하는 역할을 한다.
3) 회의 안건에 대한 팀의 초점을 유지시키고 전원의 참여를 유도한다.
4) 토론이 격화될 때 이를 조절하며 구성원들의 의견이 침해되지 않도록 노력한다.
5) 의견이 일치되지 않을 때에는 중립적인 입장을 유지한다.

■ **팀원(과정관찰자) : 한예슬**

— 학번 : 02학번 (현재 전기전자제어공학부 3학년)

— e-mail : yshan@hanbat.ac.kr

— 휴대폰 : 010-1237-1237

— 역할 및 임무 :

1) 팀의 자료 수집을 담당한다.
2) 팀 회의의 진행상황에 따라 피드백을 제공한다.
3) 팀 회의 과정과 임무할당 과정이 얼마나 잘 진행되는지 관찰하거나 개선점을 제안함으로써 내부 감사와 같은 역할을 수행한다.

3. 팀 회의록

팀 편성이 완료되는 순간부터 팀 내에서는 다양한 논의가 시작됩니다. 따라서 이때부터는 팀의 모든 합의 내용 등에 대한 회의록 작성이 요구됩니다.

회의록에는 팀 활동의 내역을 기록하며 기본적으로 포함시킬 내용은 다음과 같습니다.

- 회의안건
- 회의 날짜, 시간, 참석자
- 지난 회의에서 할당된 팀 구성원들의 임무 진행과정 보고 요약문
- 팀 결정사항, 팀 구성원들이 새로 맡은 임무 완성 날짜

• 과정 관찰자와 관련된 내용(이름, 논평과 제안, 관찰 사항에 기초한 팀 활동 내역 등)
• 다음 회의와 관련된 결정 사항(날짜, 시간, 안건, 회의 진행자, 기록자 등)

팀 회의 보고서는 팀이 수행할 과제의 규모와 임무에 대한 목록으로 팀 구성원들이 이해한 사항이 되어야 합니다. 팀의 기록자는 팀 회의를 맡은 직후 팀 회의 보고서를 작성하여 팀의 운영 상태를 알 수 있도록 하여야 합니다.

▎연예인 팀의 회의록 형식▎

A반 01조 [연예인]팀 회의록				
회의일자	2008년 3월 3일 오전 10시		회의장소	3동 212호
참석자	장동건 (서명)	이나영 (서명)	김태희 (서명)	한예슬 (서명)
지난 회의시 논의된 진행과정요약				
회의안건				
결정사항				
임무완수일자				
과정관찰자의 논평 및 제안				한예슬
논평				
제안				
활동내역				
다음 회의 (예정)				
회의일시	안건	기록자	촉진자	과정관찰자

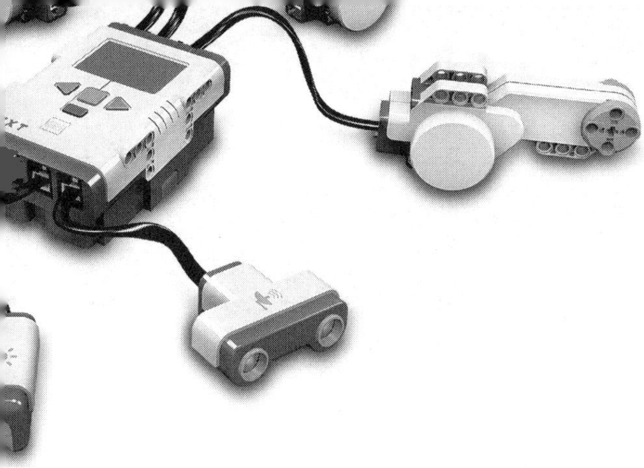

첫 번째 프로젝트 (거리측정)

CHAPTER **12**

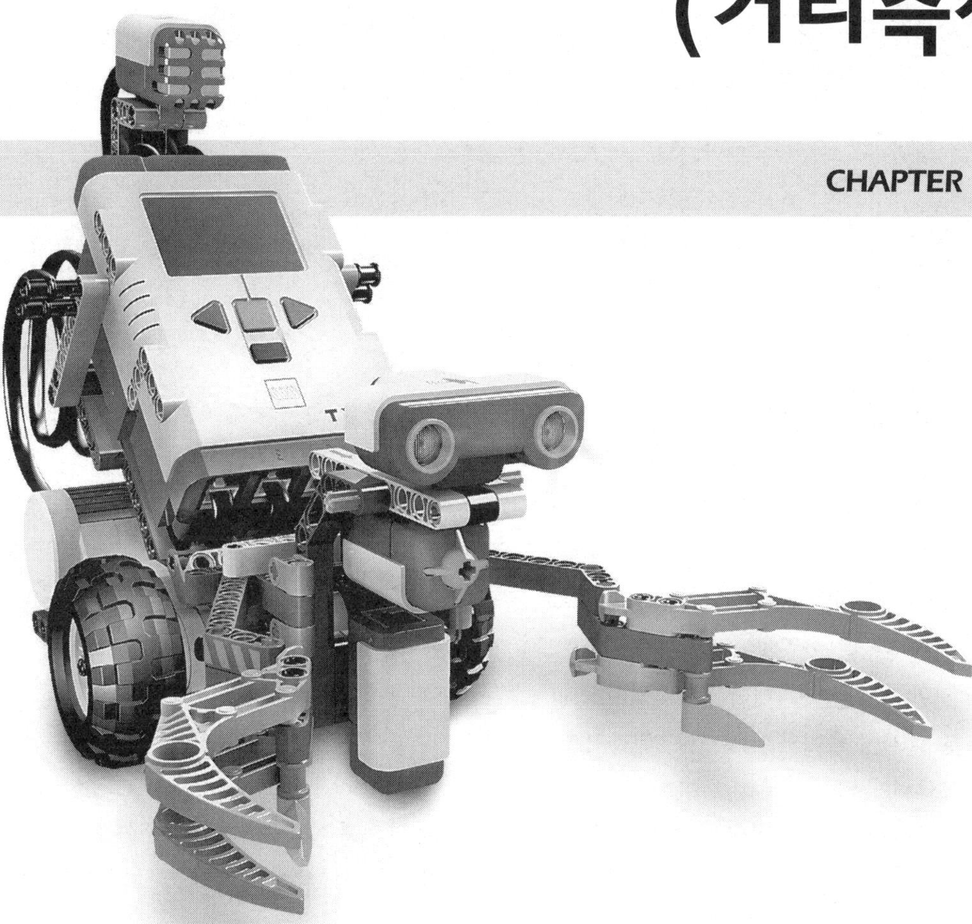

CHAPTER 12 첫 번째 프로젝트(거리측정)

■ **미션**

초음파센서를 활용하여 전방의 벽을 인식하고 출발한 위치까지 되돌아가는 로봇을 만들어 보세요. 팀별로 로봇의 구조를 설계하고 ROBOLAB 프로그램을 활용하여 프로그래밍 해봅시다.

■ **평가방법**

평 가 요 소		최고점수
로봇의 설계 및 동작	매우 창의적이고 독창적인 아이디어가 돋보입니다.	20
	구조적으로 매우 견고합니다.	10
	프로그램이 정확하고 안정적으로 동작합니다.	10
	기본기능 이외의 부가 기능을 가집니다.	10
상세명세서	명세서를 통해 시작품 제작이 가능합니다.	30
회의록	팀 구성원들이 어떻게 미션을 완수해 가는지를 보여주세요.	10
발표/데모	귀에 쏙쏙 들어오는 깔끔한 발표와 완벽한 동작으로 이끌어낸 청중의 열광... 굿이예요~굿!	10
총점	–	100

■ 첫 번째 팀 프로젝트가 주어졌습니다. 공학설계란 원래가 제한된 조건을 만족하면서 미션을 얼마만큼 효율적으로 완수하느냐가 중요합니다. 팀원들은 팀 회의를 통해 미션을 완수하기 위한 다양한 아이디어를 도출하고 이들 중에서 가장 우수하다고 판단되는 하나를 선택하여 로봇 설계에 들어가게 됩니다. 결과적으로 설계의 90% 완성은 상세명세서를 작성하는 것과 동일합니다.

지금부터는 첫 번째 미션 수행을 위한 상세명세서를 작성해 봅니다.

상세명세서는 거리측정 로봇의 구조적 특성을 결정짓는 하드웨어 설계와 성능을 결정짓는 소프트웨어 설계로 구분하여 작성할 수 있습니다.

■ 거리측정 로봇의 하드웨어 설계

로봇의 하드웨어 설계는 로봇의 이동을 위한 구동부와 거리측정을 위한 초음파 센서부로 구분할 수 있습니다. 구동부의 초점은 안정적이면서도 유연하게 움직일 수 있는 하드웨어의 설계일 것이며, 센서부의 설계 초점은 초음파 센서의 특징을 얼마나 효율적으로 이용하여 거리를 정확히 측정할 수 있는가에 있습니다. 즉 로봇에서 초음파 센서의 부착 위치를 어디로 할 것인가를 고민하게 하는 부분입니다.

본 예제에서는 여러 회의와 예비 설계로부터 다음의 구조를 가지는 로봇의 제작을 연예인팀에서 결정하였다고 가정합니다. 그렇다면 하드웨어 제작을 위해 필요한 부품 리스트 및 조립 순서도가 명세서에 제공되는 것이 좋습니다.

거리측정 로봇의 구동부

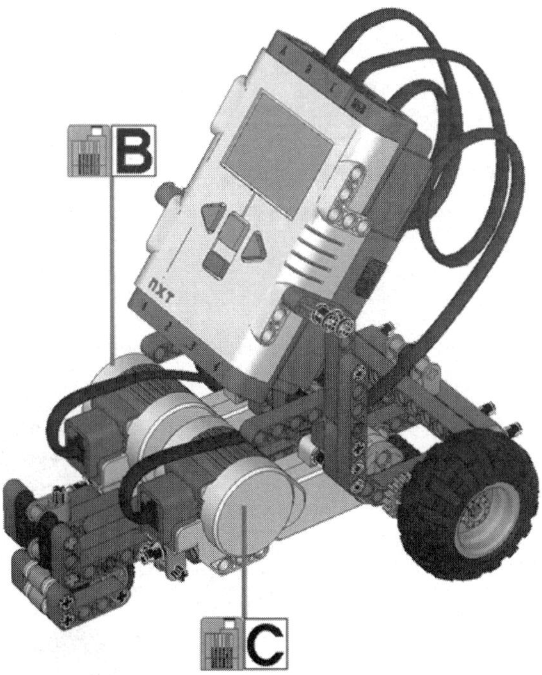

▌상세명세서 01▐

거리측정 로봇			
팀명	연예인	**용도**	상세명세서 부품리스트-01
작성	이나영		
검토	김태희	**작성일자**	2008/03/03

명 칭	개 수	형 태
NXT Brick	1	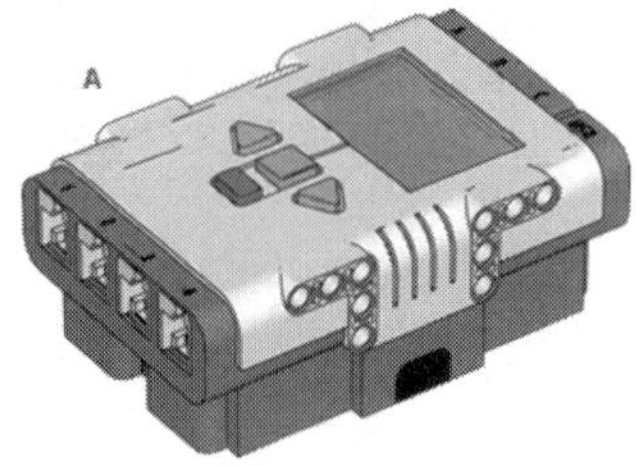
30X20 Hub	2	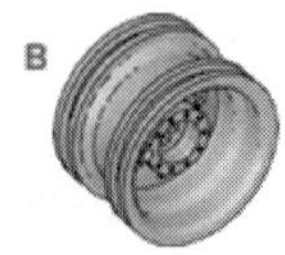
18X14 Hub	1	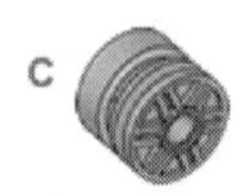
56X26 Tire	2	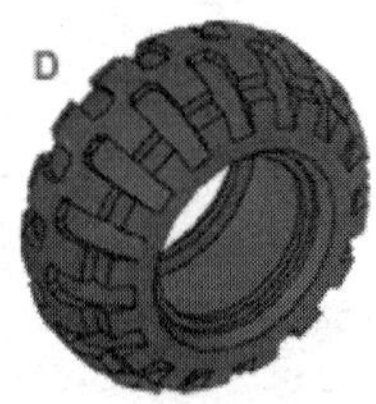
24X14 Tire	1	

❙ 상세명세서 02 ❙

거리측정 로봇			
팀명	연예인	용도	상세명세서 부품리스트-02
작성	이나영		
검토	김태희	작성일자	2008/03/03

명 칭	개 수	형 태
(F) 4x6 Angular Beam	2	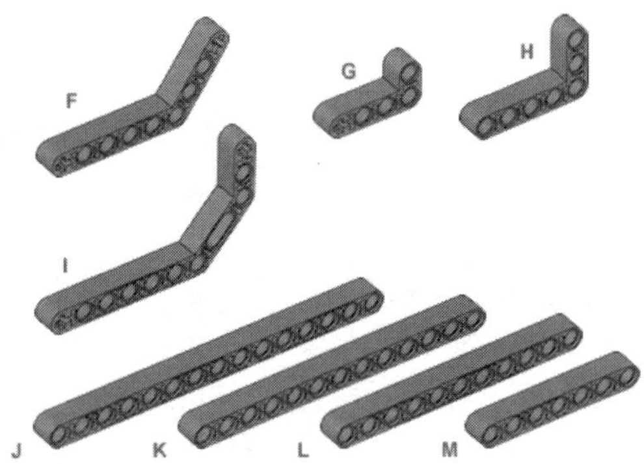
(G) 4x2 Angular Beam	4	
(H) 3x5 Angular Beam	4	
(I) 3x7 Angular Beam	4	
(J) 15-Module Beam	1	
(K) 13-Module Beam	1	
(L) 11-Module Beam	1	
(M) 7-Module Beam	2	
(O) 3-Module Axle	7	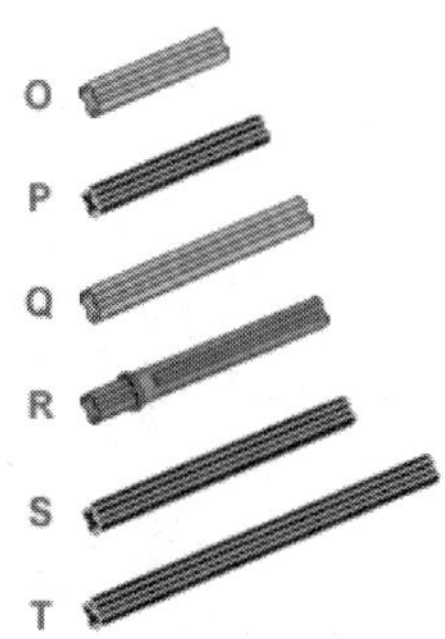
(P) 4-Module Axle	5	
(Q) 5-Module Axle	4	
(R) 51/2-Module Axle	2	
(S) 6-Module Axle	3	
(T) 8-Module Axle	1	
Servo Motor	2	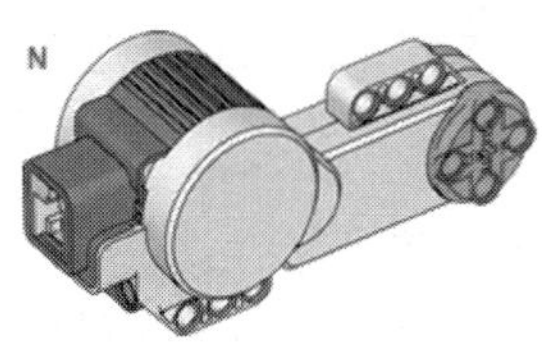

▌상세명세서 03▐

<table>
<tr><th colspan="4">거리측정 로봇</th></tr>
<tr><td>팀명</td><td>연예인</td><td rowspan="2">용도</td><td rowspan="2">상세명세서 부품리스트-03</td></tr>
<tr><td>작성</td><td>이나영</td></tr>
<tr><td>검토</td><td>김태희</td><td>작성일자</td><td>2008/03/03</td></tr>
</table>

<table>
<tr><th>명 칭</th><th>개 수</th><th>형 태</th></tr>
<tr><td>Cable</td><td>3</td><td>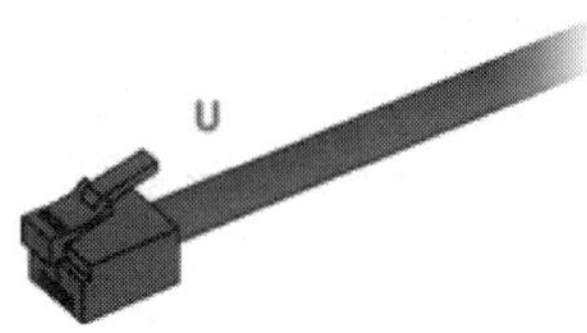</td></tr>
<tr><td>Connector Peg with Friction Axle</td><td>6</td><td>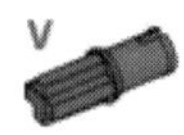</td></tr>
<tr><td>2-Module Cross Block</td><td>4</td><td></td></tr>
<tr><td>(X) Double Cross Block</td><td>3</td><td rowspan="3">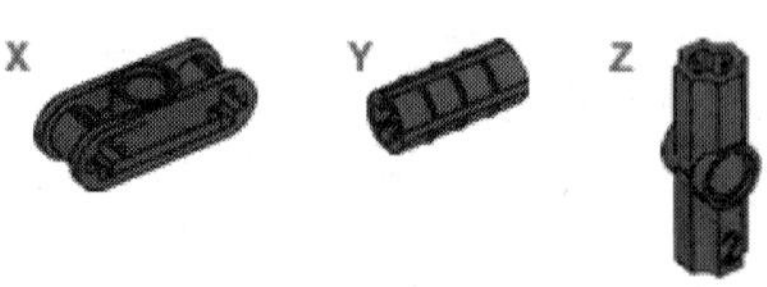</td></tr>
<tr><td>(Y) Axle Extender</td><td>4</td></tr>
<tr><td>(Z) 180o Angular Block</td><td>2</td></tr>
<tr><td>Connector Peg with Bushing</td><td>6</td><td rowspan="3">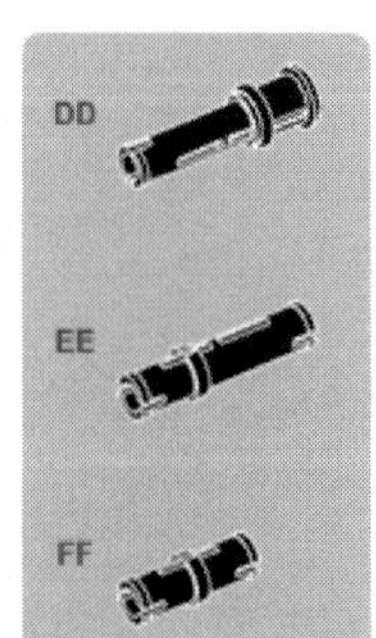</td></tr>
<tr><td>3-Module Connector Peg with Friction</td><td>11</td></tr>
<tr><td>Connector Peg with Friction</td><td>10</td></tr>
</table>

▌상세명세서 04▐

<table>
<tr><th colspan="4">거리측정 로봇</th></tr>
<tr><td>팀명</td><td>연예인</td><td rowspan="2">용도</td><td rowspan="2">상세명세서 부품리스트-04</td></tr>
<tr><td>작성</td><td>이나영</td></tr>
<tr><td>검토</td><td>김태희</td><td>작성일자</td><td>2008/03/03</td></tr>
</table>

<table>
<tr><th>명 칭</th><th>개 수</th><th>형 태</th></tr>
<tr><td>(AA) 16-Tooth Gear</td><td>4</td><td rowspan="3">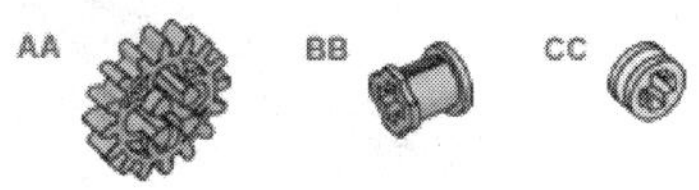
</td></tr>
<tr><td>(BB) Bushing</td><td>6</td></tr>
<tr><td>(CC) 1/2-Modular Busing</td><td>5</td></tr>
<tr><td>초음파센서</td><td>1</td><td>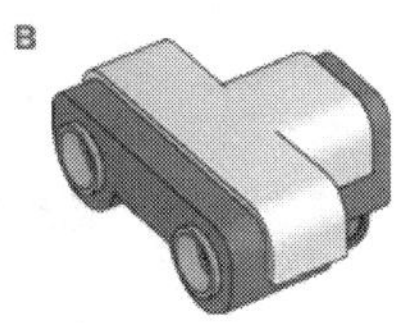
</td></tr>
</table>

부품리스트는 거리측정 로봇의 구동부를 제작하는데 필요한 부품과 센서를 로봇에 부착하기 위한 부품으로 구분됩니다.

▌상세명세서 05▐

<table>
<tr><th colspan="4">거리측정 로봇</th></tr>
<tr><td>팀명</td><td>연예인</td><td rowspan="2">용도</td><td rowspan="2">상세명세서 조립순서도-01</td></tr>
<tr><td>작성</td><td>이나영</td></tr>
<tr><td>검토</td><td>김태희</td><td>작성일자</td><td>2008/03/03</td></tr>
</table>

<table>
<tr><th>단계</th><th>설계도</th><th>설명</th></tr>
<tr><td>1</td><td>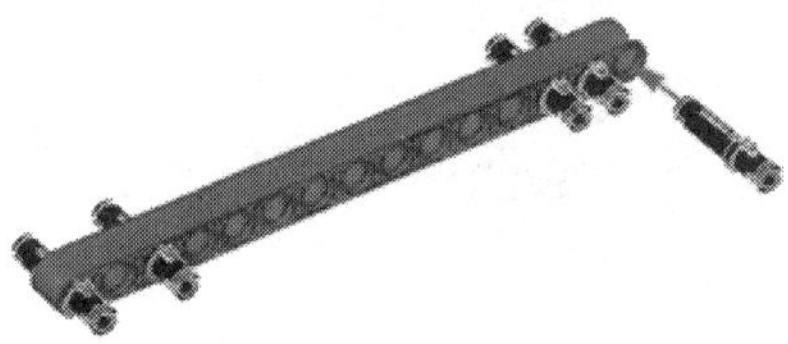</td><td>• 15-Module Beam에 3-Module Connector Peg with Friction을 그림과 같이 삽입
• Connector Peg with Bushing과 혼동 주의</td></tr>
<tr><td>2</td><td>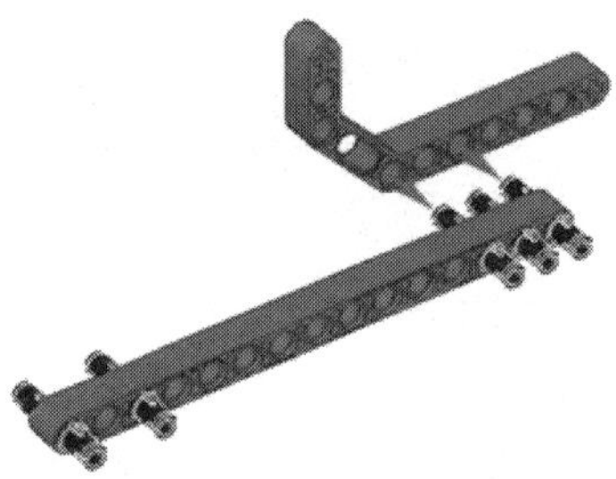</td><td>• 3x7 Angular Beam을 단계1에 추가함</td></tr>
<tr><td>3</td><td>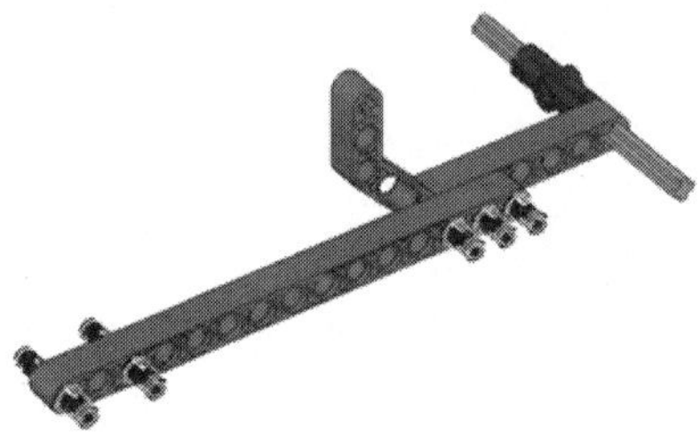</td><td>• 8-Module Axle을 3x7 Angular Beam에 결합시키고,
• 180° Angular Block을 삽입함</td></tr>
<tr><td>4</td><td>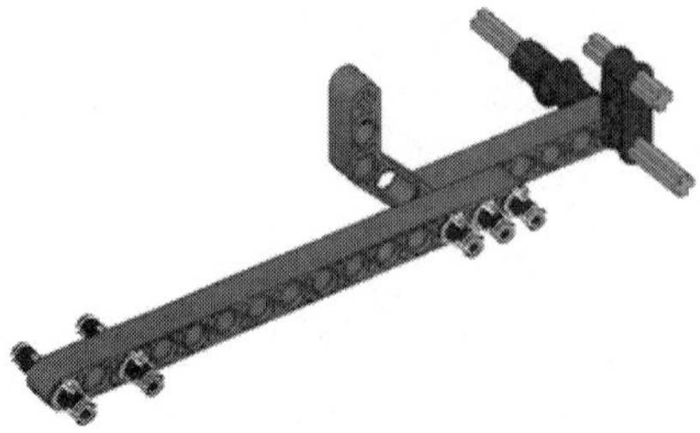</td><td>• Double Cross Block에 3-Module Axle을 삽입하고 8-Module Axle에 삽입함</td></tr>
</table>

▌상세명세서 06▌

거리측정 로봇			
팀명	연예인	용도	상세명세서 조립순서도-02
작성	이나영		
검토	김태희	작성일자	2008/03/03

단계	설계도	설명
5	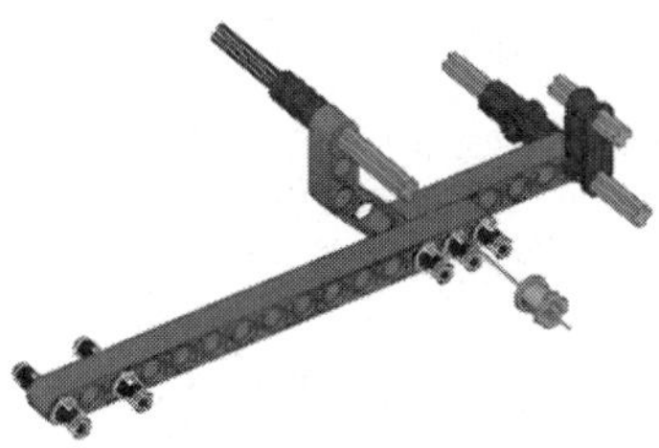	• Module Axle에 Axle Extender를 삽입 • 3x7 Angular Beam에 결합시킨 뒤 Bushing을 화살표 방향으로 삽입
6	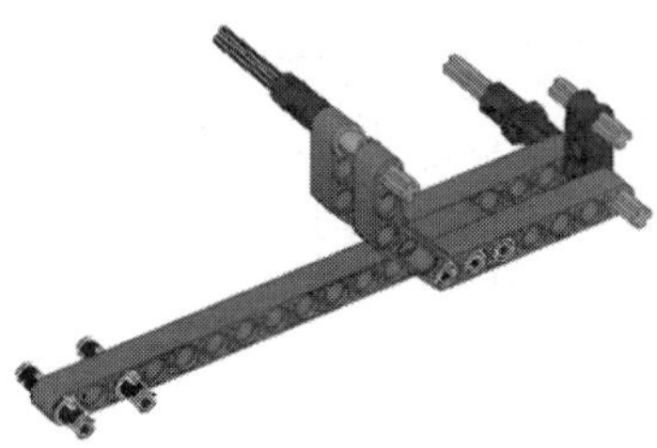	• 3x7 Angular Beam을 그림과 같이 추가시킴
7		• 180° Angular Block과 Axle Extender를 그림과 같이 삽입함
8	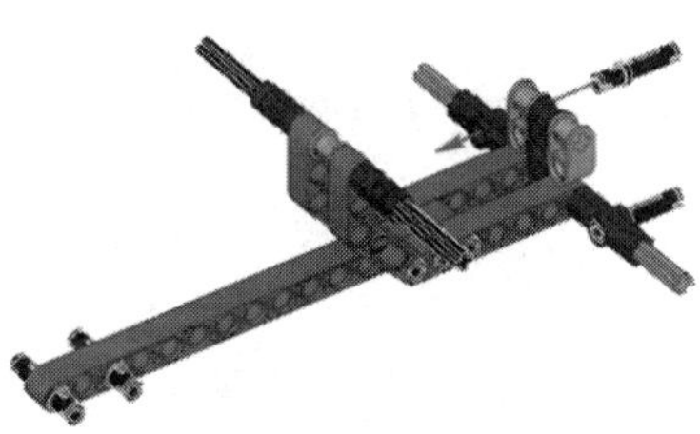	• 3-Module Connector Peg with Friction을 180° Angular Block에 삽입 • Connector Peg with Bushing과 혼동 주의

상세명세서 07

<table>
<tr><th colspan="4">거리측정 로봇</th></tr>
<tr><td>팀명</td><td>연예인</td><td rowspan="2">용도</td><td rowspan="2">상세명세서
조립순서도-03</td></tr>
<tr><td>작성</td><td>이나영</td></tr>
<tr><td>검토</td><td>김태희</td><td>작성일자</td><td>2008/03/03</td></tr>
</table>

단계	설계도	설명
9	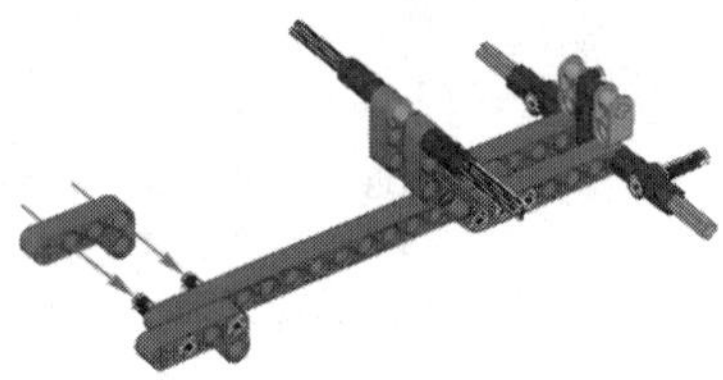	• 4x2 Angular Beam 두 개를 그림의 화살표 방향으로 삽입
10	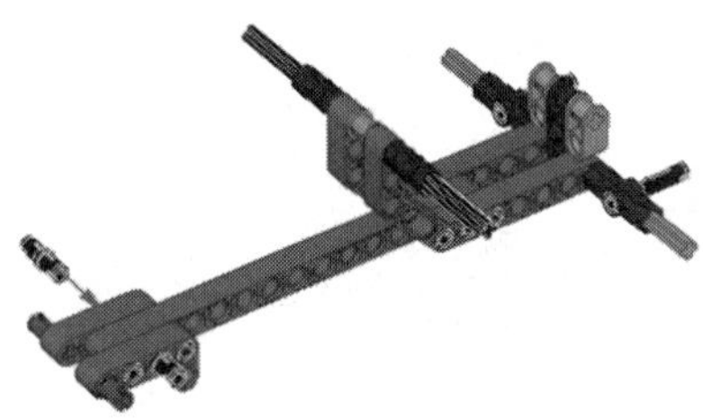	• Connector Peg with Friction Axle와 Connector Peg with Friction을 그림과 같이 삽입
11	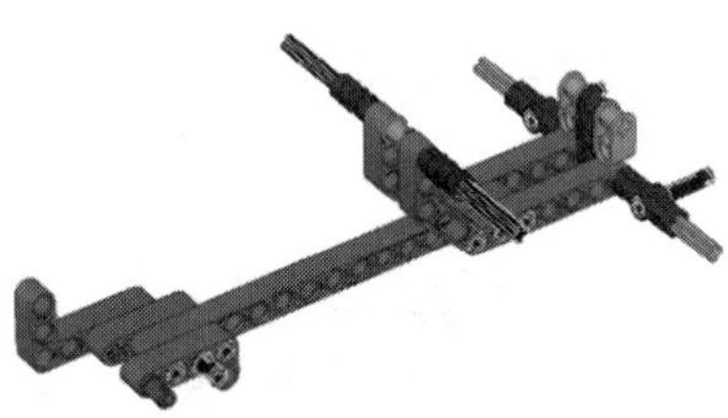	• 3x5 Angular Beam을 그림과 같이 삽입
12		• 작은 구동용 바퀴부 제작

▌상세명세서 08▌

거리측정 로봇			
팀명	연예인	용도	상세명세서 조립순서도-04
작성	이나영		
검토	김태희	작성일자	2008/03/03

단계	설계도	설명
12-1	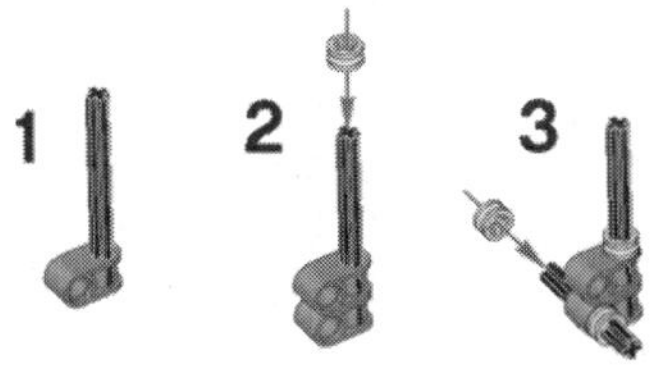	• 2-Module Cross Block에 Module Axle을 삽입 • 1/2-Modular Busing을 이용하여 고정
12-2	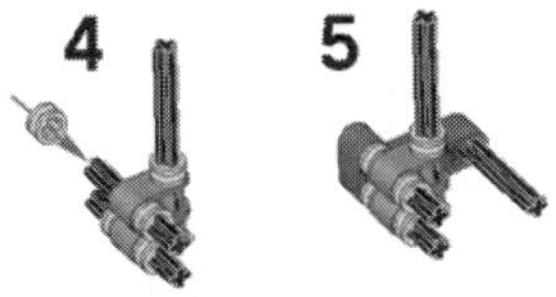	• 4x2 Angular Beam을 Module Axle과 연결
12-3	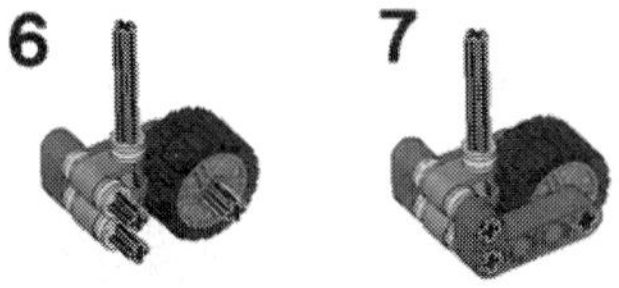	• 18X14 Hub에 24X14 Tire를 결합하고 Module Axle에 삽입 • 4x2 Angular Beam으로 고정하여 바퀴 이탈 방지
12-4	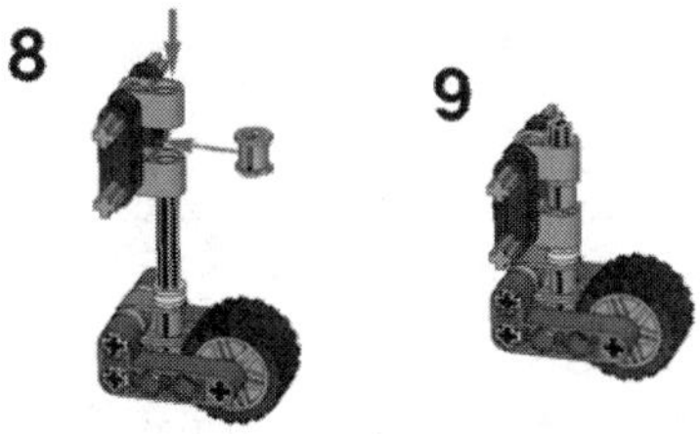	• 2-Module Cross Block, Double Cross Block, Bushing을 화살표 방향으로 연결하여 완성

❚ 상세명세서 09 ❚

거리측정 로봇			
팀명	연예인	용도	상세명세서 조립순서도-05
작성	이나영		
검토	김태희	작성일자	2008/03/03

단계	설계도	설명
13	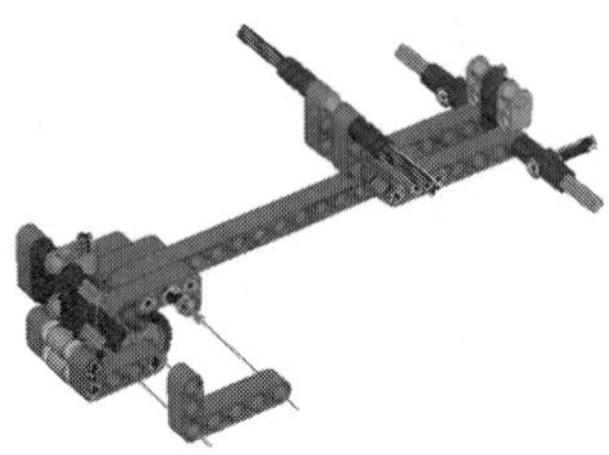	• 작은 바퀴 구동부를 그림의 화살표 방향으로 삽입 • 4x2 Angular Beam으로 고정
14	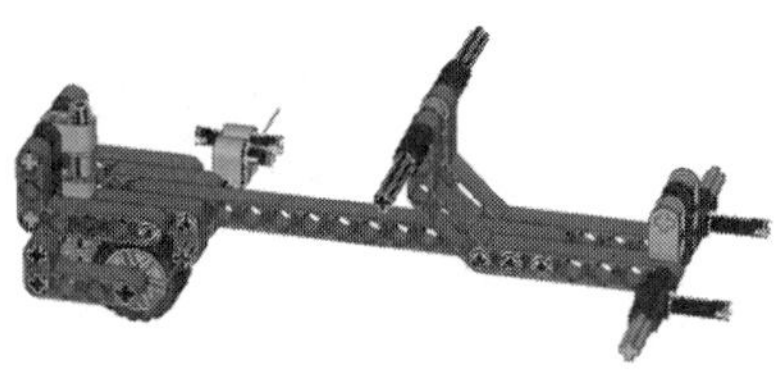	• 3-Module Connector Peg with Friction과 Connector Peg with Friction을 삽입한 2-Module Cross Block을 Module Axle에 연결하여 화살표 방향으로 삽입
15	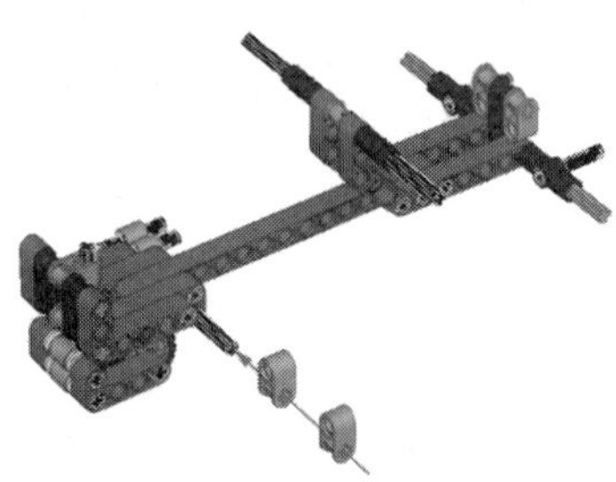	• 2-Module Cross Block 두 개를 그림의 화살표 방향으로 삽입
16	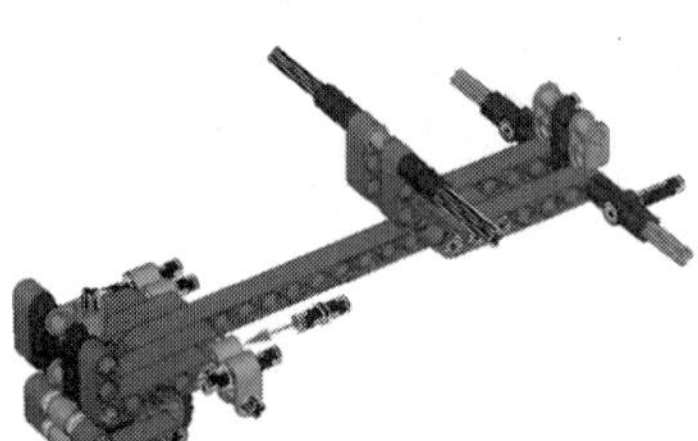	• 3-Module Connector Peg with Friction과 Connector Peg with Friction을 2-Module Cross Block에 삽입

❙ 상세명세서 10 ❙

거리측정 로봇			
팀명	연예인	용도	상세명세서 조립순서도-06
작성	이나영		
검토	김태희	작성일자	2008/03/03

단계	설계도	설명
17	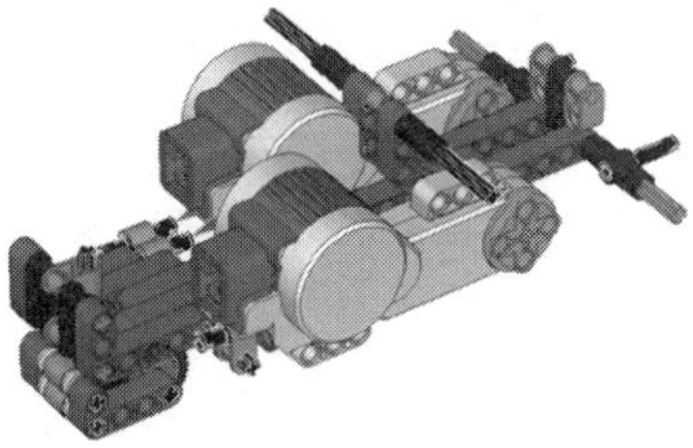	• Servo Motor 2대를 그림과 같이 결합
18	1 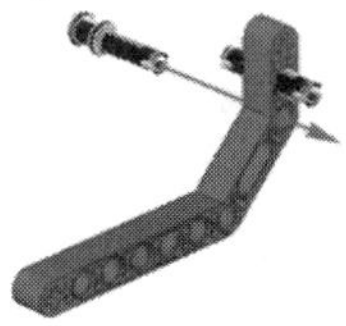	• 3x7 Angular Beam에 3-Module Connector Peg with Friction과 Connector Peg with Bushing을 삽입
19	2 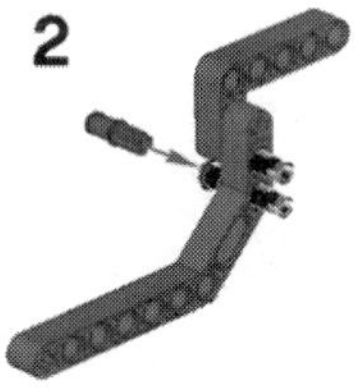	• 3x5 Angular Beam을 결합 • Connector Peg with Bushing에 Connector Peg with Friction Axle을 삽입
20	3 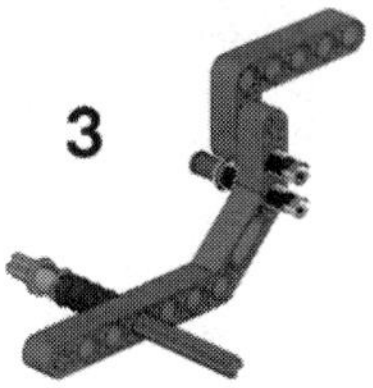	• Module Axle에 Axle Extender와 Bushing을 삽입

▌상세명세서 11▐

<table>
<tr><th colspan="4">거리측정 로봇</th></tr>
<tr><td>팀명</td><td>연예인</td><td rowspan="2">용도</td><td rowspan="2">상세명세서
조립순서도-07</td></tr>
<tr><td>작성</td><td>이나영</td></tr>
<tr><td>검토</td><td>김태희</td><td>작성일자</td><td>2008/03/03</td></tr>
</table>

단계	설계도	설명
21	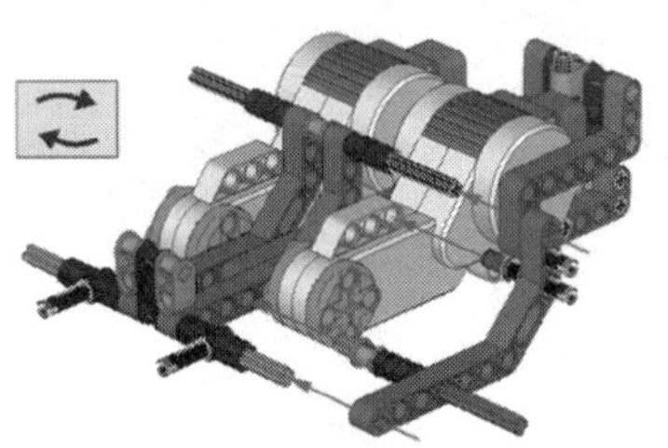	• 단계20의 완성품을 그림과 같이 삽입
22	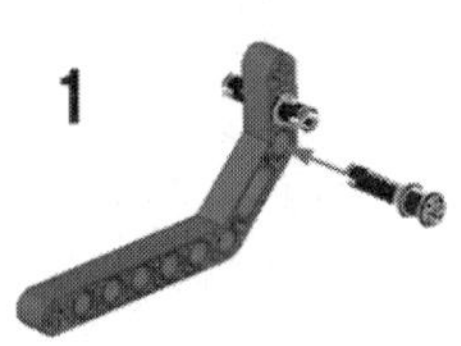	• 3x7 Angular Beam에 3-Module Connector Peg with Friction과 Connector Peg with Bushing을 삽입
23	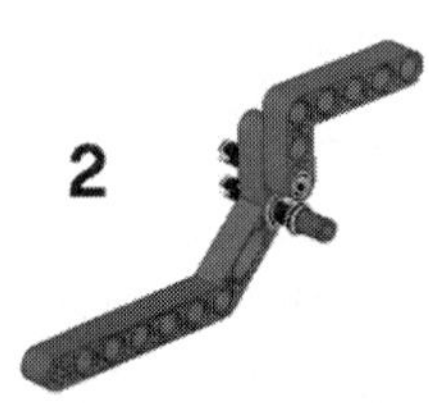	• 3x5 Angular Beam을 결합 • Connector Peg with Bushing에 Connector Peg with Friction Axle을 삽입
24	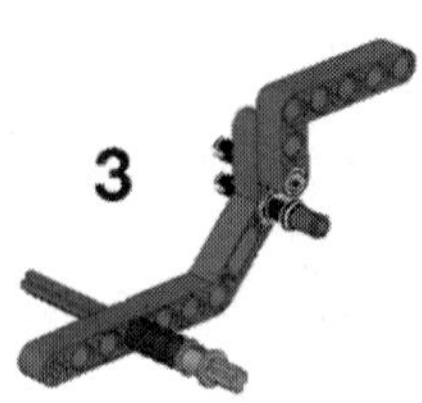	• Module Axle에 Axle Extender와 Bushing을 삽입

▌상세명세서 12▐

거리측정 로봇			
팀명	연예인	용도	상세명세서 조립순서도-08
작성	이나영		
검토	김태희	작성일자	2008/03/03

단계	설계도	설명
25		• 단계24의 완성품을 화살표 방향으로 결합
26		• 2-Module Cross Block을 양쪽에 삽입하여 고정
27	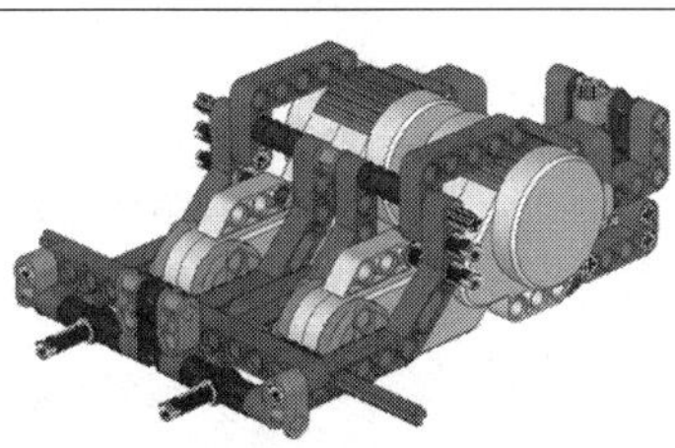	• 앞부분에 Module Beam을 결합하여 고정
28	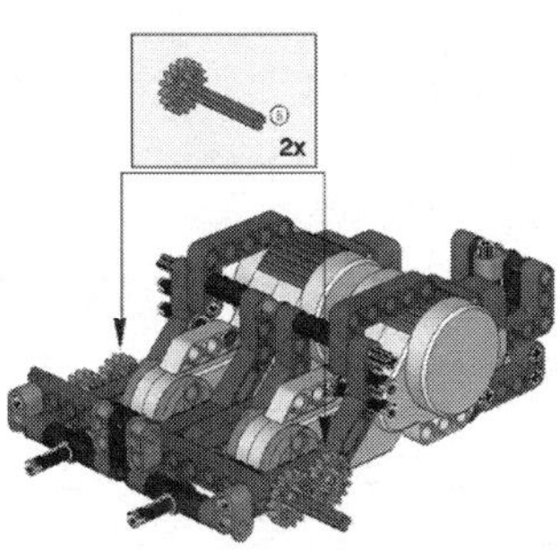	• 16-Tooth Gear를 Module Axle에 연결하고 모터의 양쪽에 삽입

▌상세명세서 13▐

거리측정 로봇			
팀명	연예인	용도	상세명세서 조립순서도-09
작성	이나영		
검토	김태희	작성일자	2008/03/03

단계	설계도	설명
29		• 16-Tooth Gear의 고정을 위해 Bushing을 삽입
30		• 앞부분에 Module Beam을 삽입 • Connector Peg with Friction 삽입
31	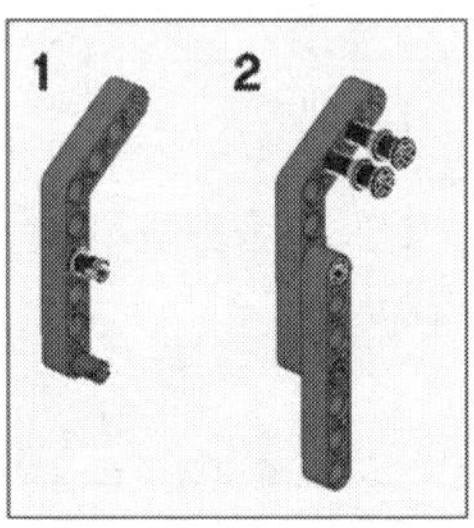	• 4x6 Angular Beam에 Connector Peg with Friction과 Connector Peg with Friction Axle를 삽입 • 7-Module Beam을 결합하고 Connector Peg with Bushing을 삽입
32		• 단계31의 조립품을 화살표 방향으로 부착

▌상세명세서 14▐

거리측정 로봇			
팀명	연예인	용도	상세명세서 조립순서도-10
작성	이나영		
검토	김태희	작성일자	2008/03/03

단계	설계도	설명
33	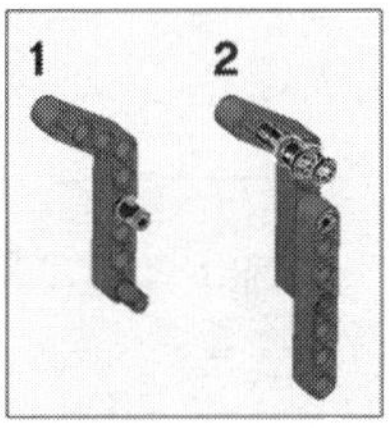	• 4x6 Angular Beam에 Connector Peg with Friction과 Connector Peg with Friction Axle를 삽입 • 7-Module Beam을 결합하고 Connector Peg with Bushing을 삽입
34	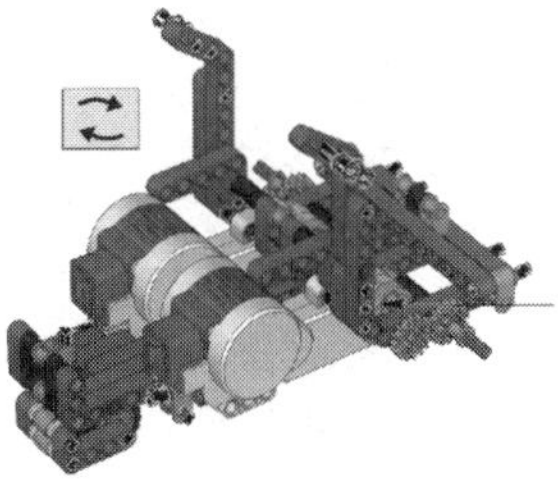	• 단계33의 조립품을 화살표 방향으로 부착
35		• 30X20 Hub에 56X26 Tire를 장착하고 그림과 같이 부착
36		• NXT 탑제하여 기본 구조 완성

▌상세명세서 15▐

거리측정 로봇			
팀명	연예인	용도	상세명세서 조립순서도-11
작성	이나영		
검토	김태희	작성일자	2008/03/03

단계	설계도	설명
37	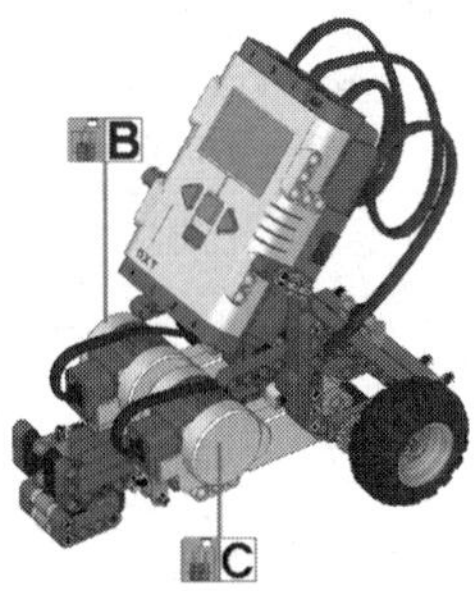	• Cable을 이용하여 모터를 포트 C와 포트 B에 결선
38		• 초음파센서를 장착하기 위해 2-Module Cross Block과 Module Axle을 이용하여 그림3과 같이 조립
39	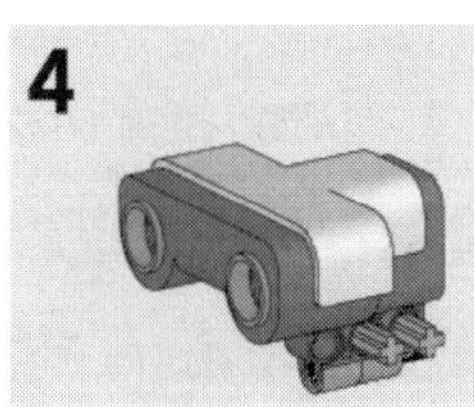	• 단계38의 조립품을 그림4와 같이 삽입
40	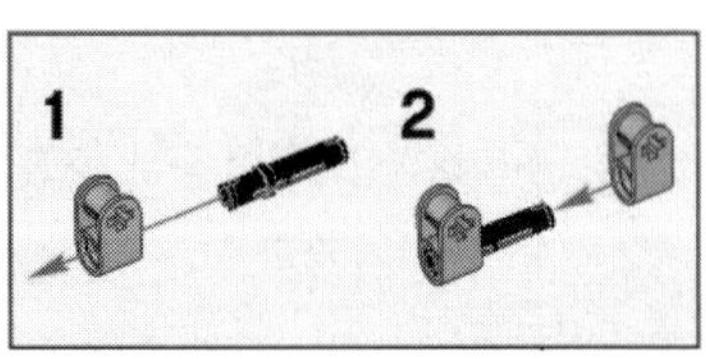	• 2-Module Cross Block과 Module Axle을 이용하여 그림과 같이 조립

▌상세명세서 16▐

거리측정 로봇			
팀명	연예인	용도	상세명세서 조립순서도-12
작성	이나영		
검토	김태희	작성일자	2008/03/03

단계	설계도	설명
41	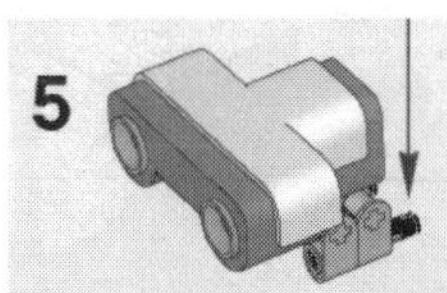	• 단계40의 조립품을 화살표 위치에 부착
42	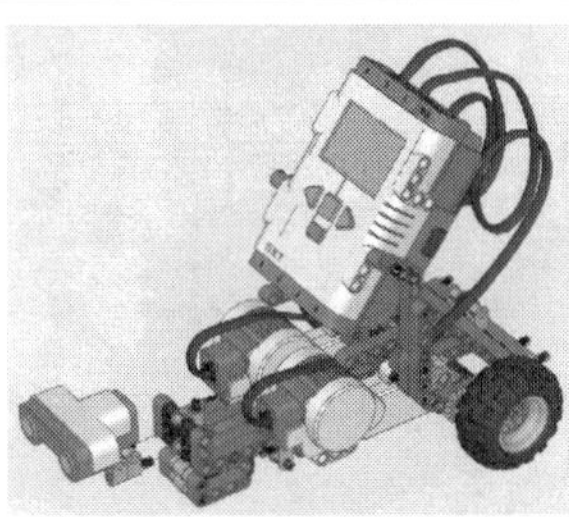	• 단계41의 조립품을 기본 구동체에 그림과 같은 위치에 부착
43	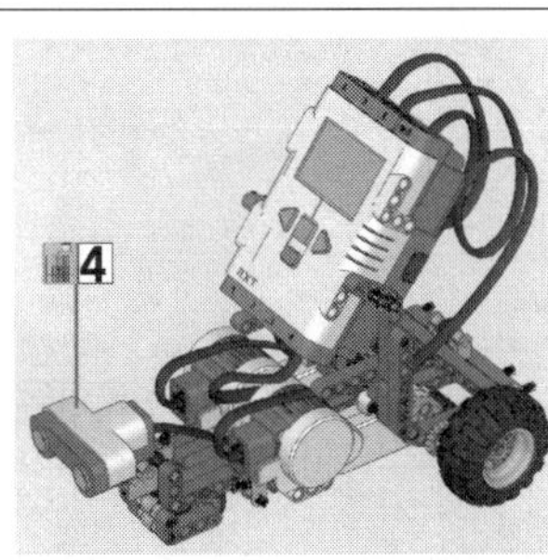	• 초음파센서를 포트4에 케이블로 연결
44		• 하드웨어 조립 완료

▌상세명세서 17▐

거리측정 로봇			
팀명	연예인	용도	상세명세서 소프트웨어-01
작성	이나영		
검토	한예슬	작성일자	2008/03/03

프로그램 코드

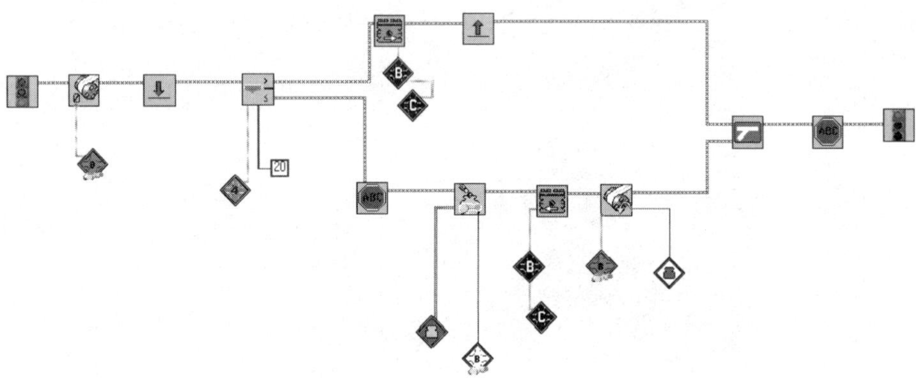

코드 설명

- 초음파 센서를 이용하여 인식 가능 거리를 설정하고 물체를 인식할 때까지 정방향으로 동작하다가 물체를 인식하면 물체를 인식하기 위해 이동한 거리만큼 역방향으로 이동 후 동작 정지.
- 초음파센서 반응 거리 20cm

프로그램 환경

Windows XP Professional
ROBOLAB 2.9

▌상세명세서 18▐

거리측정 로봇			
팀명	연예인	**용도**	상세명세서 소프트웨어-02
작성	이나영		
검토	한예슬	**작성일자**	2008/03/03

VI	명 칭	설 명
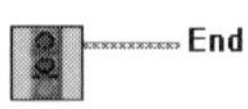	Begin	• INVENTOR 프로그램을 시작할 때 사용하는 아이콘 • 모든 INVENTOR 프로그램의 시작에 항상 요구됨
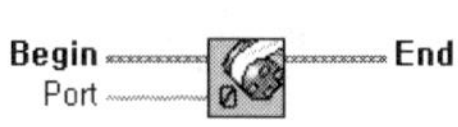	NXT Zero Angle Sensor	• NXT 모터의 엔코더를 0으로 리셋 • Default는 포트 1의 센서 • 이 함수는 엔코더를 이용하는 프로그램의 시작 부분에 유용함
	Encoder B	• 엔코더 B의 설정
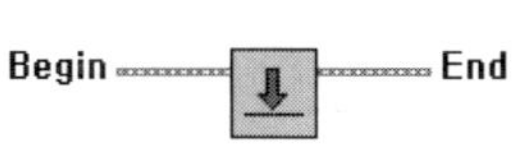	Red Land	• [Red Jump] 명령이 이용될 경우 프로그램 수행 순서가 어디로 점프할지를 지정

▌상세명세서 19▐

거리측정 로봇			
팀명	연예인	**용도**	상세명세서 소프트웨어-03
작성	이나영		
검토	한예슬	**작성일자**	2008/03/03

VI	명 칭	설 명
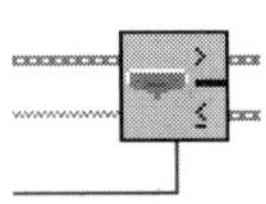	NXT Distance Sensor Fork	• NXT 초음파센서의 입력값이 특정 값보다 큰지 작은지에 따라 경로를 선택 • 만약 특정 값보다 크면 상위 연결선을 따르게 되며 작거나 같으면 아래의 연결선을 따라 프로그램을 실행 • Default는 초음파센서의 값을 20cm와 비교
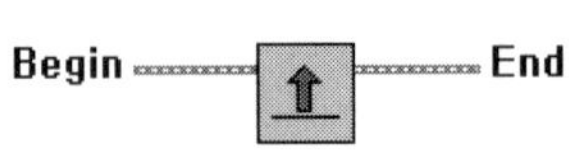	Red Jump	• [Red Land] 함수와 함께 이용되어 연결선의 특정 위치로 프로그램 수행순서를 점프시킴
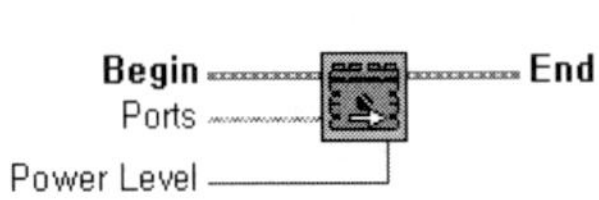	Motor Forward	• 모든 포트에 연결된 모터를 파워레벨 5로 정방향 회전시키는 함수 • 특정 포트에 연결된 모터를 구동시키고자 할 경우에는 Ports 지정가능

❙ 상세명세서 20 ❙

거리측정 로봇			
팀명	연예인	용도	상세명세서 소프트웨어-04
작성	이나영		
검토	한예슬	작성일자	2008/03/03

VI	명 칭	설 명
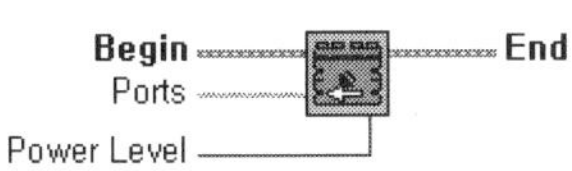	Motor Reverse	• 모든 포트에 연결된 모터를 파워레벨 5로 역방향 회전시키는 함수 • 특정 포트에 연결된 모터를 구동시키고자 할 경우에는 Ports 지정가능
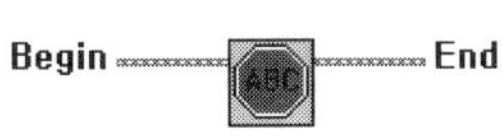	Stop All Outputs	• 포트 A, B, C의 모든 포트에 연결된 모터나 램프를 모두 정지
	End	• INVENTOR 프로그램을 종료할 때 사용 • 모든 INVENTOR 프로그램의 종료시에 항상 요구됨
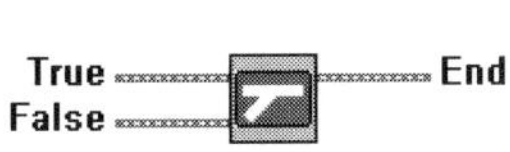	Fork Merge	• 두 연결선을 합체시킴 • 모든 [Fork]는 [Merge]를 필요로 함 • [Merge]와 [Fork] 함수의 개수는 동일

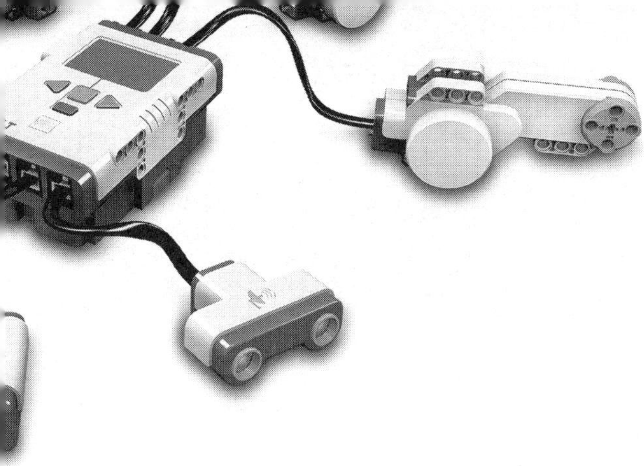

두 번째 프로젝트 (계단 올라가기)

CHAPTER **13**

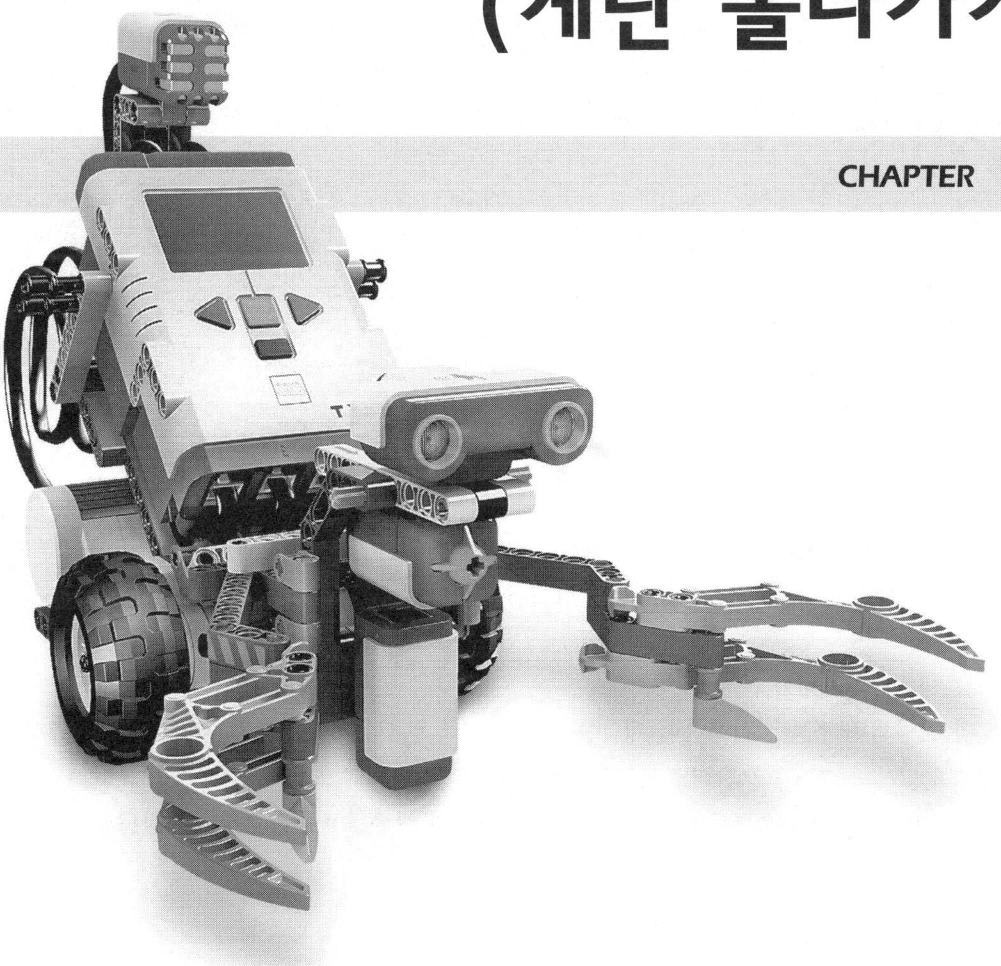

CHAPTER 13 두 번째 프로젝트(계단 올라가기)

■ 미션

LEGO와 NXT를 이용하여 10cm 높이의 계단을 올라갈 수 있는 로봇을 제작해 보세요.

■ 평가방법

평 가 요 소		최고점수
로봇의 설계 및 동작	매우 창의적이고 독창적인 아이디어가 돋보입니다.	20
	구조적으로 매우 견고합니다.	10
	프로그램이 정확하고 안정적으로 동작합니다.	10
	기본기능 이외의 부가 기능을 가집니다.	10
상세명세서	명세서를 통해 시작품 제작이 가능합니다.	30
회의록	팀 구성원들이 어떻게 미션을 완수해 가는지를 보여주세요.	10
발표/데모	귀에 쏙쏙 들어오는 깔끔한 발표와 완벽한 동작으로 이끌어낸 청중의 열광... 굿이예요~굿!	10
총점	-	100

■ 두 번째 팀 프로젝트가 주어졌습니다. 첫 번째 미션 수행에서 제시된 명세서를 참조하여 두 번째 프로젝트의 상세명세서를 작성해 봅니다.

■ 대충 만들어보기 1

발 모양의 구조물을 사용하여 계단을 오르는 로봇을 만들었습니다. 왠지 스타크랩프트의 저그를 닮아 징그러운 모습이죠? 프로그램도 아주 간단합니다. 앞발을 담당하는 모터 A는 정방향, 뒷발을 담당하는 모터 B는 역방향으로 동작시켜 개구리처럼 앞으로 전진합니다.

대충 만들어보기 1의 외형

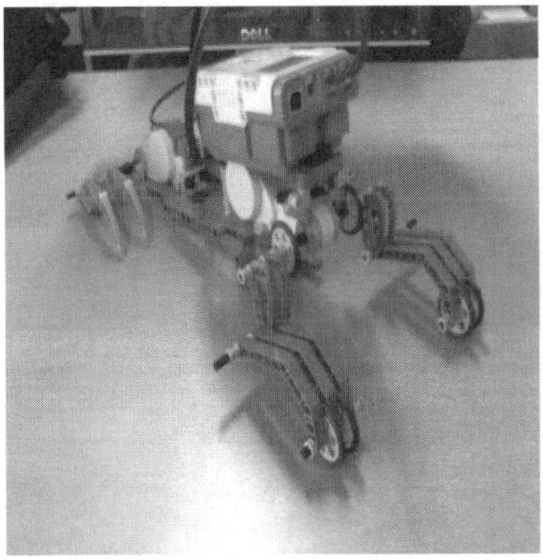

대충 만들어보기 1의 프로그램 코드

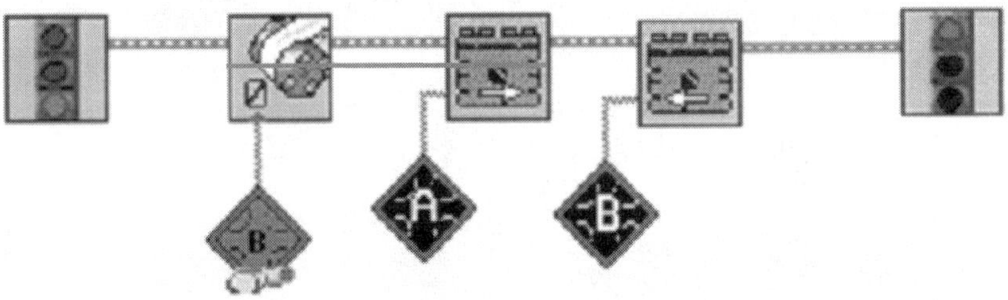

■ 대충 만들어보기 2

모터의 동력을 최대한 활용하여 계단을 오르는 로봇을 만들었습니다. 프로그램도 아주 간단합니다. 프로그램의 시작과 동시에 모터 A와 모터 C는 앞으로 전진을 시작합니다. 계단을 만나면 모터 B가 역방향으로 회전하면서 로봇을 계단으로 끌어올리게 됩니다. 기다란 구조로 장애물에 유연하게 대처할 수 있는 구조입니다.

대충 만들어보기 2의 외형

대충 만들어보기 2의 프로그램 코드

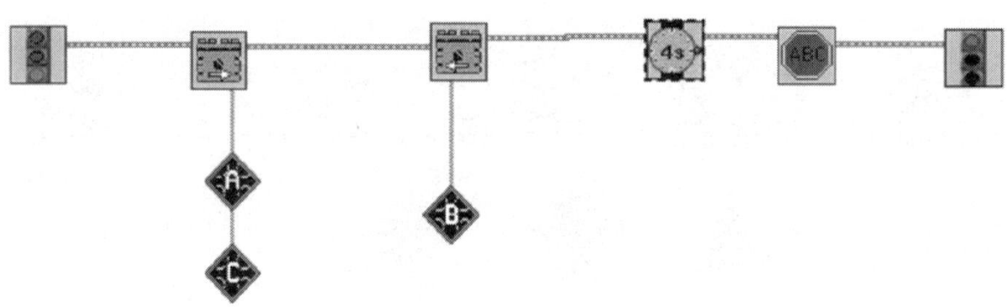

■ 대충 만들어보기 3

바퀴와 무한궤도를 동시에 활용하여 마찰력을 증가시켜 계단을 보다 쉽게 올라갈 수 있도록 제작하였습니다. NXT 자체의 중량을 고려하여 로봇의 외형을 설계하다보니 NXT가 뒤집혔습니다. 실행 버튼을 누르기가 불편하네요. 앞바퀴는 체인을 통해 동력을 전달 받아 로봇이 일정 높이까지 도달하도록 끌어올리는 역할을 수행합니다. 중간바퀴로 이용된 무한궤도는 앞바퀴에 의해 기울어진 무거운 로봇을 전진시키는 주 동력원으로 활용되며 뒷바퀴는 계단을 오를 때 부족한 동력을 보충하는 역할로 활용됩니다.

대충 만들어보기 3의 외형

대충 만들어보기 3의 프로그램 코드

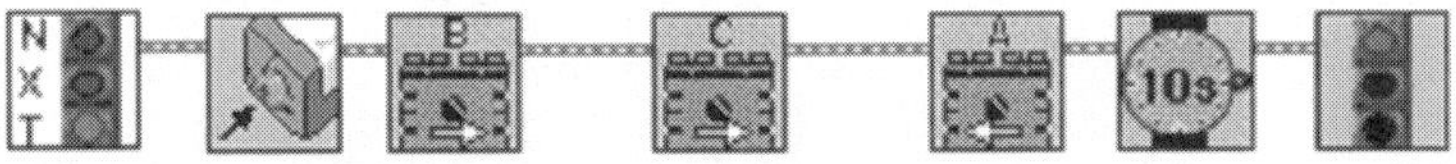

세 번째 프로젝트 (골프로봇)

CHAPTER **14**

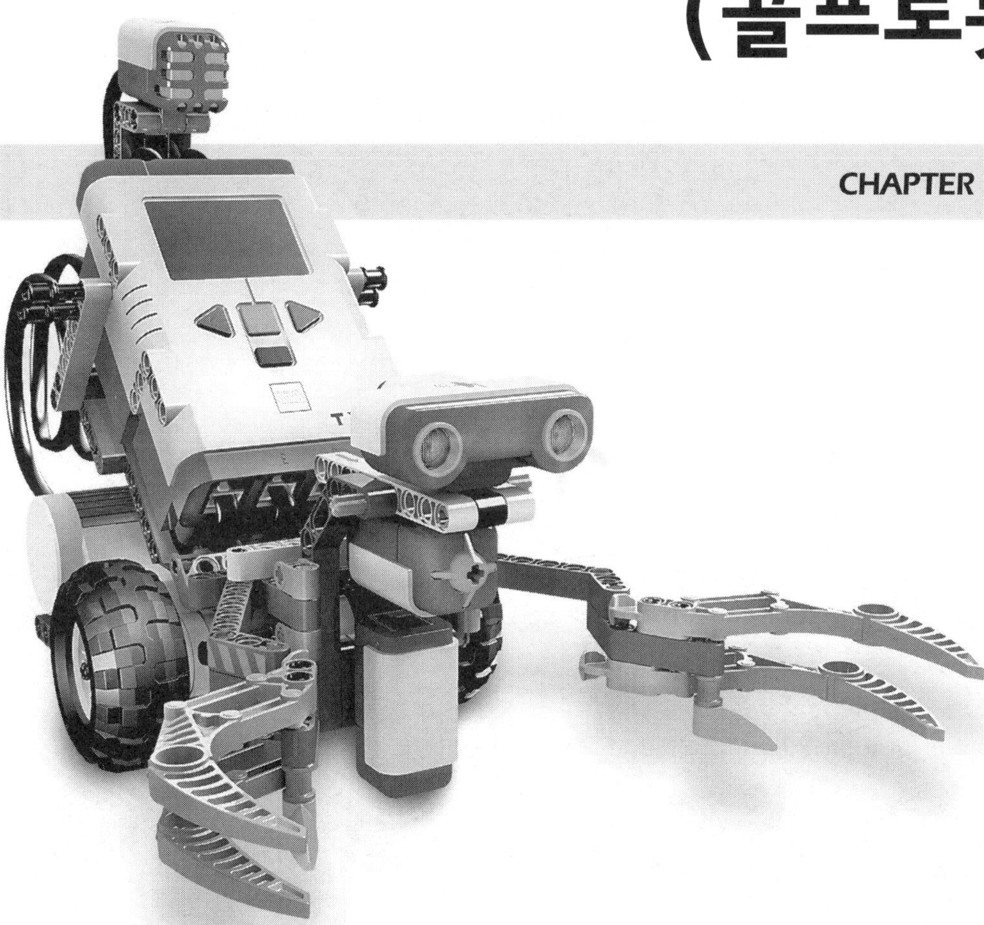

CHAPTER 14 세 번째 프로젝트(골프로봇)

■ 미션

LEGO와 NXT를 이용하여 3m 떨어진 홀에 공을 넣는 로봇을 만들어 봅시다.

퍼팅 매트

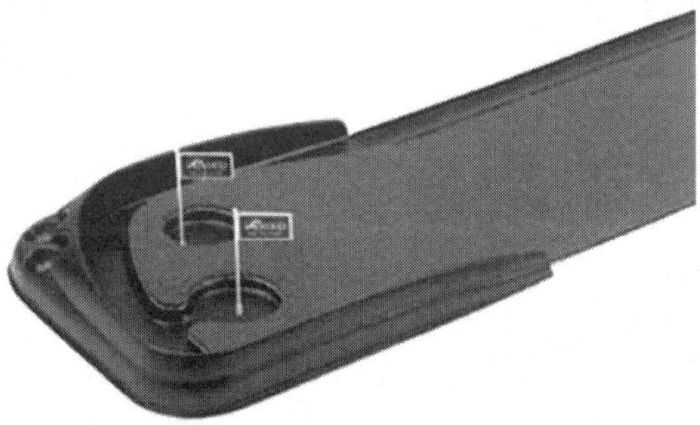

■ 평가방법

평 가 요 소		최고점수
로봇의 설계 및 동작	매우 창의적이고 독창적인 아이디어가 돋보입니다.	20
	구조적으로 매우 견고합니다.	10
	프로그램이 정확하고 안정적으로 동작합니다.	10
	기본기능 이외의 부가 기능을 가집니다.	10
상세명세서	명세서를 통해 시작품 제작이 가능합니다.	30
회의록	팀 구성원들이 어떻게 미션을 완수해 가는지를 보여주세요.	10
발표/데모	귀에 쏙쏙 들어오는 깔끔한 발표와 완벽한 동작으로 이끌어낸 청중의 열광... 굿이예요~굿!	10
총점	–	100

■ 세 번째 팀 프로젝트가 주어졌습니다. 팀 구성원의 창의적인 아이디어를 효과적으로 끌어내고 로봇 제작을 위한 상세명세서를 작성해 봅니다.

■ 대충 만들어보기 1

대충 만들기 1은 두 개의 터치센서를 활용하여 골프로봇을 만들었습니다. 3m 매트의 끝에 있는 홀 앞에는 약 20도 정도의 기울기가 있습니다. 따라서 터치센서의 부착 위치에서 알 수 있듯이 로봇이 홀 앞에 도달하면 터치센서의 입력에 의해 전진 운동을 멈추고 볼을 홀에 떨어뜨리기 위한 모터 A의 동작 명령이 수행됩니다. 볼을 홀로 인도하기 위해 기다란 빔 구조를 활용하였으며 풀리벨트와 기어의 움직임을 통해 볼이 굴러가도록 구성하였습니다.

대충 만들어보기 1의 외형

대충 만들어보기 1의 프로그램 코드

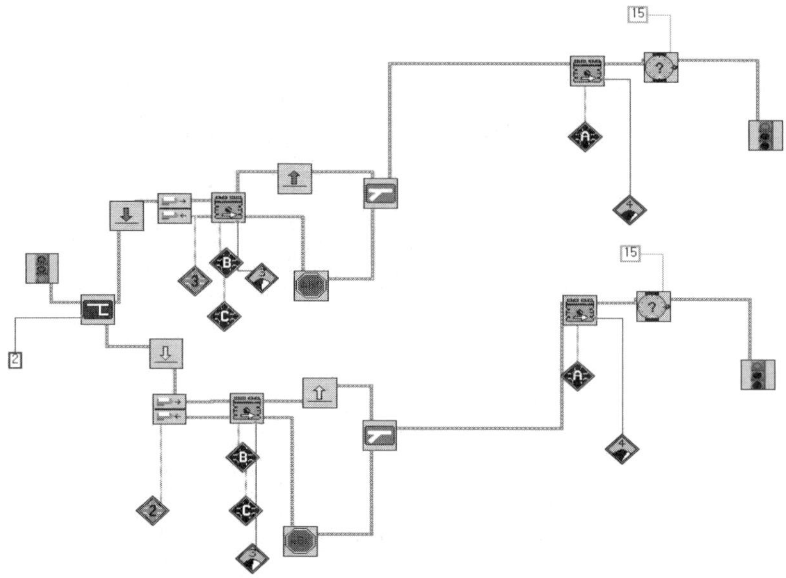

■ 대충 만들어보기 2

대충 만들어보기 2의 외형

소형 로봇

대충 만들어보기 2의 프로그램 코드

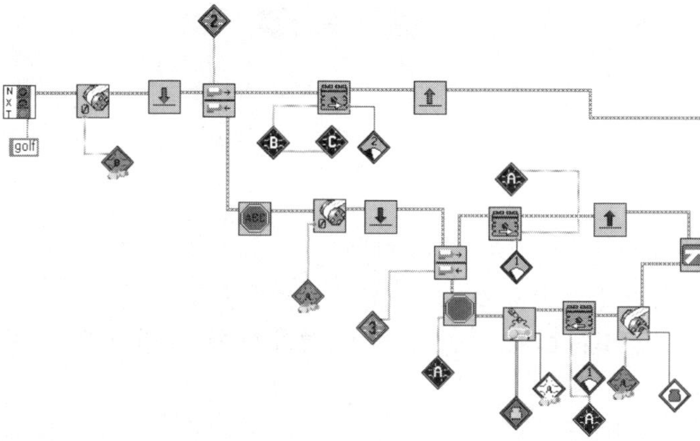

실행 버튼이 눌려지면 로봇은 홀을 향해 전진하게 됩니다. 로봇이 홀 근처에 이르러 경사를 만나게 되면 터치센서가 눌려져서 소형로봇이 공을 앞쪽으로 밀게 됩니다. 공이 홀로 떨어지게 되면 소형로봇의 터치센서가 벽을 치게 되고 벽을 친 이후 이 소형로봇은 전진한 만큼의 거리를 기억하기 때문에 출발선으로 되돌아갑니다.

■ 대충 만들어보기 3

NXT의 경우 Bluetooth를 이용하여 원격제어가 가능합니다. 간단한 Bluetooth 활용방법을 알아보겠습니다.

1) Bluetooth를 설치한 후 실행합니다.
2) 작업 표시줄의 아이콘을 확인합니다. 연결이 안 되어 있을 경우 그림과 같이 아이콘의 안테나모양이 빨간색으로 표시됩니다. 마우스 오른쪽 클릭 후 [Bluetooth 장치 시작]을 선택합니다.

Bluetooth 장치 시작

3) NXT를 켜고 Bluetooth를 실행합니다.
4) Search를 실행합니다.
5) Search된 장치 중 연결을 원하는 장치를 선택합니다.
6) NXT와 PC를 연결합니다. PIN 코드를 입력하십시오.
7) 다음과 같이 포트를 연결합니다. 이 때 Bluetooth 아이콘의 색깔이 빨간색에서 하얀색으로 변경됩니다.

Bluetooth 포트 연결 설정

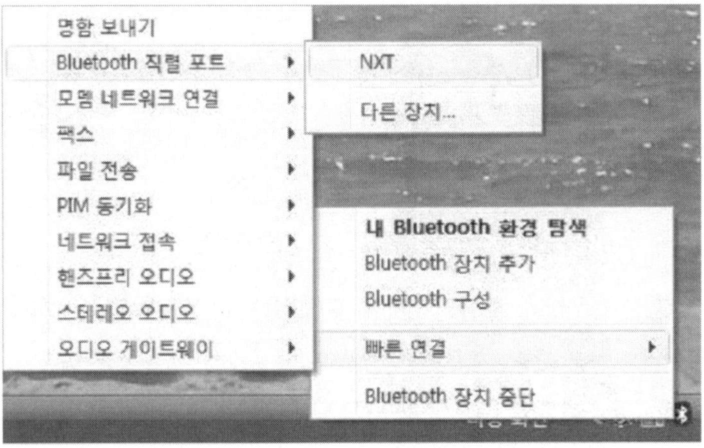

8) 장치 연결에 문제가 없는 경우 다음의 팝업창이 나타나며 아래의 Bluetooth 아이콘의 색깔이 파란색으로 변경됩니다.

Bluetooth 포트 연결

9) 원격제어를 위한 프로그램을 실행합니다.

원격제어용 프로그램 실행

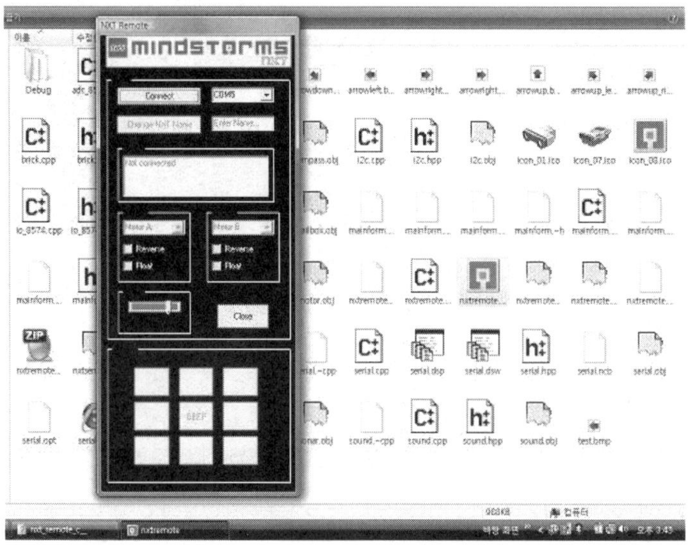

만약 접속 포트를 모르는 경우에는 Bluetooth 구성의 클라이언트 어플리케이션에서 확인하십시오.

포트번호를 모르는 경우

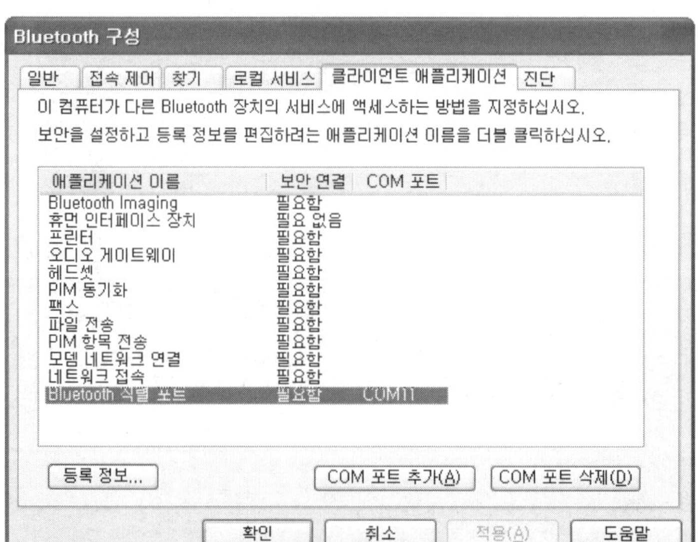

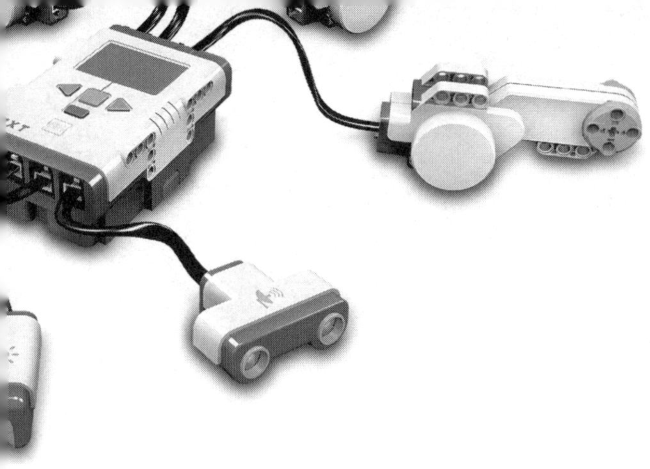

마지막 프로젝트 (공 많이 넘기기 게임)

CHAPTER **15**

CHAPTER 15 마지막 프로젝트 (공 많이 넘기기 게임)

■ **미션**

LEGO와 NXT를 이용하여 많은 공을 넘길 수 있는 로봇을 설계하고 시합에 이기도록 하세요.

■ **경기내용**

중앙에 10cm의 벽을 가지는 경기장 내에서 공을 모으는 로봇과 공을 상대방 진영으로 넘기는 로봇 두 대를 운용하여 5분 안에 더 많은 공을 넘기는 팀이 승리

■ **경기장 정보**

공넘기기 경기장

- 경기장 크기 = 가로: 2m, 세로: 1m
- 중앙벽/테두리벽 높이 = 10cm
- 바닥 재질 = 고무매트
- 볼 개수 = 빨간공/파란공 각각 10개씩 20개

■ **경기규칙**

1) 각 팀은 공을 모으는 로봇(이동식) 1대와 공을 넘기는 로봇(고정식) 1대를 운용하여야 합니다. 공을 모으는 로봇은 상대 진영으로 공을 넘길 수 없으며, 공을 넘기는 역할을 수행

하는 로봇 역시 공을 모으는 역할을 수행할 수 없습니다. 각 로봇은 상대방 진영으로부터 넘어오는 공을 블럭킹하여 차단할 수는 있으나 고정된 높은 벽을 쌓는 행위는 인정하지 않습니다.

▸ 블루투스를 동시에 여러 대를 운영할 경우에 통신 장애로 인한 경기시간 지연을 최소화하기 위해 각 팀당 이동식 로봇을 1대로 제한합니다.

2) 경기시간은 5분으로 제한하며 각 팀은 1분의 로봇정비 및 작전타임을 1회 사용할 수 있습니다. 경기 중 부득이한 경우 심판의 판단에 의해 일시적으로 경기 임시중단이 가능합니다.

3) 경기는 토너먼트로 진행합니다.

4) 경기 규칙을 준수하지 않은 팀은 심판의 판단에 의해 1차로 "주의"를 받고, 두 번의 경고는 Red Card를 부여하여 자동으로 패하게 됩니다. 단, "주의"는 경기가 끝나면 소멸되어 다음 경기에 누적 적용되지 않습니다. "주의"에 해당하는 경우는 아래와 같습니다.

– 중앙의 격벽을 로봇의 일부가 넘어가는 경우
– 공을 테두리 밖으로 넘기는 경우
– 로봇이 제어 불능 상태인 경우
– 경기 중인 로봇에 손을 대는 경우 (연결된 선으로 제어하는 것도 포함됨)
– 정해진 시간을 준수하지 않는 경우
– 경기 진행을 방해하는 경우
– 기타 심판이 "주의"에 해당한다고 판단하는 경우

■ **미션평가 항목**

1) 팀규칙 및 팀원소개(역할/임무) 자료 (10%)
2) 회의록 : 미션을 수행하는 과정상에 진행된 모든 회의에 대한 기록 (10%)
3) 명세서 : 미션을 수행하기 위한 상세명세서 (10%)
4) 동작소스 : 창의적인 아이디어의 실현 여부 판단 (10%)
5) 디자인 : 견고하고 정성을 들여 제작하였는가에 대한 평가 (10%)
6) 팀워크 : 팀의 협동성, 조직력 등의 평가 (20%)
7) 등수 : 경기 결과의 반영 (30%)

▸ 평가항목 중 4, 5번은 명세서에 포함된 내용으로 판단합니다. 따라서 상세명세서의 판단 점수는 30%에 해당합니다.

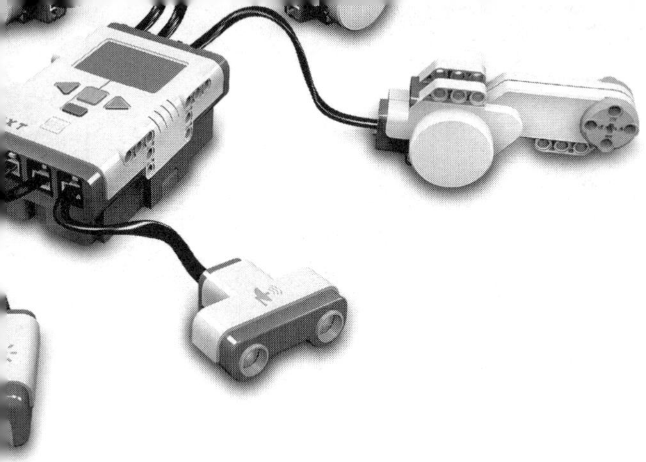

LEGO BOX 부품 목록

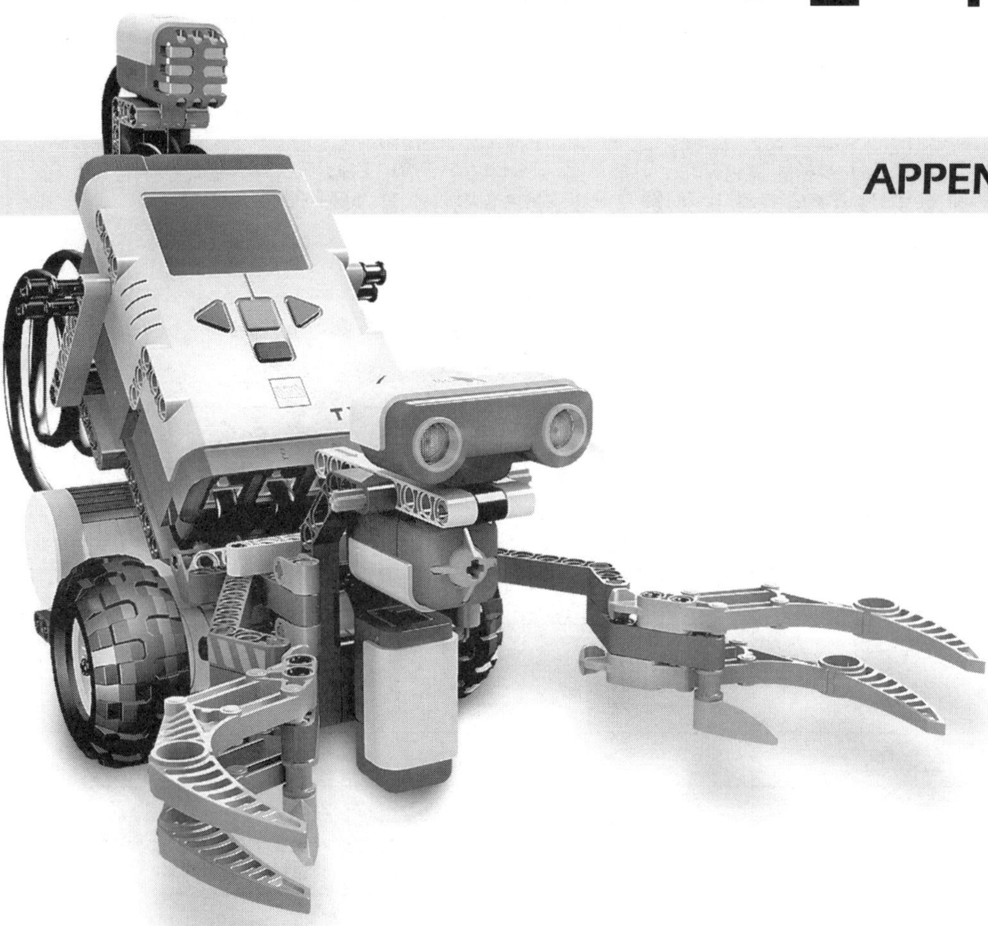

APPENDIX

APPENDIX

LEGO BOX 부품 목록

■ 처음 LEGO를 받으면 어떠한 부품들이 있는지 확인하여 부품목록을 작성합니다. 아래의 도표 형식으로 부품 관리용 리스트를 작성하고 LEGO 키트 박스에 부착하여 LEGO 부품을 소중히 관리합니다.

<table>
<tr><th>조편성</th><td>A반 01조</td><th rowspan="2">팀원명</th><td rowspan="2">장동건
이나영
김태희
한예슬</td><th>인수일자</th><td>2008년 3월 3일</td></tr>
<tr><th>팀명
(애칭)</th><td>연예인</td><th>반납일자</th><td></td></tr>
<tr><td colspan="6">상기 B반 01조의 모든 팀원은 인수한 LEGO 세트를 소중히 다루고 학습에 열중하며 다음 사용자를 위해 모든 부품을 빠짐없이 반납할 것을 약속합니다. 만약 LEGO 장비의 부주의한 사용으로 인해 발생하는 문제에 대해서는 팀원 모두가 공동으로 책임을 질 것을 서약 합니다.

2008년 3월 3일

장동건 (서명) 이나영 (서명) 김태희 (서명) 한예슬 (서명)</td></tr>
<tr><th colspan="2">이름</th><th colspan="2">No.(개수)</th><th colspan="2">특징</th></tr>
<tr><td colspan="2">4X00000</td><td colspan="2">10</td><td colspan="2">Brick</td></tr>
<tr><td colspan="2">–</td><td colspan="2">–</td><td colspan="2">–</td></tr>
<tr><td colspan="2">–</td><td colspan="2">–</td><td colspan="2">–</td></tr>
<tr><td colspan="2">–</td><td colspan="2">–</td><td colspan="2">–</td></tr>
<tr><td colspan="2">–</td><td colspan="2">–</td><td colspan="2">–</td></tr>
<tr><td colspan="2">–</td><td colspan="2">–</td><td colspan="2">–</td></tr>
<tr><td colspan="2">–</td><td colspan="2">–</td><td colspan="2">–</td></tr>
<tr><td colspan="2">–</td><td colspan="2">–</td><td colspan="2">–</td></tr>
<tr><td colspan="2">–</td><td colspan="2">–</td><td colspan="2">뒷장을 이용하세요.</td></tr>
</table>

❙LEGO BOX 부품 리스트 No.9797 & 9648❙

<table>
<tr><th colspan="6">LEGO BOX 부품 목록</th></tr>
<tr><td>조 편 성</td><td>A반
01조</td><td rowspan="2">팀 원</td><td rowspan="2">장동건
이나영
김태희
한예슬</td><td>인 수 일 자</td><td>2008.03.03</td></tr>
<tr><td>팀 명</td><td>연예인</td><td>반 납 일 자</td><td></td></tr>
<tr><td colspan="6">상기의 모든 팀원은 인수한 LEGO 세트를 소중히 다루고 학습에 열중하며 다음 사용자를 위해 모든 부품을 빠짐없이 반납할 것을 약속합니다. 만약 LEGO 장비의 부주의한 사용으로 인해 발생하는 문제에 대해서는 팀원 모두가 공동으로 책임질 것을 서약합니다.

2008년 3월 3일

장동건 (서명) 이나영 (서명) 김태희 (서명) 한예슬 (서명)</td></tr>
</table>

BOX No. 9797 [01]			
명 칭	기존개수	현재개수	용 도
448521	1		모자
609326	1		머리카락
4261269	1		머리
4275606	1		몸통
4120158	1		다리
306548	1		Green Brick
306541	1		Red Brick
306544	1		Yellow Brick
74880	1		White Brick
4299119	3		Hub
4153005	2		Tire
4100396	2		Red Belt
70905	2		Yellow Belt
4211688	2		Peg
4119589	2		Black Double Peg

BOX No. 9797 [02]			
명 칭	기존개수	현재개수	용 도
4494222	3		Hub
281526	3		Black Belt
4225033	2		Peg
4239896	3		Connector
4211775	20		Short Mid-Axle Tee
4210857	4		Long Mid-Axle Tee
4113805	4		Axle Coupler
4121667	8		Connector
4210655	2		Double Tee
4107783	2		Straight Connector
4211432	4		Gear
4211563	4		Gear
4211434	2		Gear
4211635	2		Gear
4211565	4		Gear
4177431	4		Gear
471626	2		Worm Gear
4248204	4		Connector
4142865	8		Axle
4121715	60		Peg
655826	36		Peg
4186017	8		Peg
4206482	10		Peg
4140801	8		Peg

4239601	10		Bushing
4211622	10		Bushing
4211052	2		Plate
4211398	4		Plate
4211388	8		Brick
4211387	4		Brick
4211440	4		Beam
4210935	2		Beam

BOX No. 9797 [03]			
명 칭	기존개수	현재개수	용 도
4211445	4		Plate
4211444	2		Plate
4211542	2		Plate
4211449	2		Plate
4255563	2		Gear
4285643	2		Gear
4211441	4		Beam
4211466	4		Beam
4211442	4		Beam
4211443	4		Beam
4210751	10		Beam
4210686	4		Beam
4495931	4		Beam
4210757	6		Beam
4210755	2		Beam

4261932	2		Beam
4210687	4		Beam
4210667	4		Beam
4210753	8		Beam
4210638	4		Beam
4210668	4		Beam
4211815	14		Axle
4211639	8		Axle
4263624	2		Axle
370526	6		Axle
370626	4		Axle
370726	2		Axle
373726	2		Axle
370826	2		Axle
4297008	3		모터
4296825	1		본체
4296969	1		사운드 센서

BOX No. 9797 [04]			
명 칭	기존개수	현재개수	용 도
4296917	1		라이트 센서
4296929	2		터치 센서
4297174	1		초음파 센서
4156530	1		Red Boll
4100758	1		Blue Boll
4297209	4		Tire

4297210	4		Hub
4494063	3		Cable
4493444	1		USB
4494062	1		Battery
4235858	1		Wheel
4297187	1		Cable
4297188	4		Cable
4297185	2		Cable

BOX No. 9648 [01]			
명 칭	**기존개수**	**현재개수**	**용 도**
4548901	4		Beam
4281515	8		Beam
4142865	16		Red Axle
4100396	2		Belt
4206482	36		Blue Peg
4186017	8		Peg
4239601	8		Bushing
70905	2		Belt
4140801	8		Peg
4121610	4		Connector
4107085	4		Tee
4107783	4		Connector
4107767	16		Connector
75619	4		Coupler
4184169	8		Brick

614326	4		Brick
4107081	4		Connector
4113805	8		Coupler
4198367	8		Connector
371126	42		Peg
4121715	24		Peg
655826	24		Peg
471626	2		Worm Gear
4278359	4		Plate
4177431	4		Gear
4255563	4		Gear
281526	4		Belt
4143466	4		Connector
4114670	2		Connector
4121667	4		Connector
4275503	2		Rack
4141300	2		Connector

BOX No. 9648 [02]			
명 칭	기존개수	현재개수	용 도
4119589	4		Peg
4114671	2		Brick
4248204	4		Brick
70644	1		Brick
4211775	8		Tee
4211688	4		Tee

4211709	16		Connector
4211551	4		Connector
4211552	4		Tee
4240416	2		Brick
4211375	4		Peg
4296059	8		Connector
4211880	4		Peg
4225033	12		Brick
4225060	1		Plate
4211398	8		Plate
4211445	4		Plate
4211438	4		Plate
4211425	4		Plate
4211444	4		Plate
4211542	4		Plate
4211449	4		Plate
4211450	2		Rack
4211807	12		Peg
4211483	8		Peg
4211815	4		Axle
4211639	4		Axle
4211805	8		Axle
4211388	8		Brick
4211387	4		Brick
4211440	4		Beam
4211441	4		Beam

BOX No. 9648 [03]			
명 칭	기존개수	현재개수	용 도
4211466	4		Beam
4211442	4		Beam
4211860	4		Beam
4211705	4		Beam
290301	4		Hub
4211622	12		Bushing
4211536	4		Connector
4211539	4		Gear
4211432	6		Gear
4211563	4		Gear
4211434	4		Gear
4211635	4		Gear
4184286	2		Tire
4285634	4		Gear
4211565	4		Gear
4494222	4		Hub
4297210	4		Hub
4211050	8		Peg
4211086	4		Peg
4210935	4		Beam
4210759	4		Cam
4210857	4		Tee
4297209	2		Tire
4211023	1		Gear

4211052	2		Plate
4210655	4		Connector
4234599	6		Connector
4211042	4		Plate
4211026	3		Connector
4210689	4		Connector
4499435	1		Gear
4142824	1		Brick

BOX No. 9648 [04]			
명 칭	기존개수	현재개수	용 도
290226	4		Tire
4252701	4		Brick
4210667	6		Beam
4210656	16		Beam
4281516	4		Beam
4210668	4		Beam
4210751	8		Beam
4210686	6		Beam
4495931	6		Beam
4292139	2		Treads
4210757	4		Beam
4210755	6		Beam
4261932	2		Beam
4210687	8		Beam
370526	4		Axle

370626	4		Axle
370726	4		Axle
373726	4		Axle
370826	4		Axle
CD	1		ROBOLAB 프로그램
교재	1		LEGO Mindstorms NXT
매뉴얼	1		조립매뉴얼
블루투스	1		USB 타입

공학 교육용 통합 소프트웨어 및 하드웨어

교수와 학생들은 NI의 통합 소프트웨어 및 하드웨어 제품을 이용하여 교과과정에서 실용적인 학습 효과를 높일 수 있습니다. 특히, 교수들은 NI 소프트웨어 및 하드웨어와의 완벽한 통합을 통해 측정, 회로, 제어, 신호 및 이미지 처리, 통신 및 임베디드 시스템 등 다양한 어플리케이션 영역을 가르칠 수 있습니다.

▌저자 소개▌

■ **강필순**

현재 한밭대학교 제어계측공학과 조교수
2004년 오사카대학 전기공학과 박사 후 과정
2003년 부산대학교 대학원 전기공학과 공학박사
2000년 부산대학교 대학원 전기공학과 공학석사
1998년 경상대학교 공과대학 전기공학과 공학사

LEGO NXT로 완성하는 창의공학설계

저 자 : 강 필 순
인 쇄 : 2008년 7월 1일
발 행 : 2008년 7월 5일
발행인 : 채 희 만
기 획 : 안 성 일
교정교열 : 박 소 현
발행처 : INFINITYBOOKS
주 소 : 서울시 은평구 증산동 248번지 중앙하이츠APT상가 B101호
전 화 : (02) 302-8441
팩 스 : (02) 6085-0777
E-mail : infinitybook@naver.com
Homepage : www.infinitybooks.co.kr
ISBN : 978-89-92649-14-8
등록번호 : 제311-2006-26호

판매정가 : 26,000원